북한학

북한, 객관적으로 바라보기

북한학
북한, 객관적으로 바라보기

2024년 2월 20일 초판 인쇄
2024년 2월 25일 초판1쇄 발행
2024년 7월 01일 초판2쇄 발행

지은이 | 김규빈
펴낸이 | 이찬규
펴낸곳 | 북코리아
등록번호 | 제03-01240호
전화 | 02-704-7840
팩스 | 02-704-7848
이메일 | ibookorea@naver.com
홈페이지 | www.북코리아.kr
주소 | 13209 경기도 성남시 중원구 사기막골로 45번길 14
우림2차 A동 1007호
ISBN | 978-89-6324-590-4 (93390)

값 20,000원

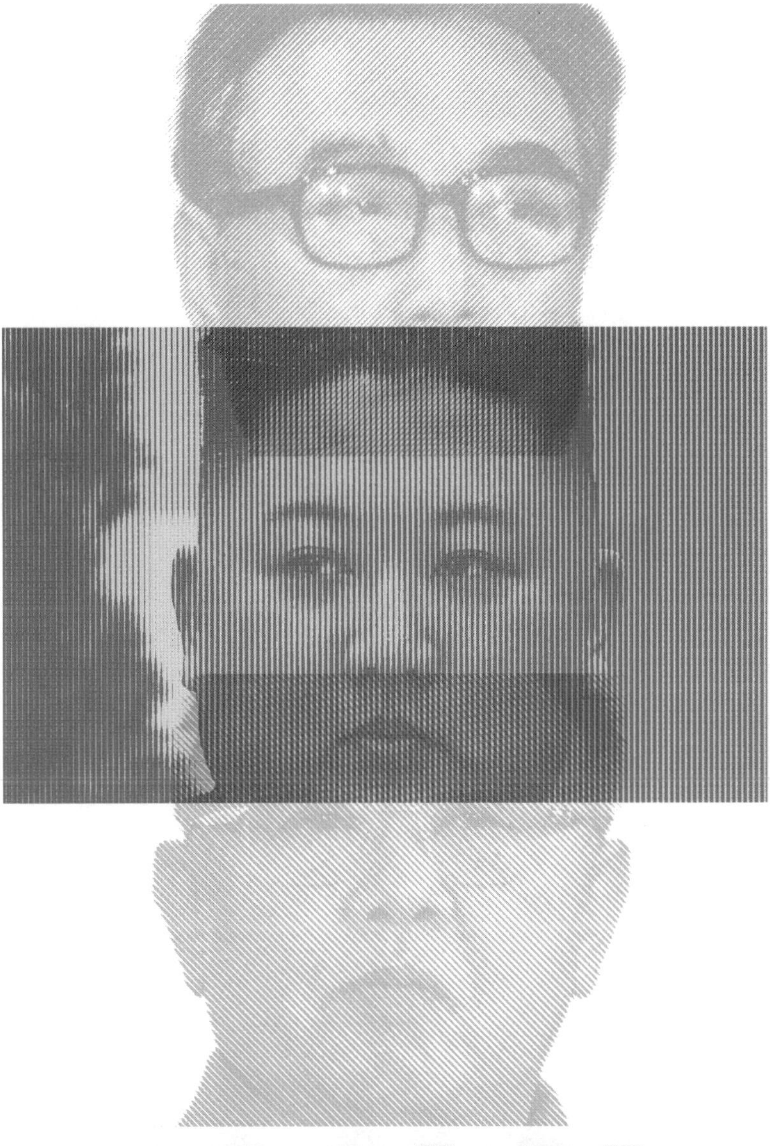

북한, 객관적으로 바라보기

북한학

김규빈 지음

북코리아

머리말

북한을 더 알아보고 싶은 마음은 많았다. 북한을 안다고는 했지만 껍데기만 알고 있었기 때문이었다. 저들의 이념이 무엇인지, 어떻게 체제가 수립되었고 그 가운데 김일성이 어떤 역할을 했는지 구체적으로 알지 못했다.

6·25전쟁 초기 북한군은 오합지졸이 아니었다. 치밀한 전쟁계획과 훈련된 인민군들의 전술은 전쟁 초기 큰 성공을 거두었다. 북한에 관심을 가질 수밖에 없었던 의문은 아래 두 가지다. 북한 체제가 수립되고 2년도 채 안 됐는데 어떻게 전쟁을 수행할 수 있었을까? 그리고 김일성 사후 북한 체제가 무너지지 않고 어떻게 김정은까지의 3대 세습이 가능했을까?

대한민국 국군은 북한군을 적으로 두고 있는 조직이다. 따라서 북한의 남침전쟁에 대비하여 준비하고 훈련하는 업무가 대부분이다. 그런데 나는 오랫동안 군 생활을 하면서 북한을 깊숙이, 아니 제대로 알아보지도 않고 임무를 수행해왔다. 아마 누군가 "그럼 직무유기 아닌가?"라고 해도 반론을 제기할 자신이 없다.

북한과의 군사회담 관련 실무를 맡아 일정 기간 업무를 수행한 경험이 있었다. 북한과 군사회담을 하면서 북측의 실무자인 북한 군인을 만나 대화할 기회가 여러 번 있었다. 그들과 대화하면서 저들도 영락없는 한민족임을 느꼈다. 그들도 개인적으로는 가정과 아이가 있었고 또 업무의 고달픔도 있으면서도 자신의 직책을 자랑스러워하는 우리와 다를 바 없는 직업군인의 모습을 발견할 수 있었다.

북한과의 군사회담은 항상 어려웠다. 회담 진행이 매끄럽지 않고 매번 지지부진했기 때문이었다. 북한 회담 대표들은 매번 자신들만의 입장만 끝없이 외쳐대는 고지식하고 외골수의 모습을 보였다. 나름 저들의 회담전략이겠지만, 간단한 안건도 쉽게 합의하지 않고 우리에게 대신 엉뚱한 것을 요구하면서, 또 합의한 내용까지도 최고 상부에 보고한다고 하면서 시간을 질질 끌곤 했다.

시간이 흘러 학생들 앞에 설 수 있는 기회를 얻었고, 또한 북한학 과목을 강의할 수 있어서 좋았다. 관심 분야를 강의한다는 것은 잘하고 못하고를 떠나 누구에게나 기분 좋은 일이다. 그러나 강의를 할 만큼 내가 충분히 준비되지 않았음을 느끼기엔 많은 시간이 필요하지 않았다. 북한에 대해 강의한다는 것은 전문적인 높은 수준을 요구했다. 먼저 관련 책자나 논문을 훑어봤다. 인터넷 서핑도 하고, 대규모 서점이나 도서관 등을 돌아보면서 북한에 대한 자료들을 찾아보았다. 그 결과 우리 대한민국이 북한에 대해 알고 있는 범위나 분석의 수준을 알게 됐지만 한편으로는 놀랐다. 북한 연구가들에 의해 발간된 많은 논문과 책들, 그리고 탈북자를 통한 북한 주민들의 생활을 알 수 있는 자료들이 출간되어 자료가 넘쳐났지만, 대부분 단편적인 내용이었으며 뭔가가 부족함을 느꼈다. 북한을 전반적으로 이해하는 데 충분치 않았다. 결정적으로는 기존의 책들이 일반인이나 대학생들이 쉽게 접근하여 북한에 대해 객관적으로 이해하기에는 종합적이지 않다는 것이었다.

다행히 기존의 자료를 기반으로 하여 강의를 준비했지만 분야별 각각의 자료를 참고해야 했으며, 실감나는 동영상 자료를 찾아야만 했다. 그래도 부족한 느낌은 어쩔 수 없어 결국 북한에서 발간된 원서를 찾아

국립중앙도서관을 수차례 방문했다. 평양에서 발간한 책자와 신문 등에 실린 저들의 연설문들과 주장 문구들이 생경했지만 이를 바탕으로 강의 자료가 풍부해졌고 강의에 여유가 생겼다.

강의가 반복되면서 강의내용은 보강되어갔지만 학생들에게는 어떤 교재를 참고하라고 선불리 권유하지 못했다. 고민 속에 결국은 "내가 총대를 메자"는 생각이 들어 자판을 두드리게 되어 이 책이 나오게 되었다.

누구에게나 읽힐 글을 쓴다는 것은 힘든 일이다. 첫 문장부터 막혔다. 너무나 욕심이 컸던 탓이었다. 그래서 생각난 방식이 내 스타일대로 하자는 것이었다. '말하듯이 쓰자', '강의했던 방식대로 쓰게 되면 독자들이 읽기 편할 것이다'라는 생각이 문득 들어 밀어붙였다. 이 같은 방향을 정하고 자판을 두드리니 한 쪽 두 쪽 문장이 이어졌다.

다음에는 글의 기준이 필요했다. 북한을 종합적이고 총체적으로 바라보되 객관적인 시각을 잃지 않도록 했다. 과거의 논쟁이나 이념, 정치권의 좌우에 치우치지 않는 객관화된 시각만이 북한학의 생명이 되어야 한다는 판단이 있었기 때문이었다.

누구나 자신만의 잣대로 북한을 이해한다. 그러나 개인적인 이해만으로 현재 북한의 진면목을 보기는 어렵다. 누구는 최근 매체에서 자주 보는 김정은과 그의 딸 김주애로 북한을 본다 하고, 누구는 핵과 미사일로도, 또 누구는 북한 인민들의 경제난으로도, 그리고 북한 외교관들의 언행으로도 북한을 볼 수 있다고 한다. 그러나 이러한 모습들은 우리에게 비춰지는 북한의 단편적인 모습일 뿐 진짜 모습은 아닐 것이다. 북한의 내부를 지탱하는 근본이념이나 정치체제나 정책들도 끄집어내어 자세히 봐야 북한의 실체를 확인할 수 있을 것이다.

따라서 나는 북한 공산주의 국가의 성립부터 그들이 주창하는 주체사상, 그리고 북한의 각 분야별 정책과 실제 나타난 현상을 폭넓게 다뤄내도록 책의 목차를 편성했다. 많은 것을 녹아내려니 범위가 넓었지만,

대신 깊이가 얕아 가독성이 좋아질 수 있다는 장점이 있었다.

이 책은 북한학의 개설서다. 따라서 북한에 대한 개론서나 입문용으로 이용해주셨으면 한다. 전체를 훑어보고 궁금한 분야가 생기면 그 부분만이라도 집중적으로 읽어주면 좋겠다는 마음이다. 모름지기 이 책으로 독자분들이 조금이라도 북한에 대한 이해의 폭이 넓어졌으면 좋겠다.

부족한 강의를 청강해준 많은 학생들과 미흡한 글의 교정을 위해 없는 시간 투자해준 아내 현숙과 큰아들 민성, 그리고 출판사 북코리아 대표님과 직원들께 감사한 마음을 전합니다.

김규빈

차례

머리말 5

1장 북한을 바라보는 관점 13

1. 북한학이란 15
2. 북한학 연구방법 17

2장 공산주의 이념 도입과 북한 체제 형성 21

1. 한국의 공산주의자들은 어떻게 나타났을까? 24
2. 볼셰비키 혁명과 코민테른 25
3. 해방전 공산주의자 활동(해외, 국내) 27
4. 해방 정국에서의 공산주의자 활동 34
5. 소련식(스탈린식 마르크스-레닌주의) 공산주의 국가 수립 41
6. 김일성 독재체제(전체주의 국가)로의 전환 51

3장 주체사상: 북한 체제의 기본이념으로 자리 잡다 59

1. 북한의 이데올로기: 마르크스주의에서 스탈린식 마르크스-레닌주의 61
2. 북한의 공산화와 주체사상의 등장 67
3. 주체사상의 이론적 체계화 77
4. 주체사상의 사회화(온 사회 주체사상 강화)와 그 한계 84

4장 정치 · 권력체계: 북한 특유의 통치체제와 김정은의 권력구도 89

1. 북한 정치 · 권력체제 91
2. 북한 조선로동당 98
3. 중앙 국가기구(국무위원회, 최고인민회의, 내각, 사법기관) 109
4. 김정은 체제로의 3대 세습 119

5장 군사정책과 군사력: 북한은 백만이 넘는 군사력을 왜, 어떻게 유지할까? 127

1. 공산주의 국가에서의 군(軍) 129
2. 북한의 전쟁관과 4대 군사노선 130
3. 북한군의 성격과 조직(북한군 = 당의 군대 = 수령의 군대) 134
4. 북한군의 병역제도(군 구조 및 병영생활) 138
5. 북한의 군사전략과 군사력(남북한 군사력 비교) 142
6. 북한의 군사과학기술과 전략무기 150

6장 공산주의 경제체제와 북한 경제, 그리고 주민생활 157

1. 북한이 채택한 공산주의 경제체제 160
2. 북한 경제정책의 3대 기본노선 164
3. 북한 경제체제의 변화과정 169
4. 김정은 시대의 경제개혁 175
5. 북한경제의 거시 및 부문별 현황 177
6. 북한 경제의 딜레마 187

7장 1970년대까지 떵떵거렸던 북한 외교 189

1. 국가안보 개념 191
2. 북한의 대외정책과 변천과정 194
3. 북한의 외교체계 및 외교의 종류 197
4. 주변 국가들과의 외교관계 200

8장 핵 및 미사일: 한국은 물론 미국과 맞장 뜨겠다고 만든 전략무기 217

1. 핵무기가 무엇인가? 220
2. 핵무기의 종류와 제조과정 227
3. 북한의 핵무기 개발과정 231
4. 남북 대화의 진행과 한반도 비핵화 회담 234
5. 북한 핵문제 및 국제사회와의 핵협상(개요) 245
6. 제1차 북핵 위기와 제네바 합의 247
7. 제2차 북핵 위기와 6자회담 255
8. 제3차 북핵 위기와 미북 정상회담 266

9장 북한의 교육 및 문화예술: 정말 북한 인민을 위한 교육과 문화예술정책인가? 271

1. 북한 교육의 지향 방향과 딜레마 273
2. 북한의 학제 274
3. 교육내용 및 교육방법 283
4. 학교생활 292
5. 북한의 문화예술 296

10장 통일: 남북한 통일정책과 통일에 대한 비전 303

1. 통일의 의미와 필요성 306
2. 분단국 사례를 통해 본 통일 308
3. 대한민국 정부의 통일에 대한 기본구상과 통일방안 318
4. 북한의 통일방안 322
5. 남북한 통일방안 변천과 비교 329
6. 통일에 대한 의견 331

참고문헌 339

찾아보기 346

1장

북한을 바라보는 관점

1. 북한학이란

북한학이란 북한의 정치, 경제, 군사 등 북한에 관한 모든 것을 연구하는 종합적인 학문입니다. 또한 북한을 객관적으로 이해하고 분단된 국토를 슬기롭게 통일하여 민족의 동질성을 회복하기 위한 학문입니다.

미국 하와이 대학에 한국학이라는 과목이 개설되어 있다고 합니다. 한국의 역사, 정치, 경제, 언어뿐만 아니라 K-팝은 물론 K-드라마, K-푸드 등 한국에 관한 관심거리가 포함되고 더 확대되어 한국에 관한 모든 것들을 범주에 포함하여 연구한다고 합니다.

그런데 재미있는 것은 이 한국학 과목이 나오게 된 배경입니다. 한국학의 시작이 퇴계 이황의 연구에서부터라고 하면 뜻밖인가요? 미국인들이 퇴계 이황이라는 조선 최고의 성리학 학자를 접하면서 한국에 대한 관심이 시작되었다고 합니다. 이황은 이율곡과 함께 조선시대 성리학에서는 쌍벽을 이루는 대석학이었습니다. 임진왜란 때 일본인들이 퇴계 문집 다수를 강탈해갔습니다. 이후 일본 학자들 사이에서 퇴계의 학문과 사상을 연구하는 붐이 일어났으며, 미국 학계에 알려져 퇴계뿐만 아니라 조선과 대한민국이란 나라 연구로 확대되었습니다. 조선의 성리학에서부터 태평양전쟁 당시 독립운동에 열심이었던 한국인에 대한 관심, 그리고 6·25전쟁을 치르면서 공산주의 확산에 대한 저지로서의 동북아 국제안보, 한국의 경제발전에 흥미를 더하다가 한국의 정치, 문화 등으로 확대시켜가면서 현재의 한국학으로 발전하게 되었고, 한국학 과목과 연구소가 개설되어 운영되고 있다고 합니다.

북한학도 마찬가지입니다. 북한학의 범주는 김정은의 정권이나 북한의 핵에 국한하지 않고 북한에 대한 모든 것을 연구하고 탐구하는 영역으로 확대되었습니다. 즉 북한에 관련된 이데올로기, 정치, 사회, 문화 등 모든 것이 북한학 영역에 포함된다고 볼 수 있습니다.

북한은 '조선민주주의인민공화국'이라는 국호로 1948년 9월 9일 수립되어 현재까지 70년 이상 지속되어왔습니다. 1989년 베를린 장벽이 무너지고 소련과 동구권이 개방되어가는 시기에 한국에서는 북한도 스스로 무너진다는 희망(?)을 가지고 통일을 준비해야 한다는 논의가 활발했었습니다. 그러나 북한 체제는 소련과 동구권의 개방과 변혁의 영향에도 버텨냈으며 오히려 북한 특유의 사회주의 체제를 공고히 하면서 내부 결속이 단단해지는 모습을 보여줬습니다.

볼셰비키 혁명을 통해 세계에서 최초로 공산국가를 수립하고 전 세계 공산화를 지원하던 소련조차 개혁이라는 조류에 따라 공산당의 일당 독재체제가 무너지고 공화국 체제로 바뀌었습니다. 이후 소비에트 연방의 해체와 동시에 러시아의 많은 위성국이 독립함으로써 세계적으로 공산주의에 의한 이념경쟁에서 공산주의가 실패했다는 것을 실증적으로 보여주었습니다. 더욱이 북한의 혈맹인 중국이 1978년 채택한 개혁·개방정책으로 중앙집권적인 계획경제체제가 시장경제로 돌아섰습니다. 중국도 북한에게 개혁·개방정책을 채택할 것을 조언했으나 북한은 이를 거부하고 북한 특유의 사회주의 체제를 더욱 견고하게 유지해왔습니다.

그럼 북한이 개방과 변혁이라는 세계적인 공산주의 국가의 변혁 추세를 거부하고 북한의 특유한 사회주의 체제를 고수하는 근본적인 바탕은 무엇인지, 또한 북한은 식량문제 등 국가적 위기를 어떻게 극복해왔는지, 그리고 앞으로 북한 체제의 변화 가능성이 있는지 등에 대해 알아보겠습니다.

북한의 행정구역 변화를 보면 해방 당시와 비교하면 많은 변화가 있다는 것을 알 수 있습니다. 1945년 해방 때는 〈그림 1-1〉과 같이 여섯 개 도로 구분되었다가 현재는 한 개의 직할시, 두 개의 특별시, 아홉 개의 도로 구성되어 있습니다. 먼저 평양직할시가 눈에 띄고 특별시로 남포시와 라선시가 있으며, 황해도가 남도와 북도로 분리되었고, 평안도

〈그림 1-1〉 해방 당시 북한의 행정구역

〈그림 1-2〉 현재 북한의 행정구역

와 함경도에서 자강도와 양강도가 갈라져 나왔습니다. 또한 특이한 것은 압록강 변에 김형직시와 김정숙시가 생겼고 동해 쪽에는 김책시를 만들어 김일성 관련 인물에게서 딴 지명으로 변경되었음을 확인할 수 있습니다.

2. 북한학 연구방법

우리에게 북한은 위협의 대상이자 협력의 대상이라는 이중적 존재입니다. 북한은 우리 대한민국을 침략했고 지속적으로 정치·군사적으로 대결하는 위협의 대상임과 동시에 한편으로는 민족공동체 건설을 위해 협력해나가야 할 상대이기도 합니다.

북한과 우리는 아직도 적대 관계를 청산하지 못했으며, 심지어 북한은 우리의 안보를 위협하는 막강한 군사력을 가지고 있습니다. 천안함 폭침과 연평도 포격도발 사건에서 보는 것처럼 북한은 군사 도발로 우리의 안보를 심각하게 위협하고 있습니다.

❶ 북한학 연구 시 유의사항

우리는 이념과 세대와 집단에 따라 북한에 관해 서로 다르게 인식하는 경우가 있습니다. 따라서 우리가 개인 주관의 인식, 편견, 감성에 따른 판단에서 벗어나 북한을 제대로 이해하기 위해서는 다음과 같은 점에 유의할 필요가 있습니다.

첫째, 북한은 우리 대한민국과의 관계에서 이중성을 갖고 있음을 인식하면서 균형 잡힌 관점을 가져야 합니다. 냉전 시대에는 북한을 동족이 아닌 생사를 걸고 대결해 승리해야 하는 적으로만 인식했으나, 탈냉전 이후 민족의 번영과 통일을 위해 협력해야 할 대상이라는 인식도 생겨났습니다. 아직 남북 간 평화체제가 구축되지는 못했지만 적대적 대립 관계에서 점차 호혜의 협력 관계로의 발전을 도모해나갈 필요가 있습니다. 즉 북한은 경계 대상이지만 북한 주민은 장차 우리와 함께 살아갈 동포라는 인식으로 북한을 왜곡하지 않고 실체를 이해해야 합니다.

둘째, 객관적 현실에 기초해 북한을 이해해야 합니다. 북한이 처한 대내외 환경과 실상에 근거하여 있는 그대로의 북한을 바라보아야 합니다. 북한 당국이 선전하고 보여주는 왜곡된 모습이 아닌 북한 주민들의 실제 생활과 환경을 파악해야 합니다.

셋째, 북한의 식량난, 경제난과 핵 및 미사일 발사 등 현재 나타난 현상에 머물지 않고 이러한 현상들을 초래한 북한 체제의 근본 요인이 무엇인지를 알아야 합니다. 그리고 이를 자유민주주의 인권·복지 등 보편적 가치 기준에 비추어서 판단하는 자세가 필요합니다.

한편, 한때 북한에 대한 연구분위기가 고조되면서 위와 같은 기본적인 인식론적인 자세를 취했지만, 어느 각도로 바라볼 것인가라는 문제가 제기된 적이 있었습니다. 북한을 연구하는 자세는 북한은 다른 사회주의 국가에서는 찾아보기 힘든 유일 독재체제를 유지하고 있고 3대에 걸쳐 권력이 세습된 체제라는 사실을 중심에 두고 파악하는 자세입니다. 북한

체제가 지닌 이러한 특성을 이해하지 못한다면 북한 사회의 본질을 정확히 파악하기 어렵습니다. 따라서 북한 체제에 대한 외형적 이해를 넘어서 북한 사회의 본질을 구조적이고 체계적으로 이해하는 데 초점을 둬야 할 것입니다.

2 외재적 접근법과 내재적 접근법

일반적으로 북한을 바라보는 기준과 관련되어 두 가지 시각이 있습니다. 하나는 북한을 외부로부터 바라보는 방법입니다. 객관적 인식 척도나 평가기준에 기초하여 분석하는 외재적 접근법입니다. 다른 하나는 이와 대비되는 것으로 북한 사회를 북한 내부적인 시각으로 바라보는 방법입니다. 이는 북한이 설정하고 추구하는 사회주의 이념, 목표, 또는 논리 등에 따라 북한 내부의 시각으로 분석하는 내재적 접근법입니다.[1]

외재적 접근법은 북한을 외부의 이념이나 논리에 따라 분석 비판하는 것입니다. 이 접근은 여러 유형의 사회에 적용할 수 있는 제3자적 관점이나 보편적 척도를 기준하기 때문에 체제 간 비교분석이 이루어지고 자연스럽게 북한의 취약점이나 부정적 측면이 부각될 수 있습니다. 이와는 반대로 내재적 접근법은 북한사회를 제대로 이해하기 위해서는 사회주의적 이념과 북한의 논리에 따라 분석한다는 방법입니다. 북한을 그들이 설정해놓은 이념과 논리에 기초하여 분석하고 평가하는 방식입니다. 이 접근법은 자연현상과는 달리 주관을 가지고 있는 인간에 의해 벌어지는 사회현상을 행위자의 입장에서 분석·파악한다는 유럽, 특히 독일의 사회과학 접근법과 일맥상통합니다.

그러나 이 내재적 접근법에도 한계가 있습니다. 현재 북한이 직면하고 있는 근본적 문제점인 경제침체와 비민주적이며 비인간적 인권침해

1 최완규, "북한연구방법론", 『북한연구』(1990년 봄), p. 127.

와 같은 심각한 현실문제를 회피한 채 북한 체제의 긍정적인 측면만 부각하고 무비판적으로 옹호하는 경향이 있을 뿐만 아니라 사회주의 체제의 개혁이나 붕괴를 설명하는 데 본질적인 한계가 있습니다. 이 두 시각은 북한에서 일어나고 있는 현상의 서로 다른 측면을 각각 분석·평가하기에 보완적으로 활용될 수 있습니다. 따라서 두 시각을 단순하게 대립적인 것으로 이해하기보다는 북한 연구에 적절히 상호보완적으로 활용하는 자세가 필요합니다.

그러나 가장 중요한 연구자세는 북한을 객관적으로 바라봐야 한다는 것입니다. 외재적 접근법이나 내재적 접근법 모두 북한을 여러 단편들을 잘라서 연구하여 그 본질을 볼 수 있다고 합니다. 그러나 어떠한 연구라 할지라도 연구방법이나 연구방향에 따라 진짜가 왜곡될 수 있다는 가능성과 한계가 있습니다. 따라서 북한에 대한 어떠한 연구도 객관적인 시각을 견지해야만 된다는 것을 강조합니다.

2장

공산주의 이념 도입과 북한 체제 형성

북한 당국은 정권의 정통성을 항일무장투쟁에서 찾습니다. 김일성의 항일무장투쟁을 이용하여 수령체계를 합리화시켰으며, 정권의 주요 인물들 또한 김일성의 유격대 동료들입니다. 김정일의 출생지도 백두산 밀영(비밀병영)으로 소개하면서 항일무장투쟁과 연관시키고 있습니다. 그래서 김일성 우상화를 위해 만들어진 북한의 창작물에는 백두산이나 김일성이 항일투쟁을 벌였다는 내용이 중심 내용입니다.

일본의 북한 전문학자 와다 하루키(和田 春樹)는 과거 김일성 정권을 유격대국가*로 파악할 정도로 항일무장투쟁은 북한정부 수립에 있어서 중요한 기원입니다. 북한은 항일무장투쟁을 국가수립 정신으로 높이면서 김일성의 주체사상의 확립과 3대 세습을 정당화하는 기반으로 활용하고 있습니다. 그래서 아직도 그들의 구호인 '생활도 학습도 생산도 항일유격대식으로'를 부

* 와다 하루키는 그의 책 『북조선: 유격대국가에서 정규군국가로』에서 북한을 유격대국가의 모델로 규정하면서 '김일성이 유일한 최고사령관이고 인민 전체를 만주파화·유격대원화한 국가'로 설명하고 있다. 그리고 김일성 사후 북한 체제는 '유격대국가'에서 선군정치를 강조하는 김정일에 의해 '정규군국가'로 전환했다고 주장한다.

르짖고 있습니다. 여기서 항일유격대식은 김일성이 항일무장투쟁 시기에 창조했다는 노동당의 전통적 활동 방식을 총체적으로 이르는 말입니다.

북한은 항일유격대식을 "모든 낡은 재래식을 타파하고 격식과 틀이 없이 혁명에 대한 무한한 충실성과 자력갱생·간고분투의 정신에 기초하여 모든 것을 혁명적으로 실속 있게 하는 활동방식"이라고 설명하고 있습니다.

김정일의 탄생도 김일성의 항일독립운동과 연관하여 백두산 밀영에서 태어났기에 권력 세습도 혁명 세대들의 도움으로 가능했습니다. 마찬가지로, 김정은 시대에서도 혁명 2세대와 빨치산 혈통들의 후손인 혁명 3세대들이 정권의 버팀목 역할을 하고 있습니다. 이렇게 항일무장투쟁을 필요할 때마다 제기하는 것을 보면 북한정권은 항일무장투쟁을 정권유지와 세습의 기반 정신으로 이용하고 있다는 것을 알 수 있습니다. 그렇다면 김일성의 항일투쟁이 북한의 공산주의 국가 수립의 결정적인 요인일까요?

이번 장에서 김일성은 어떻게 북한정권을 수립했고, 이어 독재정권을 수립하는 과정을 알아보도록 하겠습니다.

1. 한국의 공산주의자들은 어떻게 나타났을까?

일제 통치하 한국 지식인들의 가장 큰 목표는 '조국이 일본의 통치에서 어떻게 벗어날 것인가?'와 '해방 이후 어떠한 나라를 만들 것인가?'였습니다. 이러한 목표를 이루기 위한 이념과 수단으로 마르크스-레닌주의를 받아들인 사람들이 있었습니다. 이들은 공산주의 이념 및 레닌의 혁명이론과 경험을 적용하여 조국의 해방을 이루어내고 공산주의 이념을 한반도에 실현하겠다는 것이었죠. 이들이 최초의 한국인 공산주의자들입니다. 이들 대부분은 해외에서 유학하다 공산주의 이론을 접한 지식인들이었습니다.

공산주의 운동은 이념 연구에서 출발했지만 본격적인 조직 활동은 3·1운동이 계기가 되었습니다. 잘 알다시피 3·1운동은 한민족이 일제의 통치를 무력이 아닌 만세운동으로, 즉 비폭력운동으로 독립을 쟁취하자는 평화적인 차원으로 전개되었습니다. 독립이라는 목적은 실패했지만 만세운동을 앞에서 이끌었던 민족지도자들은 일제를 몰아낼 수 있다는 희망을 가졌습니다. 반드시 독립할 수 있다는 자신감을 바탕으로 또 다른 방식으로의 독립을 확신하게 되었습니다. 다시 말해 일제로부터의 독립과 자주국을 세울 수 있는 민족적 각성과 자주정신을 확인할 수 있었고, 이를 바탕으로 더 강력한 독립투쟁과 민족국가 수립을 위한 활동을 촉진하는 계기가 되었습니다.

만세운동 이후 한국인들은 독립을 쟁취하기 위해 다양한 방법을 찾게 됩니다. 자유민주주의뿐만 아니라 공산주의 이념도 연구했으며, 독립운동을 추진할 여러 조직들을 구성했습니다. 이들 단체들은 한반도뿐만 아니라 주변 해외 한국민 거주지역인 연해주, 중국 및 만주, 미주 등으로 활동 영역을 넓혀나갔습니다.

가장 눈에 띄는 초기 공산주의자는 일본과 중국에서 유학했던 지식인들이었습니다. 이들은 마르크스-엥겔스를 연구하는 모임에서 출발하여 점차 단체를 만들고 활동을 시작하면서 나타났습니다. 그러나 일제 경찰은 이들 활동을 일제의 통치를 거부하는 반체제 단체로 바라보고 탄압하기 시작합니다. 일제의 감시와 지도자 검거 등으로 공산주의자 활동은 위축되어 지하운동으로 맥을 이어가게 됩니다. 그러나 활동여건이 조성되면 다시 조직을 갖추고 활동하다 발각되어 해체되는 과정을 반복하다가 광복을 맞이하게 됩니다.

2. 볼셰비키 혁명과 코민테른

볼셰비키 혁명은 1917년 10월 러시아에서 레닌 중심의 소수의 공산주의자들이 쿠데타를 통해 공산주의 국가를 수립한 무장혁명을 말합니다. 10월 혁명으로도 불리는 이 혁명에서 마르크스가 주창한 공산주의 이념을 기반으로 하는 공산주의 국가를 세계 최초로 건설했습니다.

당시 황제가 통치하고 있던 제정 러시아는 제1차 세계대전에 참가했지만 계속되는 패배와 과도한 세금 부담으로 국가재정이 피폐해져갔습니다. 여기에 귀족들과의 빈부격차로 사회적·경제적 불만이 높아진 시민과 노동자들이 주축이 된 시민혁명이 일어납니다. 1917년 2월 이른바 '2월 혁명'입니다. 이 혁명으로 러시아는 전제정을 무너뜨리고 진보주의자와 사회주의자들이 중심이 된 임시혁명정부를 수립합니다. 그러나 급조된 임시혁명정부는 시민들의 혁명적 요구를 정치적으로 해결하지 못하고 불안정한 사회를 통제하지 못하는 상황에 빠졌습니다. 시민과 노동자들의 삶의 개선은 커녕 더욱 악화일로에 빠지게 되어 임시혁명정부에 대한 불만이 극에 달하고 있는 상황이었습니다. 더욱이 전쟁에 참가한 러시아군이 연속 패배하면서 많은 사상자가 발생하고 광대한 영토를 상실했습니다.

이러한 정국의 뇌관만 건드리면 터질 것 같은 불만과 증오가 가득 찬 상황에서 등장한 인물이 레닌입니다. 1905년 피의 일요일 사건[1] 이후 레닌은 마르크스-엥겔스의 공산주의 이론을 바탕으로 공산혁명을 꿈꾸고 준비하다 발각되어 추방당해 스위스에 머물러 있는 상태였습니다. 그러나 2월 혁명 이후 임시혁명정부가 통치체제를 갖추지 못한 상태에서 혼란이 지속되자, 레닌은 혁명의 여건이 성숙되고 있다고 판단하고 귀국합니다.

레닌은 귀국 후 곧바로 자신의 정견을 담은 아주 짧으면서도 강력한 메시지인 〈4월 테제〉[2]를 발표하면서 대중의 이목을 집중시켰습니다. 레닌은 소수의 볼셰비키 혁명대원들을 모으고 이들을 무장시켜 쿠데타를 통해 임시혁명정부를 타도하고 소비에트 정권을 수립하는 볼셰비키 혁명을 성공시킵니다. 혁명 이후 국호를 소련(蘇聯: 소비에트사회주의공화국연맹의 약자)으로 하는 최초의 공산주의 국가를 수립하고, 4월 테제 내용을 즉각 추진하면서 공산주의 이론에 의한 국가체제로의 전환을 시작했습니다.

러시아의 공산화혁명을 성공시킨 레닌은 전 세계 공산화라는 원대한 목표를 실천하기 위해 소수민족의 혁명과 독립을 지원한다는 차원에서 1919년 코민테른[3]을 창설했습니다.

---

1 1905년 1월 22일 러시아의 수도 상트페테르부르크에서 발생한 노동자들의 대규모 집회에서 발생한 유혈사태를 말한다. 유혈진압으로 500~600명이 사망하고, 수천 명이 부상했다. 이 사건을 계기로 혼란이 지속되었고 이러한 혁명 기세는 1917년 러시아 혁명까지 이어졌다.

2 1917년 4월 블라디미르 레닌이 발표한 강령으로 이후 10월 볼셰비키 혁명을 일으키는 계기가 되었다. 이 테제에서 레닌은 임시정부를 지지를 거부하고, 제1차 세계대전에서 즉각 철수할 것과 토지를 농민들에게 나누어줄 것을 촉구했다. 또한 은행의 국유화와 공산품의 생산과 분배를 소비에트가 관리할 것을 주장했다.

3 공산주의 인터내셔널(Communist International)의 약칭. 레닌의 지도하에 1919년 모스크

레닌이 주동하여 노동자와 농민 중심의 공산국가를 성립하자 한국의 나라 잃은 식민지 지식인들은 러시아 혁명을 새롭게 인식하기 시작했습니다. 한반도에 공산주의 이념과 공산주의 혁명 방식이 필요하다고 보았습니다. 특히 볼셰비키 혁명 방식으로 일제를 몰아내고, 이후에는 공산주의 이념의 정치체제를 한반도에 적용할 수 있을 것으로 인식했습니다. 특히 공업국이 아닌 전형적인 농업국가이면서 황제가 통치하던 전제국가에서 불가능할 것 같은 볼셰비키 혁명은 한국의 공산주의자들에게 눈여겨볼 만한 사건이었습니다.

일본과 중국에서 유학하던 지식인들이 공산주의 사상을 접했고, 이들이 귀국하면서 공산주의 이념을 연구하는 모임이 결성되었습니다. 이들 모임이 확대되어 최초의 한국의 공산주의 단체가 조직되었습니다.

특히 3·1만세운동 이후 기댈 곳 없는 조선의 독립운동가들은 더욱더 볼셰비키의 혁명과 그 바탕의 공산주의 사상을 관심 있게 연구했고, 독립활동 방식조차 레닌이 했던 무력투쟁을 선호했습니다. 소련이라는 혁명의 본고장과 약소 민족의 혁명을 지원하는 코민테른과 연계하려는 활동이 활발했고, 이 때문에 많은 공산주의자들이 모스크바를 찾았습니다.

3. 해방전 공산주의자 활동(해외, 국내)

3·1운동 이후 독립운동가들은 산재되어 있던 독립조직들을 통합하기 위한 노력을 벌였고, 그 결과 상해 임시정부가 수립되었습니다. 그러나 최초의 임시정부는 우리가 알고 있는 상해의 임시정부가 하나가 아니

바에서 창립되었다. 마르크스-레닌주의에 기초하여 각국의 공산당에 그 지부를 두고 각국 혁명운동을 지도·지원했다. 한국의 공산주의 운동도 이와 밀접한 관계를 맺으며 전개되었다.

라 서울의 한성정부를 비롯하여 여러 임시정부[4]가 있었습니다. 다행히 많은 독립지도자들의 노력으로 상해 임시정부를 중심으로 통합되어 발족할 수 있었습니다. 이 말은 여러 진영이 연합하여 임시정부를 수립했다는 의미입니다.

이렇게 출범 당시 상해 임시정부는 민족진영과 공산진영이 연합하여 정부를 수립했지만 곧이어 정부 내에서 갈등이 표면화되었습니다. 때로는 연합하고 때로는 갈등하면서 임시정부가 운영되기도 했지만, 결국은 공산진영이 임시정부에서 분리되어 나갔습니다. 구체적으로 보면 상해 임시정부에서부터 김구를 중심으로 하는 민족진영에 대해 불만을 품고 있던 이동휘를 중심으로 한 공산진영이 뛰쳐나가 별도의 독립운동을 수행하게 됩니다. 두 진영 모두의 목표는 조국의 해방이었지만 이들의 독립활동의 방향이 달라 각기 다른 방식으로 수행되었으며, 해방 이후에도 각기 자신들의 이념에 의한 정치단체를 구성하고 다른 방향으로 활동함으로써 결국 좌우익의 분리는 물론 남북 분단의 시발점이 되었습니다.

1 해외의 공산주의자 활동

1920년 무렵 해외의 공산주의자들은 만주와 중국, 그리고 소련령 연해주 지역에서 활동하기 시작했습니다. 지역별로 또는 주창자에 따라 여러 단체가 조직되었고 이들은 연합 또는 분리하면서 활동했습니다. 이들 중 규모가 크고 활동이 두드러진 단체는 연해주(소련령 만주)에서 태동

4 3·1운동 이후 최초에는 상해의 임시정부를 비롯하여 네 개의 임시정부가 수립되었다. 국내의 조선공화국〔朝鮮共和國, 일반적으로 한성정부(漢城政府)〕과 신한민국정부(新韓民國政府), 러시아 블라디보스토크의 대한국민의회, 그리고 상해의 대한민국 임시정부(大韓民國臨時政府)였다. 1919년 4월 11일 대한민국 임시정부 수립 이후 상해 임시정부와 대한국민의회를 동시에 해산하고 13도 대표가 조직한 한성정부의 정통성을 인정하여 새롭게 정부를 구성하자는 통합안이 통과되었다. 이 결의에 따라 9월 11일 '대한민국임시헌법'을 공포함으로써 명실상부한 통합 임시정부가 발족했다.

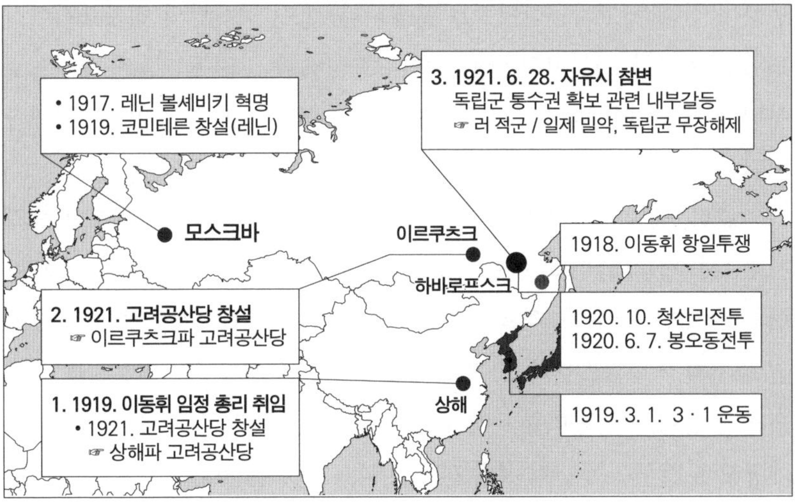

〈그림 2-1〉 해방전 공산주의자 활동 지도

한 이르쿠츠크 고려공산당과 중국 상해 임시정부에서 분리되어 나온 상해파 고려공산당이 대표적이었습니다.[5] 이 두 고려공산당은 모두 볼셰비키즘에 기반하고 있었지만, 서로 인적 교류가 거의 없어 직접적인 연관은 크지 않았습니다. 하지만 이 두 정당은 후에 한국 공산주의 운동의 원류를 이루게 됩니다.

이르쿠츠크 고려공산당은 1920년 1월 시베리아 이르쿠츠크에서 대한국민의회 회원들이 창당했습니다. 처음에는 전로한인공산당(全露韓人共産黨)이라고 했으며 김만겸, 여운형, 안병찬, 박헌영 등이 가담했습니다. 상해파 고려공산당은 1918년 알렉산드라 김과 이동휘 등이 하바롭스크에서 조직한 한인사회당을 모체로 태동했습니다. 이후 상해 임시정부가 수립되면서 국무총리로 이동휘가 직무를 수행하기 위해 상해로 이

5 상해파, 이르쿠츠크파라는 명칭은 외부에서 편의상 붙인 이름이며, 두 조직 모두 정식 명칭은 단순히 '고려공산당'이었다.

동하여 상해파 고려공산당으로 불립니다. 소련 공산당의 하부조직이길 원했던 이르쿠츠크 고려공산당에 비해 상해파 고려공산당은 레닌으로부터 자금 지원은 받되 소련 공산당과는 독립된 조직을 유지하길 원했습니다.

한편, 해외의 독립운동은 무장단체와 연합하면서 무장투쟁의 성격으로 나타납니다. 특히 안중근 의사의 이토 히로부미의 저격과 이후 벌어진 1920년 청산리전투와 봉오동전투는 무장 독립투쟁의 가장 두드러진 승전의 역사였습니다. 그러나 이들의 무장 투쟁활동은 일본군에게 독립군 토벌이라는 빌미를 주었고, 일제는 이들 독립군을 섬멸하기 위해 대규모 토벌군을 두만강 북쪽 만주 지역으로 투입합니다. 일제의 토벌작전은 독립군 활동을 크게 위축시켰습니다. 독립군들은 본거지를 빼앗기며 이동을 강요당했으며, 각기 분산되게 되었습니다.

앞서 설명한 두 개의 고려공산당과 기타 여러 독립군들은 일제 토벌군의 토벌작전에 쫓겨 점차 간도를 포함한 만주 지역에서 밀려 소련령 연해주까지 철수할 수밖에 없게 됩니다. 독립군들은 철수하는 가운데에서도 연락을 취하면서 조직과 지휘권의 단일화를 위해 소만 국경을 넘어 연해주인 스바보드니(Svobodny)시(일명 자유시)에 집결하게 됩니다. 그러나 이러한 집결이 독립군의 통합으로 연결되지 못하고 와해로 이어지는 불행한 사태가 발생했습니다. 이름하여 '자유시 참변'(自由市慘變, 스바보드니)[6]입니다. 이 참변으로 해외 공산주의자들의 실질적인 무장독립 활동

---

6 자유시 참변: 1921년 러시아 자유시(현 수라예프카)에서 독립군 부대와 러시아 적군이 교전한 사건으로 흑하(黑河)사변이라고도 한다. 자유시는 러시아 제야 강(Zeya river) 변의 '스바보드니'이며, 러시아어로 '스바보다(Svoboda)'가 '자유'를 뜻하기 때문에 '자유시'라고 불렸다. 자유시 참변은 각각의 독립군들이 집결하여 통합단체를 이루고자 자유시에 집결했으나 소련 적군의 급습으로 독립군 대부분 살상되었거나 흩어진 사건을 말한다. 집결 장소는 일본군의 작전하지 못하는 소련령이었다. 소련군은 무장한 많은 독립군이 역내에 들어온 것을 관찰하다 일방적인 공격을 하여 수많은 독립군을 살상하면서 와해시켰다. 주된 원인은 일본군과 소련군의 협조, 소련 내부의 적백내전, 그리고 독립군의 내부갈등 등

은 더 이상 조직화가 어려웠고 이후 일제를 위축시킬 만한 무장투쟁 활동은 보여주지 못하게 되면서 중국 공산당의 항일연군이나 소련군으로 편입되었습니다.

이들은 해외에서 소련 또는 중국군과 협조하에 항일운동을 하다가 광복 후 북한에 들어오게 됩니다. 중국의 연안파 또는 소련군에 편입되었던 김일성의 빨치산파가 바로 이들입니다. 이들이 이후 북한 정권 수립의 주축이 되었음은 물론 6·25전쟁에서 북한군의 주력으로 활약하게 되었습니다.

2 국내의 공산주의자 활동

그럼 국내 공산주의자들은 어떠했을까요? 대부분 일제의 압박 속에서 크게 활동하지 못했습니다. 최초로 태동된 단체는 '신사상연구회'입니다. 이 조직은 공산주의 이념을 연구하는 목적으로 조직했고, 이어 화요계[7]로 명칭을 바꾸었고, 또 다른 조직으로 화요계와 쌍벽을 이룬 서울계입니다. 화요계는 박헌영, 조봉암, 이승엽, 김단야 등이, 서울계는 김사국, 장덕수 등이 중심이 되어 조직했지만, 두 단체는 상호 연계된 활동이 없었고, 각각은 독립활동을 탄압하는 일제에 의해 와해되었습니다.

그럼에도 불구하고 공산주의자들의 활동이 폭발적으로 드러난 것은 3·1운동입니다. 공산주의자들의 혁명 개념은 전제적인 국가권력이나 정치체제를 뒤집어서 국민의 밑바닥인 프롤레타리아 계급이 주인이 되어 정치체제를 뒤집어 엎자는 것이었습니다. 이들은 공산주의 혁명방식을 이용하면 조국의 독립을 이룰 수 있을 것이라는 희망에서 출발했습니다. 3·1운동에서 민족적 각성을 이뤘고, 이러한 각성을 밑받침으로 하

이 복합적으로 작용한 것으로 추정된다.

7 레닌의 생일이 화요일이었기 때문에 화요계로 명명하였고 공산주의자 색채가 드러나지 않게 활동했다 한다.

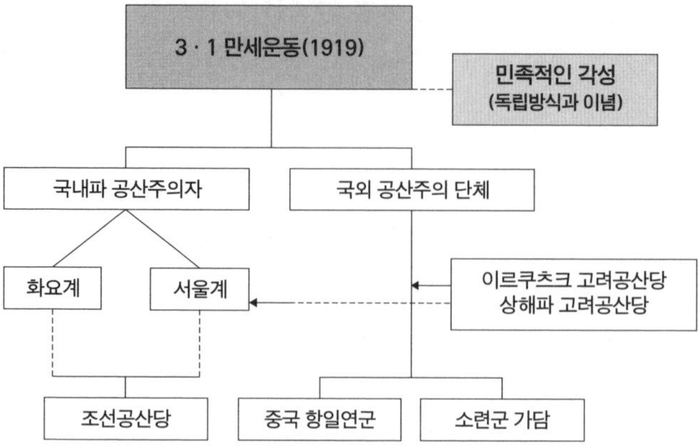

〈그림 2-2〉 국내외의 공산주의자 활동

여 독립을 이루겠다는 것이었습니다. 또한 독립을 쟁취한 이후에는 공산주의 이념에 의한 공산주의 국가를 설립하겠다는 것입니다.

앞서 설명한 국내파는 화요계와 서울계가 와해된 이후 조선공산당으로 재탄생하게 됩니다. 해외는 이르쿠츠크 고려공산당와 상해파 고려공산당이 조직되었다가 자유시 참변 이후 일부는 국내로 돌아왔지만 대다수는 중국과 소련군에게 가담하는 형태로 나타나게 되었습니다.

한편 국내에서는 붕괴된 화요계와 서울계의 기저부에서 끊임없는 재건 활동과 더불어 기존의 조직을 통합하는 움직임이 있었고 그 결과 공산주의자 이념과 색채를 본격적으로 드러낸 조선공산당을 창당합니다.

1925년 박헌영이 주도한 조선공산당의 창당을 계기로 국내에서 본격적인 공산주의 활동이 시작되었습니다. 이들은 공산주의 이념을 전파하는 한편, 국제적인 공산주의자들과 연계하여 노동자 중심의 일환인 파업 방식으로 일제에 저항했습니다. 이러한 국내의 활동과 활발한 대외 연락을 통해 조선공산당은 소련의 코민테른으로부터 한반도의 정식 공

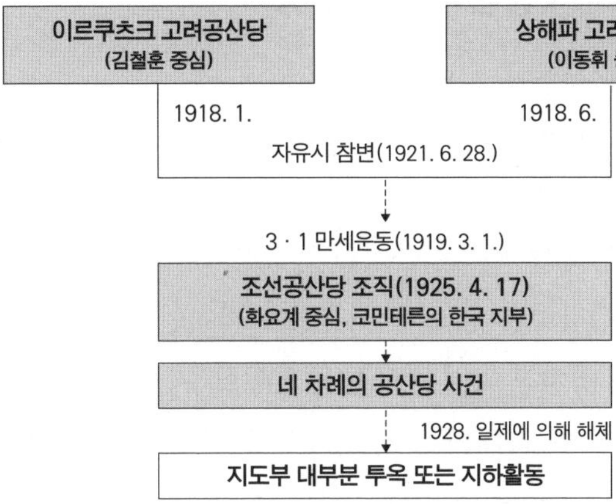

〈그림 2-3〉 3, 4차 공산당 등 해방 이전 공산주의자들의 조직

산당으로 승인[8]받기도 했습니다.

하지만 일본의 총독부는 조선공산당의 활동을 더욱 옥죄어 독립운동하는 반체제 불법단체로 간주하여 탄압함으로써 조선공산당을 해체시킵니다. 공산주의자들이 해체된 당을 재건하고 활동을 시작하면 일제는 또다시 해체시키는 등 재건과 해체를 반복하면서 1928년 중반 4차 공산당의 해체 이후에는 거의 재기불능의 수준으로 와해되었습니다. 조선공산당 지도자들 대부분은 투옥되었지만 체포되지 않은 조직원들은 지하에 숨어 활동하면서 해방 때까지 암암리에 조직을 유지하는 끈질긴 생명을 유지하게 됩니다.

---

8 코민테른은 최초에는 이르쿠츠크 고려공산당과 상해파 고려공산당 두 개의 단체에 자금을 제공했다. 그러자 두 조직은 우열을 다투면서 레닌 정권에 더 밀착하려 했고, 이로 인해 두 단체는 심한 분열 양상을 보이게 되었다. 코민테른은 두 당을 연합시켜 시베리아에서 일본에 대항하는 조직으로 이용하려 했지만 실패하자 지원을 중지했다. 이후 코민테른은 한반도 내에서 조직된 박헌영의 조선공산당을 승인하였다.

4. 해방 정국에서의 공산주의자 활동

해방을 맞이하자 공산주의자들은 급속도로 조직을 재건하고 곧 전국적인 조직을 갖추게 됩니다. 이는 일제의 탄압 속에서 창당과 해체, 그리고 재건 등의 과정에서 이어온 끈질긴 생명력이 기반이 되었기에 가능했습니다. 이러한 생명력은 광복 후 미군의 본격적인 군정 실시 전 공산주의자들의 세력이 정치적으로 큰 영향을 발휘할 수 있는 배경이 되었습니다. 미군이 진주할 때 국내의 정치 상황은 공산주의자들에 의한 조직이 이미 전국적으로 연결되어 있었고 일부 지역에서는 이들 조직이 치안은 물론 총독부에서 행하던 행정 기능까지 대신하기도 했습니다.

한편 한국에 도착한 미군은 군정을 할 만한 충분한 준비가 되어 있지 않았지만 실질적인 행정력을 과시하는 좌익 세력인 인공이라는 조직과 그들이 하는 활동을 그대로 지켜볼 수는 없었습니다. 그래서 공산주의자들의 활동뿐만 아니라 우익 정치세력이나 상해 임시정부의 정치적 활동을 인정하지 않자[9] 공산주의자들은 처음부터 미군정의 통치행위에 불만을 드러내기 시작했습니다.

해방을 맞이함과 동시에 공산주의자들은 발빠르게 조선공산당 재건준비위원회를 결성했고, 박헌영은 해방정국의 상황에 맞추어 혁명의 필요성과 방향을 제시한 〈8월 테제〉라는 성명서를 발표합니다. 러시아의 공산혁명인 볼셰비키 혁명을 준비하기 위해 레닌이 러시아로 복귀하자마자 발표했던 4월 테제와 유사한 방식과 내용이었습니다. 내용을 살펴보면 연합국 미·영·중·소에 의해 해방이 실현되었다는 상황 설명 후,

---

9 1945년 9월 7일, 「맥아더 포고령 제1호」로 미군이 한반도에 입성했을 때 발표한 통치에 대한 포고문이다. 이 포고문을 통해 미군이 직접 한반도를 통치하는 미군정을 선포했으며, 건국준비위원회는 물론, 대한민국 임시정부까지도 불인정하는 등 한국인의 자주적 통치활동을 부정했다.

이어 파벌의 청산과 통일된 재건당을 만들 것이며, 토지를 무상분배 한다는 등의 내용입니다.

이 발표에 이어 열성자대회를 개최하고 8월 24일 조선공산당을 재건하는 등 재빠르게 행동하기 시작했습니다. 이 결과 일제가 항복을 발표한 지 한 달도 안 된 9월 11일에 조선공산당을 재건[10]했고, 곧 전국적인 조직을 구축할 수 있었습니다. 이렇게 빠른 기간에 재건할 수 있었던 배경은 앞에 설명한 바와 같이 일제의 통치하에서 있었던 활동의 연장선에서 이해될 수 있는 내용입니다.

❶ 건국준비위원회

일본의 패망이 명확해지자 조선총독부에서 여운형을 부릅니다.[11] 당시 일본 총독은 국민들에게 정치적 영향이 높고 극좌나 극우가 아닌 중도적 성향을 가진 여운형을 높게 평가했고, 일본의 항복에 대비한 협조를 요청했습니다. 즉 한반도에 있는 일본 총독부와 일본인들이 안전하게 일본으로 귀국할 수 있도록 협조해준다면 치안권을 넘겨주겠다는 내용이었습니다. 여운형은 이 제안을 수락하고 기존의 조직을 확대하여 전국적인 조직을 만들었고, 이 조직이 바로 건국준비위원회(이하 건준)입니다. 여운형이 이토록 급하게 조직을 확충하려 했던 이유는 일제를 대신할 연합군이 도착하기 전에 전국적인 조직을 갖추어 한국인에 의한 한반도를 통치할 조직으로 인정받기 위함이었습니다.

---

10 박헌영은 해방 직후 8월 20일 조선공산당 재건준비위원회 결성과 함께 〈8월 테제〉를 발표했다. 그리고 또 하나의 좌파 조직인 장안파를 흡수하여 조선공산당(일반적으로 '재건당') 창당을 선언했다.

11 당시 총독부는 여운형 외에 민족 진영의 전 동아일보 사장이었던 송진우에게도 치안권 위임을 제안했지만 송진우는 이를 거부했다. 이후 조선총독부는 여운형에게 접촉했다.

2 북엔 소련군이, 남엔 미군이 진주하다

태평양전쟁 막바지 한반도의 운명은 일본 본토를 향해 공격해오는 미국의 손에 달려있는 듯했습니다. 세계정세를 내다보는 독립운동가들은 곧 있을 일제의 항복을 예상함에 따라 조국의 광복을 예견하고 자주국가 수립을 갈망하고 있었습니다. 그러나 뜻밖에도 일제의 패망이 눈앞에 다가온 시각에 한반도의 분단과 한국인의 사회정치체제가 완전 뒤틀리는 현상이 닥치게 됩니다. 느닷없이 소련군이 38도 이북 지역을 점령했기 때문이었습니다.

한반도의 해방은 8월 15일이지만 소련군은 북한 지역에 해방 이전인 8월 10일에 벌써 들어와 있었습니다. 이게 무슨 말일까요? 일본 히로시마에 핵폭탄이 투하되자마자 소련은 8월 9일 일본에 선전포고를 함과 동시에 만주와 북한 지역 점령에 나서게 됩니다. 일왕이 항복을 선언하기도 전 소련군은 함정을 이용하여 북한의 경흥에 상륙합니다. 이어 11일에는 웅기와 나진을 점령하는 등 단 보름 만에 38도선 이북 전 지역을 점령한 소련군은 일제의 모든 행정권을 빼앗아 8월 말이 되어서는 북한 전역을 점령하고 통치권을 행사하게 됩니다.

한편 미군은 8월 20일에야 항공기를 이용하여 서울 상공에 곧 미군이 점령한다는 전단을 살포하면서 도착한다는 소식을 전했습니다. 그리고 9월 4일 선발대가 인천에 도착했고 실질적인 본대는 9월 8일에야 서울에 도착합니다.

가정이지만 이러한 소련군과 미군의 한반도 점령 일정을 살펴볼 때 한반도의 중앙선인 38도선을 미 국무부에서 미리 긋고 또한 소련에 사전에 통보하지 않았다면 미군이 들어오기 전에 소련군이 서울을 포함한 전 한반도를 점령했었을 가능성이 매우 높다고 판단됩니다. 이러한 가정을 뒷받침하는 것은 미군이 9월 8일이 돼서야 인천에 상륙했다는 역사적 사실에 기인한 것입니다.

3 해방 초기 남한의 공산주의자 활동

해방이 되자 여운형 중심의 건준은 일본 총독으로부터 한반도의 치안권을 위임받아 전국적인 실력을 행사하려 했습니다. 동시에 건준은 전국적인 조직을 갖추면서 일부 지역에서는 동시에 행정력까지 행사하고 있었습니다.

문제는 건준 내부에 있었던 공산주의자들이었습니다. 여운형은 좌우 세력을 통합한 범국민적인 조직을 구축하려 했으나 자신의 세력이 미약해 좌파 세력인 조선공산당 인원들을 끌어들인 것이 화가 되었습니다. 중도파인 부위원장 안재홍을 비롯해서 좌우익을 망라한 통합조직이라고 선언했지만, 전체적인 성향은 조직의 대부분을 차지했던 좌익으로 쏠릴 수밖에 없었습니다. 또한 시간적으로 상해 임시정부 요원이 귀국하지 않아 이들을 포함할 수도 없는 상황이었습니다.

해방 초기 박헌영 중심의 공산주의자들은 여운형의 건준에게 주도권을 빼앗겨 위기를 느꼈지만, 곧 건준의 초기 조직단계부터 적극적으로 참여하여 차근차근 조직 전체를 장악하게 됩니다. 건준의 핵심 직책인 조직부에 공산당 간부인 정백, 선전부에 조동우와 최용달 등이 직책을 거머쥐면서 건준 안에서 세력을 확장시켜나갔습니다. 시간이 흐를수록 건준 내부에서 위원장인 여운형의 목소리는 점차 약해지고 공산주의자인 박헌영이 실질적인 주도권을 잡게 됩니다.

박헌영은 여운형을 압박하여 건준 내에서 주도권을 획득하면서 점차 발언권을 강화하다가 아예 조선공산당원들이 주도하는 국가의 수립을 주장합니다. 건준이 설립된 후 한 달도 안 된 1945년 9월 6일 전국인민대표자 대회를 개최하여 공산주의 국가로의 정부수립을 결의하고 선포했습니다. 국호를 '조선인민공화국(이후 인공으로 지칭)'으로 하고 정부와 지방행정조직의 명칭을 '인민위원회'로 하는 전국적인 조직을 갖추게 됩니다. 건준(실제 조직원은 대부분 조선공산당원)을 기반으로 하고 조선공산당이 주축이 된 중앙정부와 지방행정조직을 갖춘 한반도의 공산주의 국가가 선언된 것입니다.

왜 이렇게 급격하게 조직을 구축하고 또 인공이라는 국가를 선포했을까요? 여운형과 박헌영은 미군이 진주하기 이전에 한국인들이 먼저 정치적인 합의에 의해 국가를 만들어 미국에게 한반도의 정식 정부로 인정받기 위함이었습니다. 즉 국가를 수립했다는 선언은 인공이 합법적인 정치체제이며, 만약 국가로서 인정받지 못하더라도 이후 한반도의 주 정치세력임을 기정사실화시켜 인정받으려는 것이었습니다. 어찌 됐든 한반도에 인민공화국이라는 공산주의 국가가 탄생한 아찔한 상황이었습니다.

〈표 2-1〉 인민위원회 조직 현황

전국 총수		38도 이남			38도 이북		
		총수	기조직	미조직	총수	기조직	미조직
면	2,244	1,680	1,667	13	564	564	
읍	103	75	75		28	28	
군	218	148	145		70	70	
시	22	12	12		9	9	
도	13	9	7		7	6	1

이러한 과정 속에서 북한을 포함한 전 한반도에 군 단위는 물론 일부 면 단위까지 인민위원회가 급속히 조직되었습니다. 당시 공산당 조직을 보면 횡적, 종적으로 치밀히 구성되어가고 있다는 것을 확인할 수 있습니다. 노동조합, 농민연맹, 청년동맹, 부녀총동맹, 심지어 국군준비대까지 조직하고 있었고, 이러한 공산당 조직을 기반으로 인민공화국이 수립된 것입니다. 이러한 방식으로 설립된 전국적인 조직은 후에 조선공산당에 의한 파업이나 정국의 혼란을 유발시키는 기반이 되었습니다.

그러나 정작 건준을 설립하고 정치적 주도권을 잡으려던 여운형은 조직 장악에 실패하면서 좌익 세력에 밀려 퇴출되었고, 결국은 암살로 귀결되었습니다. 건준 또한 공산주의자들에 의해 완전히 장악되었고 이후 건준과 인공은 우익 진영의 대결과 미군정의 불인정으로 해체의 수순을 밟게 됩니다.

북한 지역의 조선공산당은 최초에는 서울에 있는 조선공산당의 지부 개념으로 조직되어 활동하고 있었습니다. 소련군이 진주하고 38선으로 남북 왕래가 어려워 통행이 불가하게 되자 북한 지역의 조선공산당 분국은 남쪽과 별개로 활동하게 됩니다. 이후 북한 지역 공산주의자들의 각 세력은 소련군의 비호 아래 연합의 형식으로 북조선공산당을 창당했고 책임비서로 김일성이 전면에 등장합니다.

그런데 왜 분국이라고 했을까요? 그것은 이미 서울의 박헌영을 중심으로 조선공산당이 창당되어 코민테른으로부터 승인까지 받은 상태에서 북한만의 공산당을 만들 수 없는 입장이 되자 하나의 방책으로 사용된 용어입니다. 즉, 조선공산당이 해방 직후 서울에서 창당했고 각 지

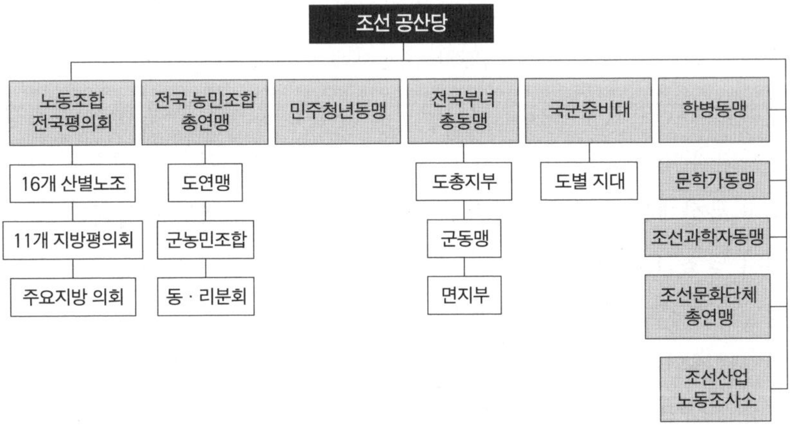

〈그림 2-4〉 조선공산당 조직

방에도 조직을 구축하고 있었던 시점에서 평양에는 이미 조선공산당 지부가 조직되어 있었기 때문이었습니다. 이 조직을 중심으로 북한의 공산주의자들이 통합될 수 있었고, 38선이 미소에 의해 차단되자 기존의 조선공산당 평양지부는 서울의 본당과 거리를 두게 되었습니다.

이후 북조선공산당으로 명칭을 바꾸고 남쪽의 조선공산당과 결별의 수순을 밟기 시작했습니다. 분단이 가시화되고 있던 1946년 조선노동당은 남과 북으로 분리되어 각각 활동하고 있었기에 조선공산당의 중앙당과는 별도의 자체 북조선공산당이 조직되어 활동하게 됩니다. 이러한 활동의 뒤에는 소련군의 조종이 있었습니다. 소련군의 계획과 통제 아래 북한 지역 공산주의의 세력들을 연합시켜 1945년 11월 조선공산당 북조선분국을 발족시킵니다. 이어 연안파 중심의 조선신민당을 흡수·합병하여 김일성이 주축이 된 북조선로동당을 창당하게 됩니다.

같은 시기 남쪽의 조선공산당 활동은 점차 어려워지고 있었습니다. 조선공산당이 주축이 된 조선인민공화국 수립과 활동은 미군정에 의해 통제받게 됩니다. 미군은 한반도에 도착하자마자 민족주의 정당을 포함한 모든 정치단체를 불승인하고 활동을 통제했습니다. 초기에 조선공산당은 반대집회나 파업 등으로 반발했지만 정치활동이 허용되지 않자 전국적인 폭동을 일으켰으며, 특히 위조지폐 사건이 적발되면서 당 자체가 불법단체화되어 해체되게 됩니다. 이에 따라 당 지도부에 대한 검거가 단행되자 박헌영을 중심으로 한 조선공산당의 지도부는 북한으로 피신하여 북한에서 북조선노동당과 통합하여 재기를 모색하게 됩니다. 평양에서 남조선로동당과 북조선노동당을 합쳐 현재까지 북한을 통치하는 정당인 조선로동당으로 통합하게 되었습니다.

해체된 남조선공산당원 중 북한으로 도망하지 못한 구성원들은 뿔뿔이 흩어져 노동자 신분으로 위장하여 지하활동을 하거나 산에 올라가 게릴라 활동을 하게 됩니다. 이후 이들은 6·25전쟁 때 북한군 잔류자들

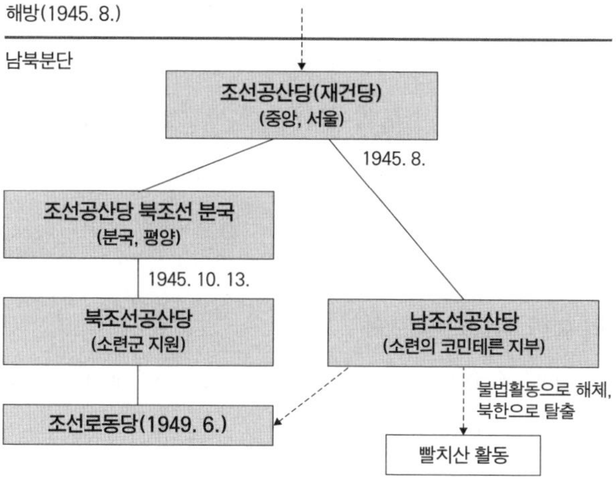

〈그림 2-5〉 해방 후 공산주의조직

과 연계하여 빨치산 또는 남부군의 호칭으로 불리는 조직으로 활동하다가 우리 군경의 토벌작전으로 1963년 마지막 빨치산 정순덕을 생포함으로써 이들의 활동은 마무리되었습니다.

5. 소련식(스탈린식 마르크스-레닌주의) 공산주의 국가 수립

어떻게 북한 지역에서 단기간 내에 소비에트화가 가능했을까요? 광복 초기에는 한인 토착 정치세력이 미흡한 탓에 정치적인 영향력을 발휘하여 자체적인 공산화가 곤란했습니다. 그러나 소련군과 같이 입국하여 행정을 지원하는 한인들과 소련군을 뒷배경으로 하는 김일성 세력이 있었기 때문에 소련은 이미 자신들의 입맛에 맞는 정부를 수립한다는 정책을 현실화할 수 있었습니다.

소련군의 민주기지 전략은 전 한반도를 공산화한다는 목표하에 북한 지역을 먼저 공산화하겠다는 일차적인 전략만을 갖고 있었습니다. 김일성은 소련의 민주기지 전략[12]에 따라 우선 북한을 공산화했고, 이어 6·25전쟁을 일으켜 전 한반도의 공산화를 시도했으나 실패했습니다. 이러한 패전에도 불구하고 한반도 전체의 공산화를 시도하려는 혁명화 의지는 3대 세습을 성공시킨 이후에 지금도 변함이 없습니다.

1 소련군의 북한 점령과 공산화

북한 지역은 조만식을 중심으로 한 민족주의 세력이 가장 큰 정치 세력이었습니다. 해방 직후 건준 평남지부로 영향력을 갖고 있었지만 곧 소련군에 의해 활동에 제한을 받다가 결국은 제거되었습니다.

소련군은 북한 진주 후 곧바로 전 북한 지역에 대한 행정권을 장악합니다. 그리고 1947년 2월에 행정권을 북한인들에게 이양한다는 명목하에 북조선인민위원회를 조직했습니다. 앞서 설명한 서울에서 조직된 건준과 뒤이어 조선공산당이 주축이 되어 선포된 조선인민공화국의 일환으로 북한의 말단 지방까지 급속히 조직화되고 있었습니다. 시·군은 물론 일부는 면 단위까지 인민회의와 인민위원회가 설치되었고 이들 조직은 행정업무까지 담당하고 있었습니다. 소련군은 이러한 인민회의와 인민위원회의 권한을 인정하면서 권한을 재위임하는 등 자치를 허용하는 자세를 취하다가 이 조직들의 중앙조직을 구축하게 합니다. 그 조직이 '북조선임시인민위원회'이며, 위원장으로 김일성을 내세웠습니다.

소련군은 북한에서 조만식 중심의 민족주의 세력은 고립시키면서 최초에는 공산주의 성향의 네 개 세력이 연합하여 북조선분국라고 하는 공산당 지부를 결성하게 하면서부터 북한의 공산화 역사가 시작됩니다.

---

12 민주기지론은 통일정부 수립을 기본 목표로 하지만 일단 북한 지역에 권력기구를 수립한다는 전략으로, 분단이 고착화될 경우 분단정부 수립의 논리로 전환될 수밖에 없는 한계를 가지고 있다.

북한 지역에 대한 소비에트화는 다음 3단계로 추진했습니다.

첫 번째는 순수한 연립 형태로서 공산당과 이데올로기가 다른 정당들까지도 연합해서 단체를 구성하여 실력행사를 하는 것으로 소련이 지원하는 공산주의자들을 그 안에 포함하여 세력을 확장하는 것입니다. 북한에서 영향력이 우세한 평남 건준에 공산주의자들이 가입하는 한편, 평남 인민정치위원회를 만들어 동수의 비율로 연합하여 가장 큰 정치세력화하는 단계입니다.

두 번째는 이 연합단체가 주동이 되어 정부형태를 갖춘 북조선 5도 행정위원회를 구성하는 단계입니다. 이 연합정부 속에서 공산주의자들이 세력을 확장해서 점차 전체를 장악하는 단계로 돌입하게 됩니다. 조선공산당 북조선분국을 수립한 1945년 10월에 벌써 이러한 양상이 나타났습니다. 그리고 1946년 초에는 공산주의자들이 실질적으로 실권을 장악하고 각종 사회개혁을 펼치게 됩니다.

다음 세 번째 단계는 공산당의 일당독재 체제로 구축하는 단계입니다. 민족지도자 조만식을 연금하고 지방의 인민위원회를 확대한 중앙의 북조선 임시위원회를 조직하면서 장악력을 발휘하기 시작합니다. 급조한 북조선 임시위원회은 개혁이라는 이름으로 토지에 대한 무상분배와 산업시설 국유화 정책을 추진함으로써 북한 인민들의 열렬한 지지를 얻어 김일성의 지지도 향상은 물론 공산당 일당독재의 길을 만들어갑니다. 이러한 과정을 통해 1948년 9월에 북한 정권이 수립될 수 있었습니다.

2 북한의 공산주의자 파벌

북한의 정치세력은 민족주의 세력 외에 자생적인 공산주의자 및 해외에서 귀국한 공산주의자들 등 크게 네 개의 파벌이 존재했습니다.

첫 번째는 중국공산당의 공농홍군(工農紅軍)에 가담하여 항일투쟁을 했었던 세력으로 연안파입니다. 중국에서 활동하고 있던 좌익계열은

1942년 7월 화북조선독립동맹을 결성하고 그 산하에 조선의용군을 두었는데, 이들이 광복 후 북한에 귀국하여 정치적 영향력을 펼쳤던 인원들입니다. 김두봉 외에도 최창익, 한빈, 무정, 허정숙, 김창만 등이 있었습니다. 이들은 중국공산당 소속으로 그들과 함께 항일운동을 펼쳤었던 항일무장단체로 전투 경험은 풍부했으나 조국과 연계 없는 투쟁을 했다는 한계가 있었습니다.

두 번째는 소련파로, 소련군이 북한에서의 정책추진에 활용하기 위해 1945년 북한에 파견한 다수의 소련 국적 한인들입니다. 최초 이들은 통역이나 행정 보조요원을 수행하던 인원들로 북한의 정치, 행정, 군사, 문화 등의 분야에서 실무를 맡은 전문요원으로 소련군과 함께 북한에 들어왔습니다. 1945년 8월부터 다섯 차례에 걸쳐 약 2,090여 명이 북한으로 들어왔으며, 주요 인원은 허가이, 박창옥, 방학세, 김찬 등이었습니다. 이들은 북한에 들어와 곧 북한의 당과 정권기관에서 중책을 맡게 되면서 정치적 영향력을 행사하게 되었습니다. 그러나 이들은 해방된 북한에서 정치지도자들에게 필수적인 민족해방운동 경력이 없었기 때문에 북한 정치과정의 주역으로 부상하기 힘든 한계를 가지고 있었습니다. 즉 초기에는 소련군의 지원을 받아 영향을 발휘했지만 곧 정치력 부족으로 조직화에서 뒤질 수밖에 없었습니다.

세 번째는 현준혁을 중심으로 한 국내파 공산주의자들입니다. 이들은 공산주의 이념을 연구하던 학자풍인 인물들이었으나 조직과 활동적인 측면에서는 매우 취약했습니다. 이들은 상황에 따라 이 조직에 붙었다 저 조직에 붙었다 하다 결국은 반당종파주의자로 몰리게 되는 세력입니다. 대표적인 인물로서는 박정애(평남), 오기섭(함남), 최용달(함남), 최경덕(황해도) 등을 들 수 있습니다.

마지막으로는 빨치산파로 일명 만주파 또는 갑산파입니다. 소련군 소속이었던 김일성을 중심으로 한 세력으로 동북항일연군 제7군 참모장으로 활약한 최용건, 동북항일연군 제3군 정치위원이었던 김책 등이 대표적입니다. 만주의 항일유격대는 1940년대부터 일제의 토벌작전을 피해 만주에서 피신하여 소련 영내로 이동했는데, 이들은 하바롭스크 근처 비야츠코에서 창설된 제88특별독립저격여단에 속했던 이들이 주축이 됩니다. 이들은 소련군에 편입되기 전 만주 일대에서 무장 항일운동을 전개하여 전투경험이 풍부했고, 소련의 군대에 소속된 이후에는 소련군과 교류하고 이들의 지원을 등에 업고 북한에 귀국하여 급속도로 두각을 나타낸 세력입니다.

3 조선로동당 창당

해방 이후 남한과 같이 북한 지역에서도 여러 정치단체들이 우후죽순처럼 조직되었습니다. 우리가 잘 아는 조만식의 건준 평양지부뿐 아니라 여러 좌익 세력들이 정당 창당으로 나타납니다.

북한에서 소련식 공산국가 수립을 뒤에서 조종하는 소련군은 공산

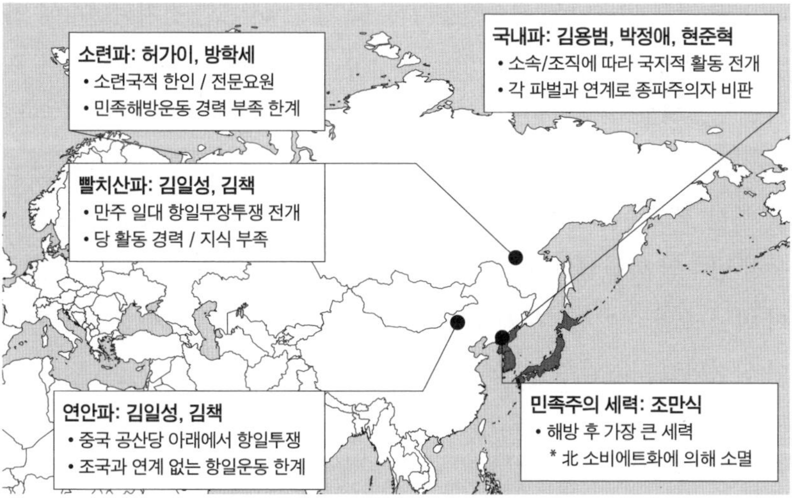

〈그림 2-6〉 해방 직후 북한 내 공산주의자 파벌

주의자들의 여러 정당의 난립을 지켜보지 않았습니다. 소련이 지원하는 소련파와 김일성의 빨치산파를 중심으로 하는 정당 수립을 조종하고 나섭니다. 먼저 소련 및 중국에서 항일 독립활동을 하다 먼저 귀국한 공산주의자들과 연합합니다. 이들은 1945년 10월 10일부터 13일까지 평양에서 '서북5도 당책임자 및 열성자대회'를 개최했고, 이 회의에서 조선공산당 북조선분국 설치를 결성했습니다.

그리고 1945년 12월 중국에서 중국 공산당과 함께 항일운동을 했던 공산주의자들이 추가적으로 입국합니다. 김두봉, 최창익, 무정, 윤공흠 등을 중심으로 한 '화북조선독립동맹'으로 흔히 연안파로 불립니다. 이들 연안파는 1946년 2월 김두봉을 위원장으로 조선신민당을 창당하고 북한에서의 정치적 입지를 확대하려 했습니다. 또 하나의 세력은 현준혁을 비롯한 오기섭, 박정애 등이 중심이 된 국내 자생적인 공산주의자들이 있었습니다.

소련은 공산주의자들의 범좌파연합을 추진합니다. 그 결과 조선공산당 북조선분국은 조선신민당과 합당하여 8월 '북조선로동당'을 창립하고 당 강령과 규약을 채택했습니다. 당 강령에서 5인 정치위원회에 연안파의 최창익, 소련파의 허가이, 조직국 제1비서에 김용범, 제2비서 오기섭[13], 그리고 조직부장에는 김일성을 선출했고, 이어 12월에 개최된 북조선조직위원회 확대회의에서 김일성을 책임자로 선임했습니다. 이로써 북한 좌파 연합정당이 창당된 것입니다. 이는 서울 중앙당의 조선노동당 당수인 박헌영의 승인이 있었지만, 분국 설립과정은 서울의 중앙당이 아닌 소련군의 지원하에 김일성이 주도하여 북한 별도의 공산단 조직이 완성되었음을 알 수 있습니다.

13 함경남도의 공산주의 지도자로 평양에서 활동한 완고한 원칙주의자로 이후 김일성과 대립했으나, 1957년 9월 종파 반당분자로 낙인찍혀 숙청되었다.

참고로 남쪽도 조선공산당, 조선인민당, 남조선신민당이 통합되어 1946년 11월 남조선로동당을 발족하여 남한의 좌파연합정당이 탄생했고, 이로써 남북 모두 로동당이 대표적인 공산주의 정당으로 설립되었습니다. 이후 북조선로동당은 1948년 8월 한반도의 통합된 정부수립을 위한다는 목적으로 남조선로동당과 연합중앙위원회를 구성했고, 북한 정부수립 후인 1949년 6월 30일 남조선로동당을 흡수하여 조선로동당으로 당명을 변경하여 현재에 이르고 있습니다.

4 북조선임시인민위원회에서 북조선인민위원회로

북한에도 인민위원회가 조직되고 있었지만 소련은 처음부터 김일성을 전면에 내세우고자 했습니다. 소련은 전면에 나서진 않았지만, 뒤에서 전체를 주도하는 방식이었습니다. 먼저 소련군 로마넨코(Andrei Alekseevich Romanenko) 소장의 주도하에 평양에서 가장 영향이 컸던 평남 건준과 현준혁[14]의 조선공산당 평남 조직을 합쳐 '평남 인민정치위원회'를 조직하게 합니다. 여기에 각 도의 인민위원회를 통합하여 '5도 행정국'으로 발전되었고, 이를 기반으로 1946년 2월 8일 북한의 중앙행정기관인 '북조선임시인민위원회'를 발족시켰습니다. 위원장에 김일성을 선출하고 부위원장에 김두봉을 선임했습니다. 실질적인 집행기구로 10개의 국을 두었으며, 보안국장은 최용건이 맡게 됩니다. 이로써 당과 행정기관을 본격적으로 조직하면서 처음부터 김일성이 전면에 나섰습니다.

소련점령군사령부는 김일성이 위원장을 수행하는 북조선임시인민위원회를 북한의 정부와 같은 대우를 해주면서 행정과 입법 권한을 위임

14 현준혁은 북한의 국내파 핵심 공산주의자다. 해방 전 박헌영과 밀접한 인사로 일경에 쫓기면서 서울에서 지하활동을 하다가 해방을 맞아 재건파 공산당의 평남지구조직의 책임을 지고 평양에 와 있었다. 당시 현준혁은 합리적인 공산주의자라는 평가를 받으며 민족진영에서도 환영받았던 유력 인사였다.

했습니다. 임시 국가조직이지만 이 위원회에서 실권을 행사하면서 굵직굵직한 사업을 펼치게 됩니다. 이름하여 민주개혁이라는 이름으로 추진한 '토지개혁'뿐 아니라 '남녀평등법', '산업시설 국유화' 등의 각종 사회경제적 개혁을 추진했습니다. 그리고 정치적으로는 미소 공동위원회 활동이나 남북 합작정부 수립을 위한 김구 선생의 입북을 수용하는 척 하면서 실제는 유엔의 한국임시위원회 입북을 거부하고 자신들 입맛에 맞는 북한 정부를 수립하는 단계를 밟고 있었습니다.

1946년 11월 3일 북조선임시인민위원회 주도하에 총선거를 실시했고, 선거 결과 북조선임시인민위원회 대신 국가 최고의 주권기구로 '임시' 자를 뗀 '북조선인민위원회'를 조직하여 소련군으로부터 완전히 주권을 넘겨받게 됩니다. 이때 인민위원장 김일성, 부위원장으로 김책과 홍기주가 맡게 되었습니다.

한국의 일부 학자들이 한국의 이승만의 정읍 발언으로 한반도 통합정부 수립이 아닌 단정을 주장하면서 남북분단이 시작되었다고는 하나, 북한은 이미 1947년 2월 '북조선인민위원회'를 설치하여 실질적인 북한만의 정부를 수립했습니다. 물론 형식적으로는 북한 정부는 남측의 1948년 8월 15일 이후인 9월 9일 수립되어 남측이 단독정부를 수립하자 북한도 어쩔 수 없이 단독정부를 수립했다고 주장하고 있습니다.

이후 정부 수립과정에서 당의 주도하에 인민위원회 선거를 치렀고, 당이 주도하여 헌법을 제정하는 등 국가체제를 만듭니다. 북조선임시위원회에서 헌법의 초안을 마련하고 이어 선거를 실시하여 최고인민회의를 설치했습니다. 1948년 9월 2일부터 10일간 선거에 의해 설치된 최고인민회의 제1차 회의가 개최되어 헌법을 채택하고, 김일성을 수상으로 임명하고 김일성으로 하여금 내각 조직을 일임했습니다.[15] 이러한 과정

15 내각에 김일성파는 김책(부수상 겸 산업상), 최용건(민족보위상), 연안파는 박일우(내무

을 거쳐 북한은 1948년 9월 9일 조선민주주의인민공화국 수립을 선포했습니다.

북한의 정권 수립은 대한민국의 정부수립과는 달리 두 가지 특징이 있습니다.

첫 번째는 해방 후 소련군 통제하에 정부를 수립했다는 점입니다. 해방 직후 북한의 정치 세력은 크게 두 단체로 구분됩니다. 평양을 중심으로 한 조만식 중심의 민족진영과 현준혁을 중심으로 한 자생적인 공산주의자 진영이었습니다. 민족진영은 건준의 평남지부, 공산진영은 현준혁을 중심으로 한 조선공산당 평남지구위원회가 주축이었습니다. 두 진영 모두 서울을 중심으로 성립된 전국적인 조직의 평양지부 개념의 조직으로 38선이 국토를 차단하기 이전부터 결성되고 활동하던 단체였습니다. 북한 주민 대부분도 이들이 주축이 되어 정부를 수립할 것으로 기대하고 있었는데, 북한에 소련군이 진주하고 스탈린의 지령에 따라 프롤레타리아 공산정부가 수립되는 과정에서 기존의 이러한 단체들은 모두 소련군과 김일성의 빨치산에게 이용당하고 결국 북한 정권에서 철저히 외면당하고 숙청당했습니다.

두 번째는 통일전선전술에 의해서 다 같이 힘을 모아 정부를 수립했으나 이후 김일성을 핵심으로 하는 독재정권으로 변모했습니다. 해방 초기 소련군의 압박과 주선에 의해 좌우익 및 자생적인 공산세력까지 통합되어 갈등이 없는 것처럼 정부가 수립되었으나 점차 공산주의 색채와 김일성의 빨치산파로부터 거리가 먼 세력부터 제거되었습니다. 최초의 제거 대상은 조만식 중심의 민족진영이었습니다. 그리고 연안파와 남로당파 등 김일성 세력에게 위협을 주는 세력부터 하나하나 숙청해나가 결

상), 김원봉(국가검열상), 최창익(재정상), 허정숙(문화선전상), 국내파는 박헌영(부수상 겸 외상), 이승엽(사법상), 박문규(농림상) 등이었고 기타 조직의 대표자들도 조직에 포함되었다.

국은 김일성 중심의 핵심 세력만 남아 독재정권을 수립했습니다.

5 남쪽과 북쪽 각각의 정부 수립

남·북한의 정부수립과 관련하여 주요 일정을 시기로 구분하여 알아보겠습니다. 1945년 9월 스탈린은 북한의 단독정부 수립을 지시했고 1947년 2월에는 벌써 북조선인민위원회를 조직하기에 이릅니다.

한편 미국은 소련과의 회담을 통해 한반도의 통일정부를 수립하고자 미소 공동위원회를 두 차례에 걸쳐 개최했으나 결렬되었고, 이에 한반도 문제를 유엔에 이관하게 됩니다. 유엔에서는 남북한 동시선거 결의안을 통해 통일정부 수립을 지원하는 안을 채택하고 이를 실행하기 위해 유엔 한국위원회의 위원들을 한반도에 파견했습니다. 남쪽에서는 유엔 한국위원회의 입국과 활동을 보장하고 있었으나, 북쪽의 소련군은 입북을 거부하여 선거가 가능한 남쪽만의 선거로 결정되었습니다.

〈표 2-2〉 공산주의 정당의 변천과 통일전선전술

남	북	비고
1945. 9. 조선공산당 창설 (재건당): 중앙당		
	1945. 10. 조선공산당 북조선분국 설치	서울 중앙당의 지부 개념
	1946. 2. 조선신민당 결성	(연안파)
1946. 1. 남, 민족통일전선 결성	1946. 7. 북, 민주주의민족통일 전선 결성	
1946. 11. 남조선노동당 결성 (공산당+인민당+신민당)	1946. 8. 북조선노동당 결성 (북조선공산당+조선신민당)	남북 별도의 공산주의 정당
1948. 4. 남북연석회의		좌우 합작
* 1948. 남, 공산당 불법화		
1949. 6. 조국통일 민주주의전선 결성(북민전+남민전)		
	1949. 6. 조선노동당(통합) (북로당+남로당)	남북 통합

그러나 남북 정부수립 일정을 보면 북한에서는 1948년 2월 조선인민군을 창설하고 2월 10일에는 조선임시헌법을 발표하는 등 이미 북한 내 별도의 정부를 수립하는 계획에 따라 추진하고 있었다는 것을 알 수 있습니다. 남북한 동시선거는 우여곡절 끝에 남한만의 선거로 결정되었고, 일정에 따라 1948년 남한의 총선거, 이름하여 5·10 선거를 치렀고, 이 선거 결과 1948년 8월 15일 대한민국 정부를 수립했습니다. 남한 정부의 수립을 확인한 북한은 곧이어 9월 9일 북한 정부를 수립하게 되어 한반도에는 남북 두 개의 정부가 수립되어 현재까지 이르고 있습니다.

6. 김일성 독재체제(전체주의 국가)로의 전환

소련의 북한 점령정책은 스탈린의 지령에 의해서 시행됐습니다. 북한에 진주한 소련군은 일본군의 통치기구를 폐지하고 소련군 직접이 아닌 한인에 의해 통치하는 간접통치의 방법을 구사했습니다. 소련군의 진격에 동행하여 군의 행정을 지원했던 한국인들과 소련군에 편입된 한인 부대들도 소련군과 같이 귀국합니다. 소련군은 허가이 중심의 소련파와 김일성 중심의 빨치산파를 소련군과 함께 북한에 귀국시켜 이들을 중심으로 하여 행정 및 입법조직을 구성하고 이어 정부를 수립했습니다.

1 통일전선전술과 숙청(김일성파의 권력 독점)

해방 후 북한 지역은 크게 네 개의 정파가 있었는데 이 중에 김일성의 빨치산파는 처음에는 미미한 수준이었으나 통일전선전술로 연합하고 연합세력 안에서 세력을 키웠습니다. 정당과 정부를 수립한 이후 숙청이라는 방법을 통해 정적들을 하나하나 제거하고 결국은 김일성 중심의 빨치산파가 권력을 거머쥐었습니다.

첫째 국내파에 대한 숙청입니다. 국내파는 공산주의 이념을 연구하던 학자들이 중심이었습니다. 학문을 중심으로 했기에 조직력이나 실질적인 행동이 미약했습니다. 이들은 여러 계파에도 가담했기에 쉽게 공략당할 수밖에 없었습니다. 반당종파주의자라는 명분으로 숙청당합니다. 이들 국내파에 대한 숙청은 빨치산파가 아닌 소련계 한인들이 앞장서 숙청했고, 이후 한동안 소련계인 박창희, 허가이 등이 주축이 되어 정국을 주도하게 됩니다.

두 번째는 연안파에 대한 숙청입니다. 이들에 대한 숙청은 오랫동안 진행되었는데 중심적인 상황은 6·25전쟁이었습니다. 당시 김일성 중심 권력의 구도화를 중심으로 두고 볼 때 라이벌은 누구겠습니까? 연안파와 소련파는 북한에서 실질적인 전투행위나 조직 장악력으로 가장 영향력이 높았던 부류였습니다. 특히 연안파는 군의 실력자 무정을 중심으로 강력한 세력을 이루어 전쟁 이전 무정은 2군단장으로 일부 부대이지만 군대를 지휘하는 실권을 장악했습니다. 그러나 6·25전쟁 초기 무정이 지휘하는 2군단이 춘천에서 공격에 실패[16]합니다. 이 패전으로 북한의 공세전략이 전반적으로 뒤틀어지게 되자 그 책임을 연안파의 수뇌격인 무정이 짊어질 수 밖에 없었습니다. 이러한 연유로 연안파는 전쟁기간 중에 힘을 잃게 되었고 무정은 전쟁 후 두 차례 숙청과정에서 힘없이 지방으로 쫓겨나게 되었습니다.

세 번째는 6·25전쟁간 또 하나의 정적이 숙청되게 되는데 그들은 소련파 즉, 허가이 중심의 소련군 행정지원으로 입북했던 인원들입니다. 전쟁 기간 소련군이 전력 향상에 크게 도움을 주지 못했고, 전쟁 후 소련의 영향력이 감소하면서 이들을 지원했었던 소련파들은 서서히 배제되

16 춘천 전투는 6·25전쟁 초기 중부전선인 춘천 지역에서 한국군 제6보병사단이 북한군 2군단을 성공적으로 저지한 전투다. 이 전투로 인해 북한군은 단기간 내 남한 점령이라는 전쟁 전체계획이 뒤틀려졌다.

게 되었습니다.

네 번째는 박헌영과 남조선로동당 인원들에 대한 숙청입니다. 전쟁 이전에 박헌영은 북한군이 남침해 내려가면 남쪽의 남로당원들도 같이 무장봉기하여 쉽게 한반도를 공산화할 수 있다고 큰소리쳤습니다. 그러나 북한군의 남침에도 불구하고 한국 후방에서 호응이 없자 점차 세력을 잃어 결국 전쟁 이후 숙청의 결과로 나타났습니다. 빨치산파는 전쟁의 패배에 대한 책임을 박헌영과 남로당원에게 전가하고 이들을 숙청하는 구실로 삼았습니다. 결론적으로 보면 김일성의 빨치산파는 전쟁을 통해 권력 획득의 위협이 되는 세력을 하나하나 제거했습니다. 전쟁을 진행하면서 또한 전쟁 후 승패에 대한 평가를 진행하면서 위협적인 정적을 제거하고 반대로 김일성의 입지는 조금씩 굳건하게 되어 독재의 터전을 만들어갔습니다.

전쟁이 끝났고 전쟁으로 파괴됐던 북한을 재건하면서 북한 정권은 김일성에게 힘을 실어줘야 한다는 주장이 강력하게 대두되었습니다. 1956년 당시 빨치산파에 대응하면서 세력이 유지되었던 소련파와 연안파의 우두머리급들은 권력에서 밀려났지만 건재하고 있던 중간층의 인원들에 대한 대대적인 숙청이 단행되었습니다. 이른바 '8월 종파사건'[17]이 발생합니다. 김일성이 소련 및 동구권을 방문하기 위해 평양을 떠난 상황에서 반김일성 연합을 형성하고 여기에 연안파와 소련파가 깊숙이 개입했습니다. 이 상황에서 김일성의 동생 김영주와 김일성 중심의 빨치산파가 주축이 되어 반김일성 연합인 연안파와 소련파를 과감하게 숙청

17 1956년 6월부터 8월에 걸쳐서 북한 조선로동당 중앙위원회 전원회의에서 발표된 '반당반혁명적 종파음모책동' 사건을 말한다. 최창익, 박창옥 등 연안파와 소련파가 당정책과 김일성에 대해 인민정권에 대한 당의 영도를 부정하고 당의 민주집중제 원칙에 반대하고 당내 종파활동의 자유를 비판했다. 이에 김일성파는 교조주의, 수정주의를 다 반대하면서 그 뿌리에 있는 종파주의를 반대한다고 비판하면서 이들을 '반당종파분자'로 규정, 출당 처분을 내렸다.

하였습니다. 이 사건으로 북한 정권 수립에 공헌했던 최창익, 박창옥 등이 숙청되었고, 이후 김일성의 독재적인 성향이 전면적으로 나타나게 되었습니다.

마지막 직계파에 대한 숙청입니다. 8월 종파사건으로 북한의 권력은 온전히 김일성의 빨치산파가 잡았지만 김일성의 권력은 확고하지 못했습니다. 그 이유는 빨치산파에서도 충성도가 미약한 자들, 김일성의 지시를 적극적으로 수행하지 않는 자들, 같이 혁명을 했다고 권한만 누리려던 자들이 있었기 때문입니다. 이런 자들에 대한 숙청이 바로 1967년 숙청입니다. 이 마지막 숙청 이후 북한에서는 김일성 개인숭배를 본격적으로 시작할 수 있었고 이어 후계자로 김정일을 세우는 계기가 되기도 했습니다.

2 김일성은 누구인가?

김일성은 1912년 4월 15일 현재 만경대가 있는 평안남도 대동군에서 김형직의 장남으로 태어났습니다. 그의 이름은 김성주(金成柱). 아이러니하게도 그의 부모는 모두 기독교 집안에서 태어나 어릴 때부터 어머니의 손을 잡고 교회를 다녔다고 합니다. 어머니 이름이 강반석으로, 반석이라는 이름 자체에서 기독교적 집안임을 알 수 있는 대목입니다. 어머니의 독실한 기독교 성향에서 아들 김일성에게 많은 교육을 했음을 유추할 수 있습니다.

그러나 유년 시절 김일성 집안은 길림으로 옮겨 육문중학교를 다녔습니다. 이 학교에서 김일성은 진보적인 교사들로부터 공산주의 사상을 공부하게 되었습니다. 중학생 때 벌써 '조선공산청년회'라는 조직의 일원으로 활동하게 되었는데, 이것이 계기가 되어 반일 활동을 했고, 일본 경찰에 체포되기도 했습니다.

이후 1931년부터 만주 지역의 빨치산 유격대에 참여하게 되었습니다. 빨치산 활동간 동북인민혁명군 정치위원까지 활동한 경력이 있습니다. 만주에서 유격대 활동을 했었던 많은 다른 공산주의자들 중에 김일성은 1910~1920년대에 중학교까지 다녔던 학문적인 기반이 있었기 때문에 지식인 공산주의 항일운동가로 평가받기도 합니다.

김일성은 빨치산 유격대에 참가하여 동북항일연군 1로군 6사장이라는 직책으로 두 가지 큰일을 했다고 하는데, 첫째는 길림성 장백현과 함경남도 북부지방 일대에 반일통일전선 조직인 조국광복회 조직을 주도한 것이며, 둘째는 1937년 6월에 감행한 보천보 전투[18]라고 합니다.

- 1912. 평남 대동, 기독교 집안 출생
- 길림 육문중학에서 공산주의 사상 공부, 반일 혐의로 체포
- 1931. 만주사변 후 빨치산 유격대 투쟁 본격 참여
  4. 25. 유격대 조직 – 동북 인민혁명군 정치위원
- 동북항일연군 1로군 6사장, 보천보 전투
- 1942. 소련 88특별저격여단 1대대장, 소련군 장성과 접촉
- 극동 KGB 책임자 조르킨 소장 신임, 조선공작단장 임명
  ☞ 스탈린의 선택
- 1945. 9. 푸가초프호 승선, 소련군과 함께 평양 도착

〈그림 2-7〉 (제목)입북전 김일성의 주요 행적

---

18 보천보 전투는 1937년 6월 4일 동북항일연군 소속의 최현, 김일성 부대가 함남 보천군에 있는 보천보를 습격한 후 퇴각한 전투이다. 북한은 보천보 전투에서 일본인 7명 사망, 7명 중상의 피해를 입혔다고 했으나 6월 7일자 동아일보 기사는 민간인 2명(성인, 일본 순사부장의 자녀 2세 여아)이 사망했을 뿐이며, 다음 날(1937. 6. 5.) 이어진 30명의 일본경찰 추격대와의 충돌에서 동북항일연군의 25명이 사망하고 30명이 부상, 일본 경찰추격대 30명 중 7명 사망, 14명의 부상자가 났으며, 전소한 총피해액은 5만 원이라고 밝혔다. 북한에서는 김일성의 항일 빨치산 활동을 혁명전통으로 미화하고, 당시 그 근거지가 백두산이라 하여 그가 백두혈통의 시원이라는 신화와 전설을 만들었다. 김일성 회고록 중 제6권은 유고로 출판되었는데 이 내용은 모두 보천보 전투에 개한 기록이다. 김창희, 『김일성 김정일 김정은』(전주: 전북대출판문화원, 2021), pp. 30-31.

그러나 조국광복회 조직에 관련된 내용은 이를 증빙할 만한 자료가 없으며 조직의 역할과 성과가 나타나지 않는 허상적인 조직이라는 것이 정설입니다. 그리고 북한에서 김일성을 높이면서 선전하는 보천보 전투는 성과에 비해 김일성의 성공을 너무 띄웠다는 것을 알 수 있습니다. 보천보 전투의 실상을 알고 보면 큰 전공이 아닌 작은 전투였습니다.

이러한 항일운동을 하다가 당시 만주의 유격대는 1939년 말부터 시작된 일본군의 대토벌 작전으로 인해 궤멸 직전의 상황에 놓이게 됩니다. 이런 상황에서 만주의 유격대 지도자들은 소련으로의 이동을 결정하게 되고, 김일성의 부대도 1940년 11월 소련의 블라디보스토크 부근의 보로시로프 야영으로 이동했습니다.[19]

김일성은 1940년 후반부터 1945년까지 소련에 머물러 있었으나 북한에는 이에 대한 기록이 전혀 없습니다. 일본의 관동군은 1939년 말부터 1940년에 걸쳐 동계대토벌을 벌이자 1940년 1월 동북항일연군을 소련으로 옮긴다는 논의에 따라 김일성을 포함한 동북항일연군 잔여 병력은 소만 국경을 넘어 소련으로 들어간 것으로 보입니다.

김일성의 항일연군은 소련령에 들어가 소련군에 편입하게 됩니다. 부대 이름은 소련 제88특별독립저격여단[20]이었으며 김일성은 1대대장으로 역할을 수행했습니다. 김일성은 대대장으로 활동하면서 이 지역에 주둔하고 있던 소련군 장성과 친밀한 관계를 맺게 되는데 특히, 88여단을 직접 관장하던 정찰국장 조르킨 소장의 신임을 받았던 것으로 알려지

19 와다 하루키, 『북조선 유격대국가에서 정규군국가로』(서울: 돌베개, 2005), pp. 245-247.

20 중국인 주보중(周保中)이 여단장을 맡았고 예하에 네 개 대대로 편성되었다. 88여단이 창설될 때 동북항일연군 소속대원들은 모두 소련군에 편입되었고, 동북항일연군에서의 직책과 지휘한 부대 규모에 상응하는 소련군 계급과 직책을 부여받았다. 대표적으로 김일성, 최용건, 강건, 김책이 대위로, 김일, 최현, 김광협 등이 상위로, 유경수, 최광 등이 중위로, 그리고 병사로 오진우, 이을설 등이 있었다. 장준익, 『북한인민군대사』(서울: 서문당, 1991), pp. 376-378.

고 있습니다. 조르킨 소장은 당시 극동지역의 KGB 책임자였습니다. 이렇게 정치적 영향력이 큰 조르킨 소장과 가까웠던 점이 이후 소련군과 함께 북한을 귀국하면서 '조선공작단장'이라는 직책을 맡게 되는 계기가 됩니다. 이 직책은 소련군이 북한의 정부 수립 책임에 관련하여 모든 권한을 김일성에게 맡기겠다는 의미로 해석되며, 또한 미리 준비하게 했다는 의미도 가진다고 볼 수 있습니다.

김일성은 해방 직후 육로를 통해 북한에 들어가려 했으나 한만 국경선 상에 있는 안동철교가 파괴되는 바람에 지연되자, 1945년 9월 소련군의 푸가초프호를 타고 블라디보스토크와 원산을 거쳐 9월 22일 평양에 도착하게 됩니다. 이어서 10월 14일 평양에서 있던 '소련군 환영 민중대회'에서 김일성은 보천보 전투의 승리자, 항일 무장독립운동가로 등장하게 됩니다.

북한은 그들의 정통성을 김일성의 항일 빨치산 활동에서 찾으면서 역사 만들기를 통해 민족 해방의 화신이라는 김일성 신화를 만들어냈습니다. 여기에서 나온 것이 '김일성 민족'입니다.

현재 북한은 '김정일 나라'를 거쳐 '김정은 나라'가 되었습니다. 김정은이 김일성-김정일주의를 내세우는 것은 혈통승계의 정당성을 확보하는 것으로 김일성을 '백두혈통'의 시원으로 하여 할아버지, 아버지, 손자인 김정은이 이를 물려받아 통치하는 것을 정당화하는 것입니다. 그리고 김정은은 선군 혈통과 백두 혈통을 계승한 지도자로 수령의 위업을 세습하여 실현해가고 있습니다.[21]

---

21 김창희, 앞의 책, pp. 23-24.

3장

주체사상: 북한 체제의 기본이념으로 자리 잡다

북한을 이해하기 위해 가장 필요한 용어이면서 북한의 고위급 인사들의 입에서 가장 많이 나오는 말은 **'혁명'**과 **'건설'** 두 용어입니다. 먼저 혁명의 사전적 의미는 '헌법의 범위를 벗어나 국가 기초, 사회제도, 경제제도, 조직 따위를 근본적으로 단번에 깨뜨리고 새로운 것을 세우는 일'을 말합니다. 그리고 건설이란 '건물, 설비, 제도 등을 새로 만들어 세우는 것'을 말합니다. 그러나 북한이 말하는 두 용어는 사전적 의미와는 확연히 다릅니다. 혁명이란 완전한 공산화를 말하며 전 인민이 달성해야 할 전방위 목표인 것입니다. 앞선 혁명을 위해 장애가 되는 부르주아적인 사상을 척결한다는 의미로 건설이란 용어도 사용합니다.

북한의 선전선동가들은 혁명이란 용어를 사용하기에 앞서 "인간의 사상은 변질되기 쉽다"는 명제가 그 바탕에 깔려 있습니다. 생산수단의 사회주의적 개조를 위한 투쟁은 개인의 소유를 박탈하는 것이기 때문에 격렬한 저항이 예상되니 이를 돌파하기 위한 차원에서 계급투쟁을 주장합니다. 또한 이를 영속화하기 위한 방식으로 사상적인 통제가 필요하다고 합니다. 인민의 대부분을 차지하는 농민이나 근로 인텔리, 소상공인은 말할 것 없고 핵심계층인 노동자들도 사상교육을 지속적으로 받지 않으면 그들의 사상이 변질된다고 보기 때문입니다. 즉 계급투쟁은 북한에서 성공했지만 내면적인 계급투쟁은 계속되어야 하고, 이를 위해 사상적인 혁명과 투쟁을 끝없이 벌여나가야 한다는 것입니다.

조선노동당원은 물론 전 인민들의 혁명을 위한 활동 방향을 명확히 세우고 완전한 혁명이 성취할 때까지 몰아세우자는 논리입니다. 결국 혁명이란 용어는 공산주의 사회를 건설하고 또 확고하게 유지하기 위해 인민들의 사상적 통제부터 국가의 통치개념까지 모두 지배하고 있는 포괄적 용어입니다.

북한이라는 국가가 수립되고 이후 70여 년간 유지해오는 기반이며, 또 북한을 특징짓는 핵심적인 용어가 바로 통치 이데올로기로서의 주체사상입니다.

1. 북한의 이데올로기: 마르크스주의에서 스탈린식 마르크스-레닌주의

혁명이란 일국의 사회체제를 일시에 뒤집어놓는 변혁을 말합니다. 19세기 프랑스 혁명을 인류의 역사를 바꾼 변혁의 아이콘으로 손꼽는 첫 번째 이유는 정치체제를 비롯하여 모든 사람의 삶의 방식을 바꾸어놓은 혁명적 변혁이기 때문입니다. 그러나 북한 공산주의자들이 말하는 혁명은 공산주의라는 이데올로기로부터 나타난 것이 아니라 소련의 스탈린식 혁명방식에 의한 정권 수립을 위한 것이었습니다.

해방 직후 나타난 북한에서의 정치적·경제적 혼란을 소련군이 점령하면서 잠재웠고, 이 상태에서 소련의 의도와 기획에 따라 스탈린식 독재정권을 구축했습니다. 그러다 보니 공산주의 이데올로기에 의한 북한 정권 수립이 아니었다는 것입니다. 국가 수립의 이념으로 선전되었던 공산 이데올로기는 점차 김일성 주체사상으로 바뀌어 북한 정권 유지의 기반이 되었습니다.

공산주의 이데올로기는 주체사상과 어떤 관계일까요? 마르크스-레닌주의란 공산주의의 원조인 마르크스가 주장한 공산주의 이론이며, 이를 현실에 적용하기 위해 소수의 혁명집단에 의한 무력투쟁을 통해 정권을 잡은 레닌의 혁명방식을 결합한 용어입니다. 북한은 마르크스가 주장한 공산주의 이론과 레닌의 혁명방식을 도입하여 공산주의 국가를 만들었습니다. 그러나 엄밀히 말하면 마르크스-레닌주의가 아닌 스탈린식의 독재체제로 수립되었다고 말할 수 있습니다. 마르크스-레닌주의에서 출발했다고 하지만 소련군의 북한 진주라는 상황에서 정부가 수립되었고, 이후 김일성 체제를 합리화하기 위해 변형된 새로운 이념으로서 주체사상이 만들어졌으며, 이 주체사상을 통해 현재의 북한을 만들었습니다.

1 마르크스-엥겔스의 공산주의 이념

마르크스의 주장은 산업화가 한창 진행되고 있던 19세기 유럽에서 나타난 기존의 주장을 완전히 뒤집어놓는 혁명적인 발상에서 나타난 사고방식이며 이념체계입니다. 당시 유럽은 영국에서 태동한 산업혁명 결과 사회적으로 급격히 변화되었습니다. 농촌지역에서 지주들의 수탈로 헐벗은 농민들이 도시의 공장노동자로 전락했고 소수의 자본가들은 이익을 극대화하기 위해 노동자들을 가혹하게 취급하면서 산업화와 도시 공장화는 더욱 확대되어갔습니다. 이 과정에서 노동자들은 열악한 환경 속에서 저임금의 비참한 생활을 하게 되었습니다. 마르크스는 이러한 경제사회적 상황에서 억압받는 노동자 입장에서 이들이 주인이 되는 새로운 사회체제를 구상하고 주창하게 됩니다.

마르크스는 인류의 역사발전 단계를 기존의 시각과는 다른 역사체계로 보았습니다. 인류의 역사를 생산물을 기반으로 하는 즉, 경제체제를 중심으로 재해석하면서 공산주의 이론을 주장했습니다. 여기에서 생산물이란 인류가 생존에 필요하여 채집한 산물이나 농산물 등을 말합니다.

최초의 인간은 산이나 들에서 나물이나 물고기를 채집하거나 곤충이나 동물을 잡아먹는 단계에서부터 출발했습니다. 이어 물이 풍부한 저지대에서 농사를 지으며 일정한 지역에 정착하여 농업 기술이 발전됨에 따라 자연히 생산물이 많아지게 되었습니다. 생존에 필요한 양보다 많은 양(잉여생산물)이 생산되자 이러한 잉여생산물을 획득하기 위해 사람들이 몰려들게 되었고, 자연스럽게 잉여생산량을 차지하는 사람들 즉 권력이 나타나게 되었습니다. 권력을 가진 사람인 지배계급과 갖지 못한 사람인 피지배계급으로 구분되면서 새로운 형태의 역사가 시작되었습니다. 이것이 인류 역사의 발전과정에 대한 마르크스의 설명이며 이를 기반으로 『자본론』이라는 책을 저술했습니다.

마르크스는 채집이나 사냥하던 최초의 인류역사를 원시공동체라했고, 이어 고대 노예경제, 중세의 봉건사회 그리고 근대의 자본주의사회, 이어 자본주의 다음 단계인 공산주의 사회체계로 발전한다고 주장했습니다. 이러한 내용에 바탕을 둔 자본론에서 주장한 내용이 공산주의 이론입니다. 추가하여 헤겔의 변증법적[1] 논리를 도입하여 마르크스의 유물론적 사상체계를 설명했습니다.

그리고 마르크스와 엥겔스는 생산수단을 기준하여 사회의 구성원을 두 개의 계급으로 구분해서 설명합니다. 하부체계의 생산수단을 직접 담당하는 노동자와 농민을 프롤레타리아 계급, 그리고 상부체계의 자본가나 화이트칼라 직업 사람들을 부르주아 계급으로 구분하고, 프롤레타리아 계급이 주동이 되는 사회를 구상했습니다.

자본주의가 발전하여 생산수단의 대규모화, 공장화가 진행되면 될수록 농업 및 공업 생산량이 많아지게 되고, 투입된 자본이나 노동력에 비해 생산물이 더 많이 생산되면서 이 잉여생산물을 자본가(즉 부르주아 계급)가 독차지하기 때문에 프롤레타리아는 갈수록 빈곤하고 부르주아 계급은 풍요로워진다고 보았습니다. 따라서 자연히 두 계급에 의한 투쟁이 발생하게 되어 인류의 역사는 계급투쟁의 역사로 점철되어 있다고 설명합니다. 지배계급은 잉여물을 더 많이 획득하고 자본주의를 견고하게 유지·확장하려 한다는 것입니다. 마르크스는 이러한 체계를 뒤집어 노동자들이 주인이 되는 새로운 사회를 건설해야 한다는 필연성에서 혁명의 불가피성을 주장했습니다.

여기에 힘을 더 실은 사람이 엥겔스[2]입니다. 엥겔스는 마르크스의

---

1 변증법(辯證法, dialectics)이란 이성적 주장을 통해 진리를 확립하고자 하는, 주제에 대해 서로 다른 견해를 가진 사람들 사이의 담론(談論)으로 모순을 통해 진리를 찾는 철학 방법이다. 헤겔은 모순에 의해 대립을 낳고 그것을 지양함으로써 더 높은 차원으로 나아가는 이 운동을 관념론적 입장에서 설명했다. 마르크스-엥겔스는 헤겔의 관점을 유물론의 입장에서 계승한 변증법으로 자연·사회·사유의 일반적 운동법칙으로 설명했다.

2 엥겔스(Friedrich Engels)는 마르크스와 함께 마르크스주의, 과학적 공산주의 이론, 변증

주장에 동조하면서 '국가사멸론'을 주장합니다. 엥겔스는 산업화·자본주의화가 발전하면 할수록 계급투쟁을 통해 프롤레타리아 계급이 부르주아 계급을 없애고 전 사회를 지배하는 세계를 만든다고 보았습니다. 즉, 계급투쟁 결과 부르주아 계급이 사라지면 평등한 세상이 되어 계급투쟁은 무의미하며, 또한 통제할 필요가 없기 때문에 국가조차 필요하지 않다는 주장까지 하게 됩니다. 이렇듯 마르크스와 엥겔스는 이론적인 측면으로 자본주의 체계를 뒤이은 공산주의 세상을 상상 속의 유토피아로 그려냈습니다.

17세기 이후 산업혁명이 본격적으로 진행되면서 유럽에서는 자본주의가 급격히 발전했습니다. 증기기관 발명으로 대규모 공장화가 이루어지고 이로 인해 많은 노동자를 필요로 했습니다. 특히 초기 자본주의 시대의 산업혁명이 진행될수록 자본가들의 가혹한 노동 착취 및 저임금 등으로 불평이 가득한 사회상에서 마르크스의 공산주의 이론은 크게 주목받았습니다.

2 스탈린식 마르크스-레닌주의

마르크스와 엥겔스가 이론화하고 주장했던 공산주의 이념을 현실에 반영하여 자신의 조국인 러시아를 공산주의화한 인물이 바로 레닌입니다. 레닌은 러시아에서 사회주의 혁명을 준비하다 당국에 발각되어 추방되고, 스위스에 망명하던 중 귀국하여 볼셰비키 혁명을 주도했습니다. 귀국 후 혁명을 위해 행동화할 수 있는 전위조직인 볼셰비키 혁명당을 만듭니다. 소수의 직업혁명가를 의식화시키고 무력투쟁을 할 수 있는 준

법적 및 사적 유물론의 창시자이며 국제 노동자 계급운동의 지도자다. 『공산주의의 원리』(*Prinzipien des Kom-munismus*)를 저술하고, 『공산당 선언』(*Manifest der Kommunistischen Partei*, 1848)을 발표했으며, '공산주의 동맹'을 조직하는 등 실천적 활동도 수행했다. 마르크스 사후 마르크스가 출판하지 못한 『자본론』 제2~6권을 발행하기도 하여 마르크스와 함께 공산주의 이론의 대가다.

비를 갖춘 후 1917년 10월 쿠데타를 통해 기존의 임시혁명정부를 타도하는 볼셰비키 혁명을 성공시켰습니다.

이른바 10월 혁명이라 불리는 이 공산혁명은 볼셰비키라는 정당이 불법적으로 국가체제를 전복하고 정권을 장악했습니다. 다수에 의한 혁명(멘셰비키)이 아닌 소수에 의한 혁명(볼셰비키)이었으며, 그것도 무력의 방법으로 기존의 정부를 전복한 것입니다. 이러한 혁명은 마르크스가 말하는 산업화가 절정기에 이르러 피지배계급인 노동자·농민들이 주동이 되어 혁명을 쟁취한 것이 아닌 레닌과 소수의 직업혁명가들에 의한 인위적·강제적인 혁명이었습니다. 다시 말해 마르크스가 이론적으로 주장하고 의도한 것이 아닌 완전히 다른 방식으로 공산주의 국가를 만든 것입니다.

20세기 초 러시아는 짜르(황제)가 지배하는 전제국가로 전형적인 농업국가로서 유럽에서 진행되었던 산업혁명을 제때 받아들이지 않은 기존의 농업국가 체제에서 변하지 않은, 즉 자본주의 국가가 아니었습니다. 따라서 노동자들이 주체가 되어 지배계급인 부르주아 계급을 뒤엎어야 한다는 마르크스의 이론을 적용할 만한 나라가 아니었습니다. 그렇지만 당시 러시아는 혁명의 기운이 높았던 상황이었습니다. 황제의 가혹한 탄압과 러일전쟁에 이어 벌어진 제1차 세계대전에서도 패배하면서 국민적 사기가 극도로 떨어졌으며, 국가적인 재정 압박 속에서 국민의 대다수인 노동자들, 농민들은 가혹한 세금에서 핍박당하는 상황이었습니다.

이러한 불평 불만인 상황을 잘 이용하여 공산국가를 수립한 사건이 바로 볼셰비키 혁명입니다. 혁명을 통해 새로운 정치체제로의 변혁을 이루어낸 레닌은 이어 마르크스의 이념을 실현하기 위해 소련의 경제체제를 바꾸어나갑니다. 먼저 산업시설을 국유화하고 토지개혁을 실시했습니다. 부유한 상공인과 귀족들이 독점한 산업시설을 몰수하여 국유화했고 대규모 토지를 몰수하여 농민의 대부분이었던 소작 농민들에게 분배했습니다. 물론 이러한 개혁은 레닌의 혁명공약을 반영한 것이지만 혁명에 참여하지 않은 대다수의 노동자들, 농민들의 지원을 얻어내기 위한 목적도 있었습니다.

최초 볼셰비키 혁명정부는 수도 상트페트르부르크와 그 주변에만 혁명을 이루어냈고 그 넓디넓은 지방까지는 영향을 주지 못했습니다. 그러자 기존 권력자들 특히 황제를 다시 복귀시키고자 하는 황제파 세력들이 새로운 혁명정부에 대항하게 됩니다. 이른바 적백내전(赤白內戰)으로 황제를 옹위하고 기존 체제를 되찾으려는 백군과 혁명을 확장하려는 적군 간 치열한 격전이 러시아 전 지역에서 벌어졌습니다.

이 내전에서 적군을 이끌고 승리를 이끄는 데 큰 역할을 했던 인물 중 하나가 스탈린입니다. 내전이 수습되는 과정에서 권력자 레닌은 스탈린의 과격하고 냉혈적인 성격, 그리고 스탈린에게 쏠린 권력 집중을 우려하여 스탈린을 견제하려 했지만 결국 스탈린이 소련의 새로운 서기장이 되는 것을 막지 못했습니다. 레닌 사후 스탈린은 권력을 잡자마자 소련을 집단주의화하는 사회주의 체제로 변화시켜나갑니다. 먼저 반대파에 대한 대규모의 숙청을 하면서 동시에 토지의 집단농장화와 산업시설 국유화를 추진하고 계획경제체제를 채택하는 정책을 강압적으로 추진했습니다. 이러한 정책은 적백내전과 권력 장악 과정에서 스탈린이 주장한 '일국사회주의론'에 따른 것입니다. 일국사회주의론이란 전 세계 공산화를 위해 혁명의 주체가 되는 소련을 먼저 완전한 공산국가화하고 이어 전 세계로 이러한 정책을 확산시킨다는 정책이었고, 이러한 방식이 현실에 나타난 모습이 바로 스탈린식 전체주의적인 형태의 소련입니다.

마르크스의 주장에 따른 프롤레타리아라는 다수에 의한 권력을 구축했다고 하나, 스탈린과 스탈린을 따르는 핵심 인원에 의해 좌지우지되는 독재라는 변형된 소련식 공산주의가 태동하게 된 것입니다. 즉 프롤레타리아에 의한 독재가 아니라 프롤레타리아의 대표로서의 스탈린과 소수에 의한 독재체제로 전락했다는 것입니다.

이러한 현상은 엥겔스가 주장했었던 공산체제가 성립되어 프롤레타리아에 의한 체제 구축 이후에는 국가가 필요 없다고 한 주장과는 완전 반대의 모습이었습니다. 스탈린의 소련은 이전의 짜르가 지배했던 제정국가보다 더 강화되어 비밀경찰에 의해 탄압과 억압이 만연한 강압적인 소련식 공산체제를 만들어냈습니다.

이러한 소련은 스탈린의 집권 이후 발발한 제2차 세계대전에서 독일의 침략에 의해 소련 영토가 침략을 받는 상황에서 스탈린 체제는 더욱 공고화되어갑니다. 전쟁 초기 계속된 패배를 이겨내면서 승리로 전환하는 과정에서 권력체계의 혼란과 경제적 곤란 속에서 흔들리던 스탈린의 위상은 자리 잡고 그의 정책은 더욱 확고하게 됩니다. 마르크스의 이론에 의한 프롤레타리아 계급이 주인이 되는 국가가 아닌 스탈린과 그를 추종하는 일부 권력자들을 위한 전체주의 개념의 소련 공산주의 국가가 만들어지게 되었습니다. 소련의 서기장이 된 스탈린은 자기 방식의 소련을 만드는 정책을 추진했습니다.

2. 북한의 공산화와 주체사상의 등장

광복 후 북한을 점령한 소련은 스탈린이 구축한 강력한 전체주의적 공산국가였으며, 이러한 소련의 공산화 방식과 정책을 고스란히 접목시킨 체제가 북한 공산주의입니다. 즉, 북한은 전형적인 마르크스주의가 아닌 소련의 변형된 레닌-스탈린주의로 국가가 성립되었습니다. 이런 연유로 최초에는 마르크스-레닌주의에 의한 강령, 이념에 의해 국가의 기반이 형성되었지만 점차 스탈린 방식으로 바뀌었습니다. 마르크스-레닌주의를 기반으로 성립되어야 함에도 스탈린식이 이에 앞서 접목됐기 때문에 북한 또한 왜곡된 국가체제로 형성되었다고 해석할 수 있습니다. 결론적으로 북한은 마르크스-레닌주의가 아닌 스탈린식의 전체주의 국가형태라는 것입니다.

〈표 3-1〉 소련과 북한의 공산화 비교

구분		소련의 공산화	북한의 공산화
주도자		블라디미르 레닌 (제1차 세계대전 중 독일의 지원으로 스위스에서 러시아로 귀국)	김일성 (소련군과 함께 '조선공작단장' 직책으로 귀국)
혁명 이전 상황	경제	제1차 세계대전의 독일과의 진쟁에서 패하여 경제의 피폐와 함께 노동자 · 농민들의 저항 발생	태평양전쟁 말기 전시 착취경제에 노동자 · 농민들의 피폐한 생활
	정치	1917년 급진사회주의자들이 주동한 2월 혁명으로 임시혁명정부를 세웠지만 국민 요구를 반영 못 해 정치 · 사회적으로 극심한 혼란	해방 직전 정치적 영향력이 지대했던 조만식의 민족주의 세력은 소련군의 진주와 함께 몰락
혁명		1917. 10월 볼셰비키 혁명 (소수에 의한 쿠데타) 이후 적백내전에서 승리	1945년 8월 소련군의 진주와 함께 일제의 행정권과 치안권 인수 (별도의 혁명 없었음)
혁명 이후 상황	경제	혁명 후 즉각 산업시설 국유화, 농지개혁(무상몰수, 무상분배) → 적백내전 후 사회주의적 소유 (집단농장화)	임시인민위원회를 통해 산업시설 국유화, 농지개혁 → 6 · 25전쟁 후 집단농장화
	정치	공산당 1당독재 일국사회주의(소련을 완전히 공산국가화하고 이어 세계 공산화 추진)	공산당 1당독재 (김일성 독재정권 수립) 북한 혁명 완수 후 남한 혁명

❶ 북한 정부 수립 시 이데올로기

해방 직후 북한의 공산주의자들은 대중 앞에서 마르크스-레닌주의 이념을 노골적으로 강조하지 않았습니다. 그것은 공산주의자들이 단독으로 권력을 장악하기에는 세력이 너무 약했기 때문이었습니다. 이런 이유로 소련 군정은 북한에서 공산주의자들의 세력 확대를 위해 빨치산파를 중심으로 한 좌파 세력의 통합을 꾀하면서 민족주의자들과의 통일전선 형성을 추진했습니다. 북한 내부에 프롤레타리아 혁명을 위한 실질적인 적이 사라진 현상에 따라 북한 정권 수립 초기에는 당규약과 헌법에서 마르크스-레닌주의를 명문화하지 않았습니다.

마르크스 주장에 의하면 혁명이 필요했지만 북한은 계급투쟁을 전개하기 위한 지배계급이 없어지고 피지배계급인 노동자·농민 등 힘없는 주민들밖에 없었습니다. 그러다 보니 투쟁 상대인 적이 존재하지 않았다는 것이죠. 그 이유는 첫째 일왕이 항복 선언도 하기 전에 진주한 소련군이 정치, 경제, 사회 등 모든 분야를 접수했기 때문이었습니다. 두 번째는 38선 북쪽 지역은 서울이 아닌 지방인 관계로 지배계급이라 할 수 있는 행정관리와 경찰조직이 와해된 상태에서 소련군의 진주와 군과 관공서의 접수가 손쉽게 이루어졌기 때문이었습니다. 따라서 지배계급이 와해된 상태에서 피지배계급이 투쟁해야 될 프롤레타리아 혁명 자체가 필요 없는 상황이었습니다. 그러나 곧 투쟁을 위한 대상을 밖에서 찾게 됩니다.

연합된 공산주의자들의 정부를 수립하기 위해서는 내부적인 단결이 필요했으며 혁명은 지속되어야 했기에 그 대상을 남쪽의 미군정과 한국 정부로 설정합니다. 북한 공산주의자들이 주장한 북한의 혁명 이후 단계가 바로 남한의 혁명이었고, 이 목표를 추진하기 위한 통치논리가 필요했습니다. 먼저 대한민국을 미 제국주의의 식민지로 규정하면서 미군을 침탈자로 규정했고, 두 번째 남한 내 노동자·농민을 북한의 인민들과 동격으로 규정(동일 계급, 즉 프롤레타리아 계급)하면서 계급투쟁의 논리를 성립시키기 위함이었습니다.

해방 직후 공산주의자들과 북조선임시인민위원회에서는 마르크스-레닌주의 이념을 국가의 통치이념으로 받아들입니다. 그 증거로 당내 회의 등에서 마르크스, 레닌, 스탈린의 사상을 강조하고 있었고 대중을 대상으로 그들의 공산주의 이념에 대한 낮은 인식과 지지도를 고려해

공산주의 이념을 이해하기 쉬운 표현으로 바꾸어 계속 주입했습니다.

본격적인 공산주의 이념교육은 6·25전쟁에 의한 무력에 의한 통일 시도가 실패로 돌아갔고 정전협정 체결 이후 본격적으로 시작되었습니다. 전쟁 후 재건이라는 명목으로 북한 지도부는 농업의 협동화와 경제 사회주의를 강력히 시행했고, 이 정책에 따라 개인 분배했던 토지를 집단농장화하고 개인상공업자들의 사회주의적 근로자로의 개조를 급속히 완성했습니다. 이에 발맞추어 주민들에 대한 마르크스-레닌주의 사상교육이 본격적으로 진행되었습니다.

이와 같이 공산주의 사상교육을 주민들에게까지 진행하는 가운데 마르크스-레닌주의가 점차 '주체사상'과 '김일성 혁명사상'으로 바뀌게 됩니다. 여기에는 정치적으로 김일성 세력이 정권을 장악하여 독재화해 나가는 과정에서 나타난 자연적인 현상이며, 동시에 소련과 중국의 갈등 등 국제적 환경 또한 원인을 제공했습니다.

2 북한의 혁명전략과 주체사상

북한의 혁명전략은 소련이 추진하는 전략인 전 세계 공산화의 일환으로 크게 세 가지 단계로 구분합니다. 첫 단계는 북한의 혁명화로 북한 지역에 공산주의 국가를 수립하는 것입니다. 두 번째 단계는 전 한반도를 공산화하기 위해 남한에 마르크스-레닌주의에 의한 혁명을 유도하고 지원한다는 것입니다. 그리고 세 번째 단계는 전 세계의 공산화 전략을 지향한다는 것입니다. 김일성은 우선적으로 북한의 공산화와 독재체제를 갖추고 이어 남쪽까지 혁명화하겠다는 인식으로 출발했기 때문에 분단 초기부터 북한의 정치적 공세와 이어 군사적 공세의 최고조인 6·25 전쟁까지 이어지게 되었습니다.

북한은 마르크스-레닌주의 이념을 충실하게 접목하려 했으나 북한의 현실에 부합하지 않자 결국은 김일성 독재체제로 전환했습니다. 즉

M-L의 순수한 공산주의 이념이 광복 직후 북한의 현실에 적합하지 않자 북한의 혁명과 지배를 정당화하는 새로운 이념체계가 필요했고 이러한 필요에 의해 주체사상을 만들었습니다.

정권이 수립될 때부터 북한은 내부적으로 치열한 권력투쟁을 벌입니다. 북한 정권의 수립은 단일 정치세력에 의해 수립된 것이 아닌 여러 세력들의 연합에 의해 수립되었습니다. 이는 어느 정파도 지배적이지 못했다는 증거지만 소련군이 지원하는 김일성의 빨치산파의 세력이 미약했기 때문입니다.

해방 후 북한 지역에서 김일성 세력과 경쟁관계에 있었던 정적들은 앞에서 설명한 바와 같이 국내파, 연안파, 소련파 등이 있었습니다. 먼저 연안파의 퇴출입니다. 이들은 전투 경험이 풍부했지만 6·25전쟁 초기 전술적인 패전에 대한 책임을 물어 대표주자였던 무정이 숙청되면서 축출되기 시작했습니다. 두 번째 소련파입니다. 정부수립 초기에는 소련군과 결탁해서 세력을 확장했지만 점차 김일성과 대결하면서 실권을 장악하려 했다가 숙청되었습니다. 이들에게 씌운 명분이 반당종파주의자, 수정주의자, 교조주의자, 사대주의자 등으로 이러한 용어들만 봐도 결국 김일성의 '주체'를 띄우기 위한 반대파라는 인식으로 볼 수 있지 않습니까?

이렇듯 사회주의 건설 노선에 대해 정파들 사이에 합의가 부족한 상항에서 정권이 출범했고, 이러한 갈등은 6·25전쟁 이후 본격적인 권력투쟁이 벌어집니다. 이들의 갈등은 전후 복구방식과 사회주의적 개조 문제를 둘러싼 논쟁에서 시작됐습니다.

김일성 중심의 빨치산파는 '중공업을 우선으로 한 경공업과 농업의 동시 발전'과 '농업 협동화'를 제시한 반면 최창익, 박창옥을 중심으로 하는 연안파와 소련파 세력은 인민 생활의 향상을 위한 경공업의 발전을 우선시하는 정책을 내세웁니다. 당과 국가기관의 지도부에서 밀려난 연안파와 소련파는 처음에는 김일성의 노선에 이의를 제기하는 정도였으나, 시간이 흐르면서 점차 김일성의 권력 독점과 개인숭배 등을 비판하면서 반김일성 운동으로 발전되었습니다. 당시 반김일성 운동이 본격화될 수 있었던 것은 1956년 2월 소련에서 제기된 스탈린 개인숭배가 비판된 사조에 영향을 받아 시작되었습니다. 당의 정책노선에서 승기를 잡은 빨치산파는 반대하던 연안파와 소련파 등 권력 획득의 위협이 되는 세력을 제거했습니다.

위협적인 정적들이 약화되자 반대로 김일성의 입지는 조금씩 우세하게 되었고, 이는 독재를 구축하는 바탕이 되었습니다. 이후 정치적으로 김일성 비판세력은 거의 소멸되어 김일성 중심의 지도체제를 수립할 수 있었으며, 경제적으로는 중공업 우선 발전노선과 농업 집단화의 방향으로 추진하게 되었습니다.

다음 '8월 종파사건'은 1967년 5월 당중앙위 제4기 15차 전원회의에서 마지막 걸림돌이었던 박금철, 리효순, 허석선 등의 '범빨치산파'를 숙청한 사건입니다. 빨치산파는 김일성과 활동을 같이 했었던 인원으로 이들은 김일성 중심의 세력이 자리 잡으면서 당과 정부의 실무 직책을 장악한 세력이었지만 김일성의 노선을 직간접적으로 비판하던 세력이었습니다. 이들이 점차 김일성 정책을 비판하면서 나서자 김일성은 이들을 반당·반혁명분자라는 이유를 들어 이들 세력을 일소하는 대대적인 숙청으로 반김일성 세력을 축출하고 이후 강력한 독재의 길로 나가는 계기가 되었습니다. 이러한 수차례에 걸친 숙청 결과 북한 권력구조와 독재체제 구축 및 북한의 경제정책과 방향이 정해져 현재에 이르고 있습니다.

❸ 주체사상: 김일성의 '주체' 언급에서 시작

정권 수립 시부터 북한은 소련의 마르크스-레닌주의 이념을 수용했지만 전쟁 이후 이념의 북한식화, 즉 '창조적' 적용에 큰 노력을 기울이게 됩니다. 이 과정에서 '주체'라는 용어가 태동된 계기는 1955년 12월 28일 김일성의 연설이었습니다.

> "우리는 어떤 나라의 혁명도 아닌 바로 조선 혁명을 하고 있는 것입니다. 그러므로 모든 사상사업을 반드시 조선혁명의 이익에 복종시켜야 합니다. 우리가 소련 공산당의 역사를 연구하는 것이나 중국혁명 역사를 연구하는 것이나 맑스-레닌주의의 일반적 원리를 연구하는 것은 다 우리 혁명을 옳게 수행하기 위해서 하는 것입니다."[3]

장달중 또한 이 연설에서부터 주체라는 용어가 시작됐다고 했습니다.[4] 그리고 국가 정체성 측면에서도 마르크스-레닌주의의 원칙에 집착하지 않고 북한에 적합한 이념체계를 갖출 것이며 독자 노선을 걷겠다는 의미를 보여주는 것이었습니다.

당시 북한으로서는 1953년 휴전 이후 거의 폐허가 되다시피 한 경제를 복구하고, 김일성의 당내 지배권을 확립하는 것이 절박한 문제였습니다. 당시의 국제 공산주의 운동의 상황은 북한에 위험했습니다. 1955년 말은 소련의 심한 내정간섭과 거기에 편승한 당내 파벌투쟁, 전쟁으로 인한 국내 경제 문제 등 북한 정권이 총체적 위기에 처해 있었습니다.

이에 김일성은 1958년 '8월 종파사건'을 전후해서 소련이나 중국에 의존하면서 김일성 중심체제에 반대하던 자들을 당이 단결을 파괴하는

---

3 김일성, "사상사업에서 교조주의와 형식주의를 퇴치하고 주체를 확립할데 대하여(당선전선동 일군들 앞에서 한 연설)", 『우리 혁명에서의 주체에 대하여』(평양: 조선로동당출판사, 1970), p. 30.

4 "김일성은 조선혁명을 하기 위해서는 '우리 민족의 투쟁역사'와 '조선의 지리' 및 '조선 인민의 풍속'을 잘 알아야 한다고 하면서 '주체'에 대한 최초의 언급이 북한에서 주체사상이 나오게 되는 주된 출발점이 되었습니다." 장달중 외, 『현대 북한학 강의』(서울: 사회평론, 2013), pp. 22-23.

'반당종파주의자', '수정주의자', '교조주의자', '사대주의자', '민족허무주의자' 등의 낙인을 씌워 권력의 핵심으로부터 제거해나갔는데 이 과정에서 김일성은 반대파와의 권력투쟁에서 자기 입장을 정당화하고 합리화하는 사상적 무기로서 '주체'를 내세웠습니다.

또한 김일성은 혁명이란 전쟁의 마무리에서 끝내지 말고 계속해나가야 한다고 주장했습니다. 즉 북한의 완전한 혁명에 이어 남한의 혁명까지 완수해야 하며, 이를 위해서는 '주체'로 가야 한다는 의미로 전쟁에서 승리하지 못한 원인을 반김일성 파벌에게 전가하여 숙청하면서 '주체'를 내세워 김일성 독재로의 기반 구축으로 출발했다고 볼 수 있습니다.

4 주체사상의 확대와 김일성주의화

〈표 3-2〉[5]를 보면 사상에서의 주체부터 경제, 정치, 군사, 외교의 다섯 가지 분야에서 모두 주체(主體), 자주(自主), 자위(自衛) 등 스스로 이루어가자는 용어들을 띄우고, 각 분야별 '주체'를 강조했습니다.

최초 사상 분야에서부터 출발해서 점차 여러 부문으로 확대되었습니다. 시대적 상황에 적절하게 대처하는 측면에서 경제, 정치, 군사, 외교 등 영역으로 확대되다가 이를 종합적으로 체계화하게 됩니다. 이러한 과정에서 '주체'가 정책의 중심어가 되고 김일성의 북한 지배를 하기 위한 기반으로 체계화되어 이른바 '김일성주의'가 되고, 이어 국가지도지침으로까지 발전시켰습니다.

---

5 육군사관학교, 『북한학: 정치·군사·통일의 역동성』(서울: 황금알, 2006), p. 147.

〈표 3-2〉 주체사상 체계의 형성

내용	제기 시기	배경
사상에서의 주체	당 선전선동대회 (1955. 12. 28.)	- 당내 파벌투쟁 심화 - 김일성 지배권 확립이 절박 - 종파사건(1956. 8.) 계기로 반대파 숙청 명분
경제에서의 자립	당 중앙위 전원회의 (1956. 12. 11.)	- 대외원조 급감(경제계획의 차질) - 원조 없이 경제건설의 명분 필요
정치에서의 자주	당 중앙위 전원회의 (1957. 12. 5.)	- 공산권 개인숭배 반대운동 심화 - 중소분쟁 속에서 실적을 찾을 명분 필요
군사에서의 자위	당 중앙위 전원회의 (1962. 12. 10.)	- 한국에서 군사혁명 후 반공정책 - 한국의 군사력 건설에 자극
외교에서의 자주	제2차 당 대표자회의 (1966. 10. 5.)	- 중소분쟁의 심화 - 비동맹 운동에 적극 참여
종합 체계화	당 중앙위 전원회의 (1967. 6. 28.)	- 김일성 1인 지배체제 확립 - 김일성 개인숭배운동 심화
김일성주의화	제6차 당대회 (1980. 10. 10.)	- 부자세습체제의 공고화 - 동구 변화와 우리식사회주의 고수

분야별 주체사상을 알아보겠습니다. 첫째, 사상에서의 주체입니다. 6·25전쟁 후 김일성은 권력투쟁에서 위협이 되는 소련파, 중국파를 겨냥하여 이들을 숙청하면서 '주체'라는 용어를 띄웠고, 1960~1970년대까지는 마르크스-레닌주의와 함께 '주체사상'을 혼용 사용합니다. 이어 김일성 독재체제를 구축하면서 점차 마르크스-레닌주의를 밀어냈고 1980년대에는 주체사상만 남게 됩니다.

둘째, 경제에서의 자주입니다. 1950년대 중반부터 미소의 냉전체제의 심화와 함께 소련과 동구권에서의 원조가 급감하게 되었고, 북한은 이러한 원조에 병행하여 수립했던 6개년 경제계획이나 7개년 경제계획 추진에 차질이 생기면서 자구책을 마련할 필요가 있었습니다. 결국 자급자족 경제체제를 추진하기 위해 수립한 경제정책을 견인할 방식으로 경제에서의 자주를 도입합니다.

셋째, 정치에서의 자주는 소련에서 나타난 스탈린 격하운동이 계기가 됩니다. 이어 불어닥친 동구권의 자유화 운동 소식이 북한에 들어오자 체제의 붕괴라는 위협을 인식하게 됩니다. 또한 중소분쟁이 격화되면서 북한은 등거리 외교를 해야 했었던 시대상도 이를 반영합니다. 이 같은 국제적 상황은 북한으로 하여금 자연적으로 정치에서의 자주를 주장하게 했습니다.

넷째, 국방에서의 자위는 1962년 쿠바 위기에서 제기되었습니다. 당시 미국은 케네디 대통령, 소련은 후루시초프가 서기장이었습니다. 미국은 항공정찰을 통해 쿠바 내륙에 소련의 지대지 미사일 기지가 설치되고 있다는 정보를 획득하면서 위기가 시작됩니다. 냉전이 최고조로 이르던 시절이었으므로 미국이 느끼는 위기는 엄청났습니다. 미국은 즉각 이 미사일 기지를 폐쇄할 것을 쿠바와 소련에게 전달했고 쿠바와 소련은 이를 거부했습니다. 같은 시기 이미 소련의 미사일이 선박에 실려 쿠바로 향하는 상황에서 미국은 소련 선박을 해상에서 차단하는 군사작전을 강행했고, 미·소 간 한 치의 후퇴도 없는 급박한 위기가 고조되는 결정적인 시점에 소련이 미국의 협상안을 받아들여 소련 선박이 회항하여 위기사태는 해소됐습니다. 당시의 시점으로 보면 제3차 세계대전이 일어날 만한 위기라고 평가될 만한 사건이 바로 1962년 쿠바 위기입니다.

이 사태에서 북한은 종주국인 소련이 미국에게 패했다고 평가하면서 소련을 믿을 수 없다는 위기감 속에서 국방에서 자주를 주장합니다. 또한 한국에서의 일련의 사태에 대한 대응이었습니다. 1962년 5·16 이후 한국의 강력한 반공정책이 북한의 국방정책에 크게 영향을 주었습니다.

다섯째, 외교에서의 자주입니다. 1960년대 들어 세계적으로 냉전체제 속에서 아시아·아프리카의 신생 독립국을 중심으로 활발한 비동맹외교가 전개되고 있었습니다. 북한은 이러한 비동맹운동에 적극적으로 참가했고, 자신들의 비동맹외교에 대한 논리를 제공하기 위한 정책으로 외교에서의 자주를 주장하게 되었습니다.

3. 주체사상의 이론적 체계화

주체사상은 1950년대 태동된 이후 이론화 과정을 거치면서 국가 지도이념은 물론 수령의 영도이념으로까지 발전하게 됩니다. 8월 종파사건 이후 "수령의 혁명사상으로 당을 무장시키고 모든 당원들을 수령의 주위에 세우며 수령의 유일적 영도 밑에 혁명사업을 해나갈 것을 강조하는 '당의 유일사상체계' 확립이 강조하기 시작했습니다. 당원들에게 "수령의 사상밖에는 그 어떤 다른 사상도 모른다는 확고한 신념"[6]을 가질 것을 요구하면서 김일성의 사상을 당의 지도사상과 동일시하기 시작했습니다. 이러한 과정을 거치면서 주체사상은 김일성 우상화이며 신격화의 도구로 이용되었으며, 김일성 이후의 권력세습을 정당화하기 위한 바탕이 되었습니다.

1970년대 들어서면서 주체사상은 '인간중심의 철학적 원리'를 포함하게 됩니다. 1972년에 9월 김일성은 일본 마이니치 신문과의 대담에서 아래와 같이 주체사상의 본질을 설명하였습니다.

> "주체사상이란 혁명과 건설의 주인은 인민대중이며 혁명과 건설을 추동하는 힘도 인민대중에게 있다는 사상입니다. 말하자면 자기 운명의 주인은 자기 자신이며 자기 운명을 개척하는 힘도 자기 자신에게 있다는 사상입니다."[7]

---

6 조선로동당중앙위원회 당력사연구소,『조선로동당력사』(평양: 조선로동당출판사, 2006), p. 348.

7 황장엽,『나는 역사의 진리를 보았다』(서울: 한울, 1999), p. 375.

이 내용은 김일성이 1955년에 '주체'라는 용어를 처음 제시한 이후 주체를 좀 더 철학적인 측면으로까지 높이려는 차원에서 설명한 것으로 보입니다. 즉 혁명과 건설의 주인은 인민대중이며, 자기의 운명은 자기 자신, 인민 자신이라는 말로 주체사상을 철학적으로 설명했습니다. 또한 김일성은 이러한 사상은 우리가 처음 발견한 것이 아니라 마르크스-레닌주의자라면 누구나 다 이렇게 생각하고 있다고 하면서 주체사상이 기본적으로 마르크스-레닌주의와 다른 사상이 아니라는 입장을 취합니다.[8] 이 말을 들으면 여러분도 순간 혹하지 않습니까? 인민들 너희들이 주인이고, 인민을 바탕에 두고 인민을 위한 사상이라고 느끼는 말들이니까요. 그러나 이후 북한이 주장하는 선전이나 정책을 살펴보면 겉과 속이 완전히 다르다는 것을 쉽게 알 수 있습니다.

김일성이 직접 주체사상을 언급하자 이후 북한 당국과 모든 매체는 주체사상을 알리는 데 주력합니다. 1960년대 마르크스-레닌주의과 같은 위상에서 대등하게 활용했지만, 김일성 독재체제가 구체화되면서 곧 마르크스-레닌주의를 밀어내고 점차 유일 지도사상으로 대체하게 됩니다.

그리고 눈여겨볼 것은 김일성이 최초로 띄우고 제시한 주체사상이었지만 이것을 더 깊이 있고 구체화·세분화하는 사상으로 만드는 데 가장 앞장선 이는 그의 아들 김정일입니다. 김정일은 북한 정권의 후계자로 눈에 띄는 공적을 세우는데 이것이 바로 '주체사상의 이론적 체계화'입니다. 1974년 2월 12일 당중앙위원회 제5기 8차 전원회의에서 김일성의 후계자로 결정된 후 김정일은 김일성 사상을 '김일성주의'로 선포하면서 다음과 같이 설명했습니다. 마르크스-레닌주의는 100년 된 자본주의와 제국주의를 분석한 데 기초하여 내놓은 것으로 오늘의 새로운 우리

---

8 김일성, "우리 당의 주체사상과 공화국 정부의 대내외정책의 몇가지 문제에 대하여", 『김일성 저작선집 6』(평양: 조선로동당출판사, 1974), pp. 268-269.

가 제기하는 문제에 대한 답을 줄 수 없다고 하면서 '김일성주의'가 마르크스-레닌주의보다 우월한 사상이라고 말입니다. 그러면서 김일성주의를 '주체의 사상, 이론, 방법의 체계'로 정식화했습니다.

> "우리 시대, 주체시대는 무엇보다도 인민대중이 역사상 처음으로 자기 운명의 주인으로 세계를 지배하는 주인으로 등장한 역사의 새시대이다. '김일성주의'는 주체 시대의 새로운 요구를 반영하여 나온 새롭고 독창적인 위대한 혁명사상이다."[9]

이 연설 이후 북한에서 마르크스-레닌의 저작에 대한 이용은 급격히 줄어들고 김일성의 저작과 교시가 모든 정책과 활동의 최고지침이 되어갔습니다. 한편 후계자 시절 김정일은 영화광으로 직접 영화감독도 했으며, 예술적으로 김일성의 항일혁명 내용을 드높이는 역할을 한 것으로 잘 알려져 있지만, 김일성의 눈에 띈 가장 큰 역할은 주체사상의 체계화를 중심으로 활동했다는 점입니다.

1982년 3월, 김일성 탄생 70주년 기념 전국주체사상토론회에 김정일이 "주체사상에 대하여"라는 논문을 발표합니다. 이 논문을 통해 "주체사상은 철학적 원리와 사회역사원리, 그리고 그 구현을 위한 지도적 원칙을 주요 구성부분으로 하는 전일적인 사상이론체계"[10]라는 것을 밝혔습니다.

이번에는 북한이 주장하는 주체사상의 철학적 원리를 살펴보겠습니다. 주체사상의 핵심내용은 사람이 모든 것의 주인이고 모든 것을 결

---

9 김정일, "온 사회를 김일성주의화하기 위한 당사상사업의 당면한 몇 가지 과업에 대하여", 『주체 혁명위업의 완성을 위하여 3』(평양: 조선로동당출판사, 1987), pp. 3-9.

10 조선로동당 중앙위원회 당력사연구소, 『조선로동당력사』(평양: 조선로동당출판사, 1991), p. 539.

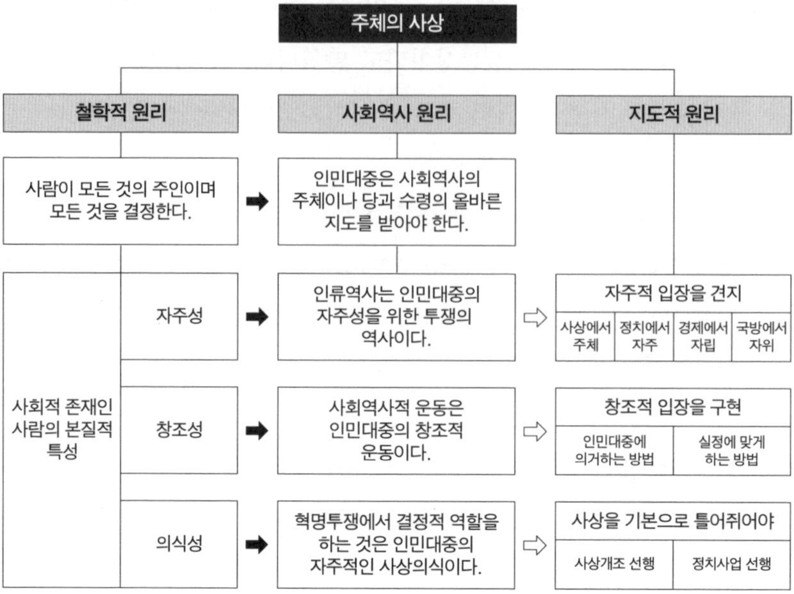

〈그림 3-1〉 주체사상의 철학적 · 사회역사 원리와 지도적 원칙과의 관계

정한다는 것입니다. 그리고 사람의 속성을 자주성, 창조성, 의식성의 세 가지로 정하고 사람에 대한 철학적 견해를 확립했다고 밝히고 있습니다. 사람에 대한 이러한 속성은 사회역사 원리와 지도적 원칙의 구성체계를 결정짓는 중요한 요소이며, 그 맥이 연계되어 흐른다고 합니다. 즉 인민대중이 주체가 되어 사회적 혁명운동을 한다는 것이며, 이어 지도적 원칙과 연계하여 실천적이고 구체적인 정책 방향까지 제시했습니다.

이러한 설명을 유심히 살펴보면 결론은 마지막 문구에 나온 듯합니다. "사상을 기본으로 틀어쥐어야 한다"로 주체사상을 기본으로 확고히 하고 이를 바탕으로 국가의 정책을 이끌어가야 한다는 내용으로 압축할 수 있습니다.

다음 〈그림 3-2〉[11]는 1985년 북한에서 발간된 『주체사상총서』(총 10권)에서 밝힌 것을 정리한 것입니다. 주체사상은 크게 광의의 주체사상과 협의의 주체사상으로 나눌 수 있습니다. 전체 내용이 광의의 개념으로 주체의 사상과 혁명이론, 그리고 영도방법까지 포함된 내용입니다. 협의의 개념으로서 주체사상은 첫 번째 주체의 사상만을 의미합니다.

주체의 사상은 그림과 같이 주체의 철학적 원리, 주체의 사회역사 원리, 주체의 지도적 원칙으로 구성되어 있으며, 혁명이론으로서의 주체사상은 그 하위에 사회주의혁명 이론과 건설이론, 그리고 인간개조 이론 등의 공산주의 선전과 의식교육 내용이 담겨져 있습니다. 그리고 마지막 영도 방법은 영도체계와 영도예술까지 포함하고 있습니다.

주체라는 용어를 체계화했다는 주장 이면에는 김정일이 하고 싶은 주장이 고스란히 담겨 있습니다. 주체사상이 북한을 이끄는 이념이며, 국가정책의 추진방향이고, 이러한 방향은 곧 수령이 이끌어야 한다는 것으로 김일성 독재체제를 뒷받침하는 토대라고 논리적으로 설명하려 했

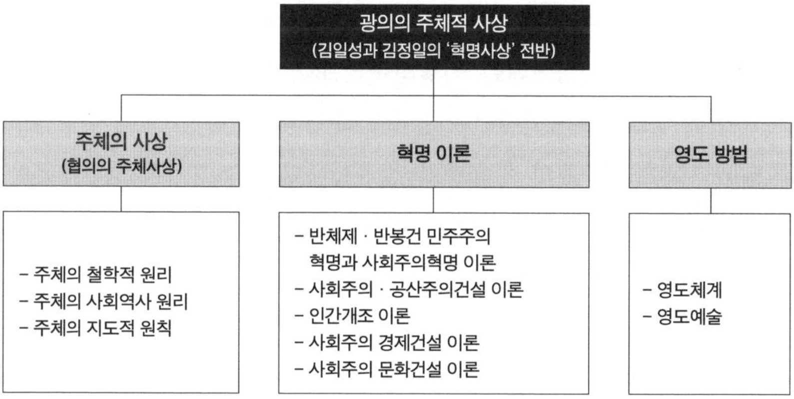

〈그림 3-2〉 주체사상의 구성체제

11 장달중 외, 『현대북한학강의』(서울: 푸른역사, 2013), p. 27.

습니다. 여러분은 이 논리가 이해되고 설득됩니까?

이런 내용들을 북한의 초등·중·고·대학생들에게 같은 용어, 같은 방식으로 단계적으로 학습시키고 있습니다. 이렇게 교육되고 세뇌화된 사람들, 이들이 북한의 지도급 인사들이 되고 이들이 북한을 움직입니다. 다시 말해 주체사상이 북한 체제 내면 깊숙이 자리 잡고 이 주체사상으로 북한이 견고히 지탱되고 있음을 함축적으로 보여줍니다.

주체사상의 김일성 유일사상화

숙청을 통해 김일성 세력이 권력을 움켜쥐면서 독재체제를 구축했고, 독재를 위해 김일성이 직접 주체라는 용어를 만들었다고 했습니다. 북한은 정부 수립 후 초기에는 마르크스-레닌주의를 내세웠다가 점차 주체사상을 띄웠고, 1980년대 김정일이 후계자가 되자 주체사상을 이론화·체계화시켜 김일성주의로 확대 포장하는 해석권을 독점하면서 후계체계를 공고화했습니다.

김정일이 발표한 논문내용을 채택하고 정책화하는 과정에서 당회의와 당규정에 주체사상이 반영되었고 1982년에는 김일성의 사상과 적용방법이 곧 주체사상이라는 '김일성주의'를 만들어냅니다.

이어 1986년에는 이전의 주장에 더하여 김정일은 '사회정치적 생명체론'과 1987년 '주체의 혁명관'을 발표합니다. 사회정치적 생명체론은 한 국가의 수령부터 인민과 당을 하나의 생명체로 보아 상호 연결되어 있음을 설명한 이론입니다.

즉 뇌수로서의 수령, 수령과 인민을 결합시키는 혈관(신경)으로서의 당, 그리고 생명체로서의 인민대중을 삼위일체로 하는 사회유기적 생명체론입니다.[12] 여기서 수령은 혁명투쟁을 승리로 이끄는 혁명의 최고영

12 박한식, 『북한의 실상과 전망』(서울: 동화연구소, 1991), p. 222.

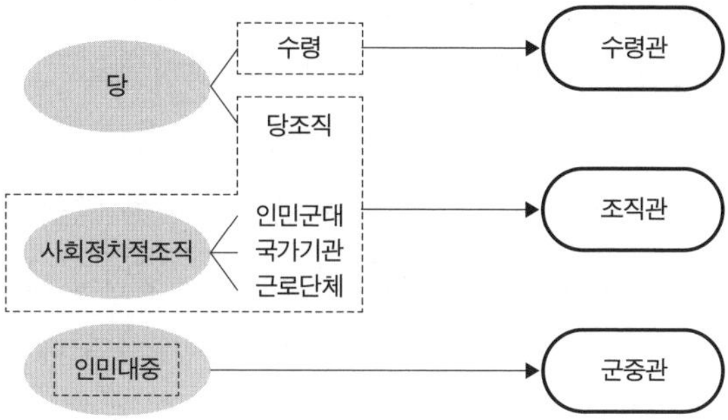

〈그림 3-3〉 주체의 혁명관

도자이며 당은 노동계급의 전위조직으로서 수령의 사상과 영도를 실현하기 위한 투쟁을 통일적으로 조직 지도하는 주체라고 합니다. 또한 당은 자주적인 사회정치적 생명체의 중추로서 온 사회와 사회의 모든 성원들을 수령의 사상과 의도대로 혁명적·공산주의적으로 개조해나가는 것입니다.

그래서 "수령이 아버지라면 당은 어머니다"라는 말이 북한에서는 통용됩니다. 이렇듯 수령 중심의 당-국가체제는 사회정치적 생명체를 이루고 있는 유기체적 체제로서 혁명과 건설의 최고영도자로서의 노동계급의 수령, 혁명의 참모부로서의 노동계급의 당, 당과 인민대중을 연결시키는 인전대로서의 국가기관들, 그리고 당의 혁명적 무장력으로서의 인민군대로 이루어진 전일적인 조직체라고 부릅니다.

북한에서 수령은 한 개인이 아니라 제도로 인식하고 있습니다. 노동자 계급을 비롯한 인민대중 전체의 의사와 그들 이익의 최고 대표자이며, 천재적인 능력을 지닌 존재로 말입니다. 한국은 대통령이 있고 대통령을 뽑기 위해 선거를 하지만 북한에는 수령이라는 제도가 있고, 그 수령의 역할을 김일성이 수행했으며, 김정일과 김정은은 수령의 후계자이면서 당대의 수령이 된다는 것입니다.

북한 주민들은 인민이 주가 되는 국가를 가져본 적이 없습니다. 조선 왕정 이후 일본왕의 지배를 받다가 해방을 맞이했고, 그들은 왕과 일본왕에 대한 절대적인 복종에 익숙하다가 시민사회를 경험하지 못하고 바로 사회주의가 되었습니다. 그러므로 조선의 국왕-일본 왕- 수령으로 이어지는 절대적인 존재를 받아들이는 데 큰 저항이 없었을 듯합니다.

또한 북한 당국은 수령의 절대적인 권위 확립을 위해 봉건적인 가족제도를 이용한 '사회주의 대가정'이라는 개념을 도입했습니다. 봉건시대 때 부모는 자식들이 절대적으로 복종해야 하는 존재였음을 상기한다면, '어버이 수령'이라는 말은 북한 주민들이 수령을 어떻게 인식하는지 알 수 있는 대목입니다. 부모를 선택할 수 없는 것처럼 수령은 무조건 받아들여야 하는 존재로 말입니다.

북한에서 수령은 주민들과 생과 사를 같이하는 존재이며 부모와 같은 존재로 떠받듭니다. 그래서 북한 주민들은 김일성과 그 후계자인 김정일, 김정은을 욕하는 것은 자기 부모를 욕하는 것으로 인식합니다. 또한 생명체의 뇌수가 잘못되었다는 것은 생명이 끝나는 것을 의미하기에 최고지도자를 욕하는 것은 북한으로서는 절대로 받아들일 수 없는 일이 됩니다.

4. 주체사상의 사회화(온 사회 주체사상 강화)와 그 한계

1 주체사상의 사회화

북한은 주체사상이라는 이론체계를 체계화시키고 난 이후 이것을 확산시켜야 했습니다. 이때 사용하는 용어가 사회화(社會化)입니다. 사회의 전 구성원에게 인식시켜 구체화된 의식을 형성한다는 것입니다. 1980년대 김정일이 주체사상을 해석하고 확장하고 체계화시켜왔고, 또한 주체사상을 바탕으로 후계체계까지 공고화하게 만들었습니다. 주체사상을 '사회정치적 생명체론', 그 이후 '우리식 사회주의' 등 실제 적용할 수 있는 사상체계와 활동지침으로 바꾸어가면서 북한 인민들을 통제해왔습니다.

이렇게 북한 학생들에게나 주민들에게 사상을 확고하게 심어주기 위해 일상적으로 읽게 하고 따르게 하는 규율로서 '유일사상 10대 원칙'이라는 것이 있습니다. 1967년 조선로동당이 채택한 지도체계로 정식명칭은 '당의 유일사상체계 확립의 10대 원칙'입니다. 이 원칙은 수령의 혁명사상만이 당을 유일적으로 지배하며, 수령의 영도 밑에 하나와 같이 움직일 것을 요구하는 수령의 사상체계이자 영도체계를 나타낸 것입니다.

1. 김일성의 혁명사상으로 전체 사회를 일색화하기 위하여 목숨 바쳐 투쟁하여야 한다.
2. 김일성을 충성으로써 우러러 받들어야 한다.
3. 김일성의 권위를 절대화시켜야 한다.
4. 김일성의 혁명사상을 신념으로 받아들이고 수령의 교시를 신조화하여야 한다.
5. 김일성 교시 집행에서는 무조건성 원칙을 지켜야 한다.
6. 김일성을 중심으로 한 전당의 사상의지적 통일과 혁명적 단결을 강화하여야 한다.
7. 김일성에게 배워서 공산주의적 풍모와 혁명적 사업방법, 인민적 사업작풍을 가져야 한다.
8. 김일성으로부터 부여된 정치적 생명을 소중히 지키고 수령의 커다란 정치적 신임과 배려에 대하여 높은 정치적 자각과 기술에 입각한 충성으로써 보답하여야 한다.
9. 김일성의 유일한 영도 밑에 전당, 전국, 전군이 시종일관 변함없이 활

동할 수 있는 강력한 규율을 확립하여야 한다.

10. 김일성이 개척한 혁명위업을 대를 이어 끝까지 계승하여 완성시켜 나가야 한다.

이와 같은 내용을 종합해볼 때 북한은 통치 엘리트의 통치철학과 정권 수립 이전의 전통문화의 영향력이 복합적으로 작용하여 주체사상의 이데올로기적 특성을 이루고 있다고 볼 수 있습니다. 이러한 특성을 지닌 주체사상이 북한에서 갖는 정치사회적 특징은 다음과 같습니다.

첫째, 김일성 우상화와 국가신앙적 차원의 정통성 확보와 체제 유지의 기능이었습니다. 주체사상은 시간이 지남에 따라 북한의 권력구조에서 김일성 개인의 권력체제가 확고히 유지하는 데 기여해왔습니다. 항일혁명전통의 개조, 김일성 가계에 대한 미화 및 절대화 작업을 우선 과제로 하는 정치사회화 과정을 통해 수령론을 정립해왔을 뿐 아니라, 절대적 권위와 무조건적 복종과 충성이 창출되도록 함으로써 김일성 유일체제를 구축했습니다.

둘째, 주체사상은 권력 세습체제의 합리화 기능까지 성공적으로 수행해왔습니다. 북한 체제는 사회주의 건설의 각 단계마다 주체사상에 근거하여 김일성 수령체제의 계승적 성격을 더욱 분명히 해왔으며, 이와 더불어 유일 후계체제의 논리 전개와 정당성 확보를 위해 후계자론, 수령결정론, 혁명적 수령관, 지도자론 등을 개발해왔는데 이러한 노력이 세습적 권력승계를 합리화하고 기정 사실화한 과정이었습니다.

셋째, 주체사상은 혁명과 건설을 위해 주민들을 교화시키고 수령에 대한 충성심, 혁명 동지 간의 형제애라는 가치를 주입하는 것을 통해 집단주의 정신을 구현했고, 인민들을 당을 중심으로 단결토록 했고 혁명과 건설에 효율적으로 동원하는 데 핵심 역할로 활용했습니다.

넷째, 주체사상은 국내외적 도전에서 자기 방어 기능을 수행해왔습니다. 적에 대한 증오에 기초한 인내심 강조로 대내외적인 난관을 극복하는 데 자기방어의 기제 역할을 했습니다.

이러한 주체사상은 1980년대 이후 김정일에 의해 체계화되고 그 절대적 권위가 강화됨으로써 더욱 그 역할이 강화되었습니다. 김정일은 주체사상에서 제시하는 이론과 방법을 구현하는 것이 사회주의, 공산주의 건설의 지름길이라고 규정하고 인민대중에게 주체사상 교양을 강화하도록 했습니다. 그는 혁명과 건설에서 결정적 역할을 하는 것은 인민대중이며, 혁명과 건설에서 더욱 큰 성과를 위해 수령이 제창한 주체의 영도 방법에 따른 혁명적 군중노선을 강조했습니다.

결국, 주체사상은 통치의 정당성과 체제의 정통성을 담보하는 관제 이데올로기였으며, 북한사회 구성원들을 규제하는 전체주의 체계의 정치문화이면서 수단으로 역할을 했었던 것입니다.

2 주체사상의 한계

북한은 주체사상을 인간적이며 조선인민들에게 가장 적합한 사상이라 하지만 실제는 인민들을 억죄며 인간의 창의를 저하시키는 등 그 한계와 문제점이 속속 드러나고 있습니다.

첫째는 경제난입니다. 경제도 주체사상에 의해 만든 경제가 먹고살기 힘든 세상을 만들게 한 주범입니다. 주체사상에 의한 경제에서의 자립이 북한 체제에 적절하느냐 하는 것입니다. 즉 실천적 유용성과 신뢰가 저하되었다는 것입니다. 심지어 주체라는 용어가 생존을 자기 방식대로 해결해야 한다는 세태풍자의 의미로 전락되고 있습니다.

둘째는 개인이 권력을 독점하고 우상화하는 북한 사람들의 인권 문제를 발생하게 하는 주원인이 되었습니다. 개인 우상화가 진행되면 될수록 개인의 의견과 신체적 자유의 문제가 발생하게 되었습니다. 북한 독재체제는 인민들의 인권 문제를 강하게 억압하면서 다른 목소리가 나오지 못하게 입을 봉쇄하고 행동을 통제하는 방향으로 간다는 것입니다.

셋째는 주체사상에 의한 통치가 오래 지속되다 보니 비판할 수 있는 인식이 무뎌져 사회를 개선하겠다는 의지마저 빼앗아버렸습니다. 인민들이 주체라고 이야기하고 있지만 결국은 인민들이 주체가 아닌 복종해야 하는 그런 존재로, 수동적인 객체로 전락시키고 말았습니다.

주체사상을 설명하는 말에 좋은 의미들이 많이 포함되어 있습니다. 그러나 한번 뒤집어보면 그럴듯한 의미가 인민들을 옥죄고 가혹하게 억압하고 있다는 것을 발견할 수 있습니다. 또한 이런 '주체'에 의한 정책이 집행되고 확대되고 변형되면서 북한의 인민들에게 더 많은 고통, 가혹한 인권 피해를 끼치고 있습니다.

4장

정치 · 권력체제:
북한 특유의 통치체제와
김정은의 권력구도

먼저 위 사진을 보시죠.

김정은이 최고지도자로 등극한 이후 우리 매체에서 보아왔던 한 장면입니다. 이 사진 한 장에서 북한의 김정은이 누구이며, 또 어떻게 북한을 통치하고 있는가를 한눈에 볼 수 있습니다.

사진은 2015년 북한의 한 공식석상에서 황병서가 북한의 권력자 김정은에게 무언가 말하는 모습입니다. 뭔가 불편하고 이상하지 않습니까. 당시 황병서는 국가의 2인자로 직책은 국무위원회 부위원장, 총정치국장, 당중앙군사위 위원입니다. 나이 70 넘은 황병서가 김정은 옆에 무릎을 꿇고 앉아 무언가 설명하는 모습입니다. 입 냄새가 나지 않도록 입을 손으로 막은 상태에서 손자뻘 되는 사람에게 말하고 있습니다. 그것도 공식적인 자리에서 말입니다. 이러한 모습이 북한의 정치·권력체제의 현주소입니다.

1. 북한 정치 · 권력체제

북한의 정치체제는 기존의 사회주의 국가들과는 다릅니다. 일반적으로 사회주의 체제는 당이 국가를 지배하는 '당-국가체제'라 부릅니다. 당이 중심이 되어 국가의 주요 정책을 결정하고 이끌어가는 국가라는 의미입니다. 그러나 북한은 한걸음 더 나아가 유일절대 독재자인 '수령'이 당은 물론 국가 위에서 통치하는 특수한 체제라 하여 '수령 중심의 당-국가체제'라는 용어를 사용합니다.

김정은은 당(위원장), 정(국무위원장), 군(최고사령관)의 국가를 구성하는 조직의 최고직위를 겸직하면서 절대적인 권력을 행사하고 통치하고 있습니다. 또한 북한은 전 세계에서 유일하게 김일성에서부터 김정일, 그리고 김정은으로 이어지는 3대 세습이 성공한 국가입니다. 3대째 세습을 성공한 김정은이 마음대로 북한을 좌지우지하고 있습니다.

북한은 1992년 헌법에 명시한 대로 스스로를 사회주의 국가라고 합니다. 사회주의는 인간 개개인의 의사와 자유를 최대한 보장하기보다는 사회 전체의 이익을 중시하는 이데올로기입니다. 사회주의에서의 인간은 고립된 존재가 아니라 사회 속에서 생활을 영위하며 공동체를 구성하고 살아가게 됩니다. 따라서 사회공동체의 이익을 우선시하기 때문에 개인의 자유는 제한될 수 있다고 합니다.

북한을 비롯한 사회주의 국가들의 일반적인 정치 권력체제의 특징에 대해 알아보겠습니다.

첫째, 사회주의 국가는 생산수단을 사회화하여 공동생산·공동분배의 이론과 정책에 따라 평등한 사회라고 주장합니다. 북한은 여타 사회주의 국가와는 달리 원조 공산주의 체제의 형태와 이를 지탱하기 위한 스탈린식 전체주의 개념이 결합된 특징이 있습니다. 따라서 중국이나 베트남 등의 국가는 북한과 다른 변형된 사회주의 국가로 북한이 이념에 충실한 체제라고 선전하고 있습니다.

둘째, 사회주의 국가에서는 공산당이라는 일당이 국가와 사회 전체를 지배하는 공산당 국가 지배체제입니다. 이 말은 공산당 외의 제2, 3의 당이 있어도 공산당의 정책을 비판할 수가 없다는 것입니다. 북한에도 조선노동당 외에 조선사회민주당(朝鮮社會民主黨)과 천도교청우당(天道教青友黨)이 있다고 하지만 어떠한 실력 행사도 못 하는 이름뿐인 정당입니다.

셋째, 맹목적인 이데올로기가 형성되어 있습니다. 김일성주의, 수령론 등이 대변하는 말입니다. 국가 차원에서 맹목적 이데올로기를 만들어내고 또 이 이념을 모든 주민에게 계속 주입하고 학습시킵니다. 어릴 때부터 국가가 지정한 이데올로기를 접하게 하고, 학교에서는 정규 학과에 포함하여 교육하며, 성인이 되어서도 직장에서 노동하기 전에 학습하도록 하여 생활화 교육으로 사회화합니다. 북한에서는 주체사상인 김일성주의를 국가의 이데올로기로 지정하여 교육하고 있습니다. 이러한 국가적인 이데올로기의 학습은 한편으로는 교육을 통해 전 인민을 일체화시켜 그들의 체제를 견고하게 유지하게 하는 역할을 담당하고 있습니다.

넷째, 정치체제를 비롯하여 관련된 선전과 홍보, 그리고 관련기관의 운영 모두 당이 장악하고 있습니다. 어떠한 언론도 자율적이지 않다는 것이며 독립된 어떠한 매체나 사회의 하부체계가 없다는 것입니다. 이에 따라 새로운 주장이나 의견, 또는 반대되는 이견이 표출될 수 없습니다. 최근 북한이나 중국 언론들이 발표하는 내용을 살펴보면 공식적인 발표 외에 어떠한 다른 논조를 찾을 수 없다는 것이 그 증거입니다.

다섯째, 민주주의 중앙집권제 원칙에 기초해서 국가를 운영합니다. 생각 없이 들으면 좋은 말이라고 여겨질 것입니다. 공산주의자들은 우리보다 민주주의라는 말을 더 좋아하고 자주 사용합니다. 그러나 그들은 민주주의라는 용어를 우리가 생각하는 의미와는 달리 해석합니다. 공산주의는 생산수단의 하층에 있는 대다수의 노동자·농민을 인민이라 부르고, 이들이 사회 전체를 지배해야 한다는 것입니다. 즉 인민들이 주인이 되어 소수의 자본가나 가진 사람들을 통제하고 지배해야 한다는 것입니다. 따라서 당연히 인민에 의한 민주주의 체제라고 합니다. 맞는 말처럼 보이죠? 그러나 그 이면에 숨어있는 뜻을 생각해야 합니다. 다수가 지배한다는 뜻으로 '민주주의'라는 용어를 사용하고 있지만, 실제 민주적인 절차로 정치를 하는지를 봐야 합니다. 다수의 의견에 따라 지도자를 선정하고 국가의 지배구조 및 권한이 배분되어있는지를 봐야 합니다. 공산국가는 용어만 '민주주의'를 사용했지 실제는 인민에게서 권력이 나오지 않는다는 데 문제가 있습니다.

다시 한번 공산주의 국가들의 실태를 뜯어보겠습니다. 다수라고 하는 인민들의 대표들은 모두가 공산당원입니다. 이들 공산당원의 선발은 당에서 일방적으로, 즉 비민주적으로 지목하여 선발합니다. 이들 선발된 집단이 국가를 지배하는 형태를 그들 스스로 '민주주의 중앙집권제'라는 용어를 사용합니다. 이를 평가하면 공산주의 국가는 인민에 의한 프롤레타리아에 의한 정치가 아니고 공산당원 또 그중에서도 공산당 내 실권을 잡은 소수에 의해 권력이 집중되는, 즉 이들 소수에 의해 국가가 움직이는 비민주적인 정치체제입니다.

공산국가에서는 노동자들, 농민들의 프롤레타리아는 단결해야 한다는 슬로건을 내걸고 혁명을 주장하고 공산주의 사회건설을 주장합니다. 이 주장을 확대해보면 프롤레타리아 계급인 인민들의 대표가 공산당원이 되고, 공산당원의 지도자는 곧 국가의 지도자가 되기 때문에 인민들은 그들의 지도자를 무조건 따르라고 하는 것입니다. 그들은 자기들의 체제는 다른 어떤 체제보다 우월하고 문제가 없기 때문에 인민들은 따르기만 하면 된다는 것입니다.

공산주의 체제의 민주주의 중앙집권제에 대한 블라디미르 레닌의 언급을 보겠습니다.

"민주주의 중앙집권제는 민주주의와 중앙집권제가 유기적으로 결합된 용어다. 개인은 조직에, 소수는 다수에, 하부는 상부에, 모든 성원과 조직은 중앙에 복종하는 것이다."

이 말이 뜻하는 것처럼 공산주의 이념, 당 그리고 민주주의 중앙집권제, 이러한 용어를 현실에 적용한 것이 사회주의 국가들의 특징입니다. 이러한 견해는 김일성 체제의 북한에서 뚜렷이 발견됩니다. 레닌이 퇴장한 이후 등장한 스탈린은 소련을 전체주의화했습니다. 제2차 세계대전을 치르면서 전 소련 국민들을 단결시키기 위해, 소련을 전쟁국가화하기 위해 취했던 정책이었지만, 스탈린은 자신의 손아귀에 모든 인민들을 단합시키려 했었습니다. 이런 형태의 통치체제를 우리는 '스탈린주의'로 부르고, 다른 말로 '전체주의'라고 합니다. 이러한 전체주의의 형태가 북한에서는 '김일성주의'로 나타난 것입니다.

1 북한 정치·권력 체제의 특징

여타 사회주의 국가와는 다른 북한만의 정치권력 체제의 특징은 다음과 같습니다.

첫째, 북한은 조선로동당, 즉 1당에 의한, 1당 중에서도 최고지도자에 의해 통치되는 수령 우위의 당-국가체제로 조선노동당은 최고의 위상과 권한을 지닌 권력의 원천으로 모든 기관이나 단체보다 상위의 최고의 기관입니다.

둘째, 외형상으로는 헌법이나 권력조직체계상 민주주의 원칙, 권력분립 원칙이 규정되어 적용되고 있는 것처럼 보이지만, 실제는 전반적으로 당에 의한 통치가 집행되는 견제와 균형의 의미가 전혀 적용되지 않습니다. 북한은 모든 권력, 모든 행사의 최고 정점에 조선노동당이 우뚝 서 있으며, 더 심한 것은 조선노동당조차 수령이라는 최고지도자 1인에 의해서 통치되는 나라입니다. 북한은 이러한 현상이 통용되고 있는 말도 안 되는 나라입니다. 그래서 외형상으로는 민주주의 방식의 권력 분리원칙, 권력기구의 분립이 되어 있는 것으로 보이지만, 실제는 1인 통치의 권력구조가 형성되어 권력분립 원칙이 전혀 지켜지지 않는 나라입니다.

셋째, 북한의 정치·권력체제는 어느 나라에도 찾을 수 없는 '국무위원회'라는 최고의 국가기관을 만들어 국정을 좌지우지하고 있습니다. 1998년 북한은 '국방위원회[1]'를 별도의 행정기관으로 만들고 위원장으로 김정일을 추대했습니다. 최초 국방위원회는 국방사업을 담당하는 듯 보였지만, 점차 국가의 전반적인 정책의 결정과 실행을 관장하는 국가기관으로 변화되면서 국가의 최고 권력기관으로 자리 잡았습니다.

김정일은 1994년 아버지 김일성이 죽은 후 최초에는 김일성을 '영원한 주석'으로 받들면서 아버지의 유훈대로 통치한다는 유훈통치를 했습니다. 이 모습은 아버지 김일성을 누구도 넘지 못할 영웅으로 치켜세우면서 자신은 제2인자로 통치하겠다는 의미로 활용했습니다. 이렇듯 김정은도 초기에는 아버지가 앉았던 국방위원장으로 역할을 하다가 국방위원회를 군과 사회의 감시통제 기능을 추가한 '국무위원회'로 명칭을 바꾸었습니다. 특히 국무위원장에게 국가원수의 역할까지 부여하여 김정은 스스로 그 자리에 앉게 됩니다.

우리가 관심을 가져봐야 할 것은 김정은 체제가 등장하면서 할아버지 김일성의 권력 행사의 중심이었던 조선로동당 중심으로 회귀하게 되었다는 사실입니다.

---

1 원래 조선노동당 조직 중 하나였던 국방위를 별도로 독립시켰으며, 행정기구들의 상위기관으로 위상을 높였다. 김정일이 김일성의 유훈통치를 하기 위한 방식의 하나로 만든 돌연변이 조직이었으나, 점차 국정 전반을 지배하는 국가기관으로 변화되었다. 김정은은 국무위원회로 명칭을 변경했다.

〈그림 4-1〉 북한의 권력분립 체제

김일성 사후 김정일은 권력의 중심을 국방위원회로 두었습니다. 이는 기존의 당 중심에서 군 중심으로 전환하면서 새롭게 조직한 국방위원회를 중심으로 권력을 행사하겠다는 것입니다. 김정일은 아버지 김일성의 권위를 손상시키지 않으면서 권력을 이어받는다는 의미로 당의 위상과 권위를 약화시키면서 대신 모든 권한을 국방위원회에 집중시켜 모든 행정을 관장했습니다. 추가로 군을 전위로 내세워 당과 행정 그리고 군 모두를 장악했습니다.

다음 김정은이 등장하면서 김정은은 국방위원회를 명칭만 바꾼 '국무위원회'로 확대 개편하여 아버지 김정일처럼 실권을 장악하려는 모습을 보였지만, 실질적으로 당 우선주의를 택하여 조선로동당의 국가지배 형태로 되돌렸습니다. 3대째 세습을 이룬 김정은은 온전한 아버지 방식이 아닌 할아버지 방식의 당 우위 방식을 택했습니다. 김일성의 지배방식으로 당의 회의체를 열어 정상적인 방식으로 모든 직책에 대한 승인을 받아냈고 당 규약의 개정을 이루어냈습니다. 이와같은 계통적 체계를 갖춘 합법적인 방식으로 권력을 획득하여 세습의 당위성을 드러낸 것입니다.

추가하여 최고인민회의를 통해 헌법까지 개정하면서 할아버지 김일성 체제가 구축한 정치체제로 되돌아갔다고 분석됩니다. 물론 행정의 실권은 아버지대에 만든 국방위원회를 변형하여 실권을 행사하고 있지만 말입니다.

2 북한의 정치권력 체계도

〈그림 4-2〉는 북한의 정치체제를 여러 자료를 확인하여 그 위상과 관계를 정리한 그림입니다. 북한을 움직이는 조직은 조선로동당, 최고인민회의, 최고사령부, 국무위원회와 사법기관이 있으며, 군은 최고사령부와 국무위원회 아래에 있다는 것이 확인됩니다.

북한에서 가장 지배적이며 국가를 장악하는 조직은 조선로동당입니다. 어떠한 조직일지라도 조선로동당의 지배나 통제를 받기 때문에 당에서 벗어날 수 없습니다. 국가보다도 당을 우선하기 때문입니다. 심지어 인민군도 마찬가지로 군대가 조선인민공화국의 군대의 개념이 아니라 당의 군대, 김정은의 군대일 뿐입니다. 그리고 군 조직을 보면 총정치국과 총참모부, 인민무력성의 세 개 기관이 병행 설치되어 있는 듯 보입니다. 그러나 총정치국은 당이 직접 통제하며, 총참모부는 최고사령부가, 인민무력성은 국무위원회에서 직접 지휘통제하고 있습니다. 최고사령부는 전시 설치되지만 평시는 국무위원회에서 그 기능을 갖고 있기 때

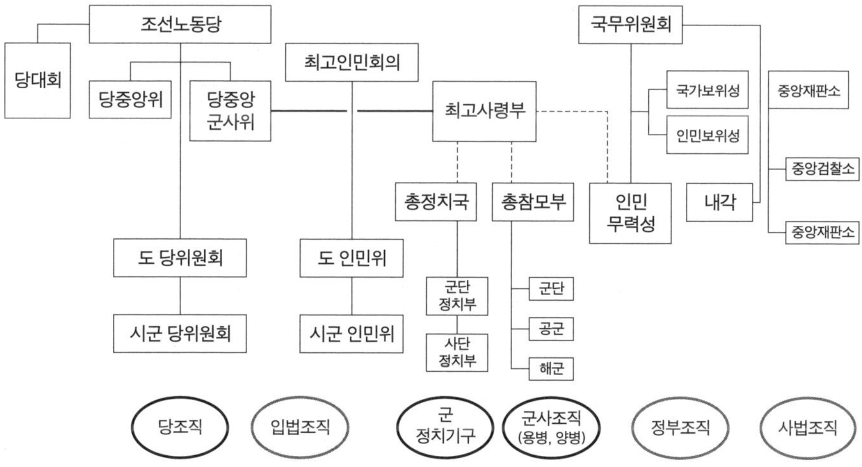

〈그림 4-2〉 북한의 정치 권력체계도

문에 군 전체 통제권한은 국무위원회가 쥐고 있습니다.

조직도를 보면 먼저 조선로동당이 맨 앞에 위치해 있고 그 우측에 최고인민회의가, 그리고 행정기관으로 국무위원회가 있어 권력이 분산되어 있는 것으로 보입니다. 그러나 실제는 조선로동당 제1비서 김정은, 당 중앙위원회 위원장 김정은, 최고사령관 김정은, 국무위원장 김정은 등의 직책을 보면 당의 우두머리, 군의 우두머리, 행정기관의 책임인 국무위원회 위원장 등 모든 기관의 꼭대기에 김정은이 자리 잡고 있습니다. 예전에는 명목상 국가의 수반으로서 최고인민회의 의장을 김영남이 수행했지만 최근에는 헌법을 수정하여 국무위원회 위원장 김정은이 국가수반 역할까지 수행하면서 김정은이 형식적·실질적인 전 북한의 권력을 장악하고 있다는 것이 확인됩니다.

2. 북한 조선로동당

북한의 노동당은 북한 헌법 11조에서 "조선민주주의인민공화국은 조선로동당의 령도 밑에 모든 활동을 진행한다"로 명시하여 국가가 곧 당이라는 모습으로 그 위상을 드러내고 있습니다. 기타 모든 권력기관은 당의 지도와 통제하에 있으며, 당에 의해 결정된 정책을 수행하는 권력기구에 지나지 않습니다.

조선로동당의 규약을 살펴보면 조선로동당은 노동계급과 전체 근로대중의 선봉적 조직부대이며, 최고의 혁명적 조직으로 묘사하고 있습니다. 또한 최종 목적으로 "온 사회의 주체사상화와 공산주의 사회를 건설하는 데 있다"라고 밝혀 북한식 공산주의 사회건설을 명시하고 있습니다.

주체형의 당은 항일무장투쟁의 전통에서 출발하며, 당이 국가정책

〈그림 4-3〉 당이 제시한 구호('당이 결심하면 우리는 한다!')

의 방향타로서의 기능과 주체사상에 의한 지도체제임을 밝히고 있습니다. 이는 당과 당을 지도하는 수령에 의한 영도의 강조는 궁극적으로 김일성으로부터 3대 세습의 당위성을 설명하고 있습니다.

당의 운영 측면에서 조선로동당은 "민주주의 중앙집권제 원칙"에 의해 조직되고 운영된다고 명시되어 있지만, 실제로는 〈그림 4-3〉의 "당이 결심하면 우리는 한다"는 구호에서 보듯이 절대적으로 그리고 무조건적으로 당의 결정을 따라야 할 것을 요구받습니다. 즉, 당원은 당조직에 복종하며, 소수는 다수에게 복종하고, 하급 당조직은 상급 당조직에 복종하며, 모든 당조직은 당중앙위원회에 절대 복종하도록 당규약은 명시하고 있습니다.

❶ 조선로동당의 위상과 조직체계

북한의 대표적인 당인 조선로동당은 사회주의 체제에서의 공산당과 그 위상 및 성격과 기능이 사뭇 다릅니다.

첫째, 북한의 조선로동당은 모든 근로대중의 이익을 대변하는 공당이 아니라 김씨 왕조 정권을 유지하는 사당(私黨)의 위상과 성격을 지니고 있습니다. 북한은 김정일 사후 김정은 유일영도 체제의 안착을 위해 제7차 당대회(2016. 5.)에서 개정한 당규약 서문에서 다음과 같이 사당임을 명확히 했습니다.

> "조선로동당은 김일성-김정일주의 당이다. 위대한 김일성 동지는 조선로동당의 창건자이시고 영원한 수령이시다. 김정일 동지는 조선로동당의 상징이고 영원한 수반이시다. 경애하는 김정은 동지는 조선로동당을 위대한 김일성 동지와 김정일 동지의 당으로 강화 발전시키시고 주체혁명을 최후 승리에로 이끄시는 조선로동당과 조선 인민의 위대한 령도자이시다."

둘째, 노동당의 위상은 겉으로는 최고의 정치조직처럼 보이나 실제로는 수령의 영도를 앞장서서 수행하는 전위대 조직에 불과하다는 점입니다.

2016년 개정한 당규약 서문에서 "조선로동당은 (중략) 경애하는 김정은 동지를 중심으로 하여 조직사상적으로 공고하게 결합된 로동계급과 근로인민대중의 핵심부대, 전위부대이다"라고 규정하고 있습니다. 이렇게 노동당은 겉으로는 최고의 정치조직처럼 선전하고 있으나 실제로는 수령 독재체제 틀 안에서 수령의 영도를 받아 인민대중에게 지도 역할을 수행하는 인전대요 전위대 조직이라고 할 수 있습니다.

셋째, 노동당의 기능은 근로대중의 이익을 대변하는 것으로 선전하고 있으나 실제로는 한반도 전체를 김일성-김정일주의를 신봉하는 나라로 만드는 것입니다. 이 또한 당규약에 "조선로동당의 당면 목적은 공화국 북반부에서 사회주의 강성국가를 건설하며 전국적 범위에서 민족해방민주주의 혁명의 과업을 수행하는 데 있으며, 최종 목적은 온 사회를 김일성-김정일주의화하여 인민대중의 자주성을 실현하는 데 있다"로 명시하고 있습니다. 이러한 내용을 살펴볼 때 당의 위상은 북한 주민들을 지도하는 상급기관임에 틀림없지만 다른 한편으로는 수령의 영도를 받아야 하는 하급기관에 불과할 뿐입니다.

북한의 조선로동당은 중앙당을 정점으로 해서 도, 시군의 당조직을 비롯하여 맨 하층인 당의 기층조직과 세포조직에 이르기까지 수직·수평

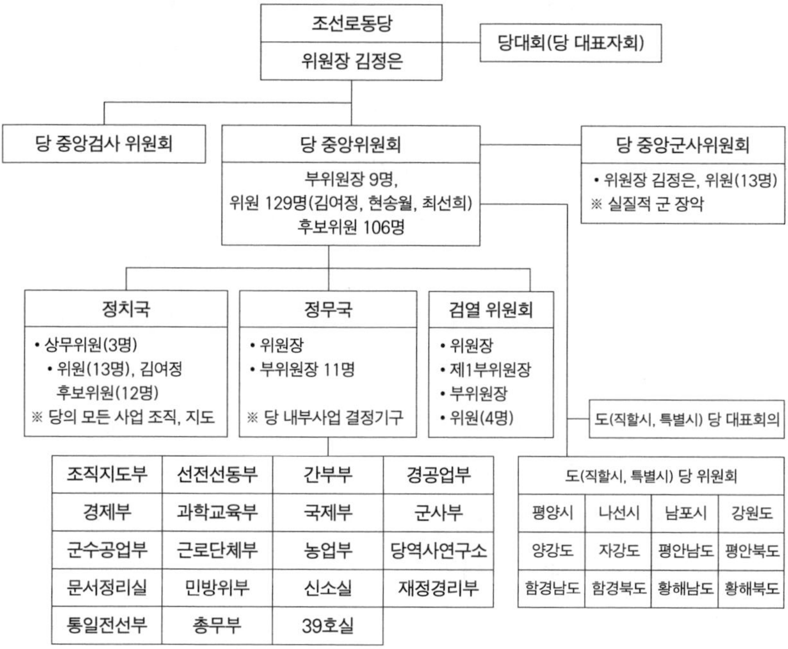

〈그림 4-4〉 북한의 조선로동당 조직체제

적인 그물망 같은 빽빽한 체계를 갖추고 있습니다. 조선로동당은 당대회(당 대표자회)를 중심으로 그 아래에 당중앙위원회, 당중앙군사위원회[2]의 회의체가 있습니다. 그리고 당중앙위원회의 결정과 집행을 총괄하는 등 실질적인 활동을 하는 정치국과 정무국, 그리고 검열위원회의 조직이 있습니다.

당조직은 수직적으로 당중앙위원회부터 도·시·군 그리고 저 밑의 최하 기층의 세포조직까지, 그리고 수평적으로는 사회의 전 분야에 당조

2 당중앙군사위원회는 최초에는 당중앙위원회 하위의 조직으로 운영되다가 김정일이 유훈통치를 시작하고 선군정치를 표방하면서 당중앙위원회와 동격으로 위상을 상향한 것으로 분석된다.

직이 구축되어 있습니다. 이는 곧 당조직이 수평 및 수직으로 완벽하게 얽혀있기 때문에 어느 사람도 당조직에서 벗어날 수가 없다는 말입니다.

당중앙위원회 하위에 조직지도부, 선전선동부를 비롯해서 많은 조직들로 구성되어 있는데, 이들은 내각의 조직과 연계되어 있어 국가정책을 직접적으로 결정하는 등 내각과 당조직이 유기적으로 연계되어 있다는 것을 확인할 수 있습니다. 또한 이러한 당조직은 국가기관뿐만 아니라 학교나 기업체, 그리고 지역 단위의 협동농장 등 모든 사회에 조직되어 수직·수평적으로 유기적으로 편성되어 있습니다.

그런데 당의 조직과 대규모의 조직을 보면 이 조직이 어떻게 움직일까 의문이 들지 않습니까? 당의 각 위원회의 인원은 당중앙위원회 124명, 당중앙군사위원회 106명 등 많은 인원들로 구성되어 있는데 어떻게 의사결정을 할 수 있을까요?

조직이 움직이는 기능을 알면 가능하다는 것을 알 수 있습니다. 위원들 숫자가 많아 집합하기도 의결도 어렵겠지만, 그 답은 위원회에서 일정한 수의 대표를 선발하고 이 대표들이 위원회의 역할을 대행하게 하는 데 답이 있습니다. 즉 위원회를 대신할 대표자를 선발하고 이들을 대표위원이라 부르며 이들이 이룬 집단을 상임위원회라 합니다. 이 상임위원회에서 이들 몇 명이 의결하고 정상적으로 집행하고는 전체 위원회가 열리면 상임위원회에서 결정한 내용을 추인하는 방식으로 제도를 만들어 운용합니다.

공산국가에서 많이 채택하는 집단지도체제라는 것이 대표적인 당비서 또는 당서기라는 직책이 갖는 모습이 아닐까 생각됩니다. 이 방식으로 많은 사람들의 머리를 합쳐 국가의 정책을 결정한다는, 즉 권력을 일부에게 집중하지 않고 분산하여 정책을 결정하는 체제라고 선전합니다. 그러나 실제는 전체 인민들의 대표가 아닌 지도부의 지정된 인원 소수가 정책을 결정하고 시행하는 모순을 안게 되어 있습니다.

❷ 당대회 및 대표자회의

당대표자회의를 포함한 북한의 여러 당회의체는 북한의 노동당이 국가의 전반적인 국책을 결정하는 많은 활동을 하고 있음을 보여줍니다. 이러한 회의체는 국가의 중요 문제 전 인민들의 대표들이 결정한다는 것을 전 인민들에게 홍보하기 위함으로도 한 몫하고 있습니다.

노동당의 공식적 최고 의사결정기구는 당대회입니다. 당대회에서는 당 강령과 규약을 채택·수정·보완하며, 당 노선과 정책 및 전략, 전술의 기본 문제를 결정하고 당중앙위원회 및 당중앙감사위원회의 선거도 실시합니다. 그러나 실제로는 당중앙위원회나 정치국이 내리는 결정을 사후적으로 추인하는 형식적 기능만을 수행하고 있다고 분석됩니다.

노동당 창당 초기만 해도 당대회는 당중앙위원회와 더불어 그 권한이 컸으나 김정일 통치기에 대회가 열리지 않아 그 위세를 잃었다고 평가되었습니다. 그러나 김정은이 등장하면서 '김일성 따라 하기'에 따라 당대회나 관련 회의체를 개회하는 등 다시 당대회를 중시하는 경향을 띠고 있습니다. 현재까지 당대회가 개최되어 의결된 주요 내용은 다음 표 〈4-1〉과 같습니다.

당대회 자체는 실질적인 권력을 행사하지는 않으나, 경제정책이나 김정일, 김정은을 지도자로 추대하고 특권층에 해당하는 당중앙위원회 위원을 선출하는 등 정치권력의 변화를 주는 역할을 하는 국가의 중요한 결정을 수행하고 있는 것으로 평가되고 있습니다.

당중앙위원회는 당에서 유일사상체계를 철저히 확립하고, 당의 노선과 정책을 수립하고 그 수행을 조직·지도하도록 명시하고 있습니다. 그뿐만 아니라 행정 및 경제사업을 지도·조정하며, 혁명적 무력을 조직하는 국가적인 모든 정책을 다루도록 되어 있습니다. 이러한 당중앙위원회는 5년에 한 번 열리는 대규모의 당대회가 제 기능을 발휘하지 못하기 때문에 당대회와 당대회 사이에 최고기관으로 역할을 담당하기 위해 존

〈표 4-1〉 당대회 개최 현황

당대회	개최일자	대의원수	주요 의결내용
제1차	1945. 10. 10.	881	• 당 창건 선포 • 노동당 강령 및 규약 제정
제2차	1948. 3. 27~30.	999	• 로동당 규약 개정 • 당중앙 지도기관 선거
제3차	1956. 4. 23~29.	916	• "조국의 평화적 통일을 위하여" 채택 • 당 규약 개정(마르크스-레닌주의가 최고지침)
제4차	1961. 9. 11~18.	1,657	• 경제 7개년 계획 채택 • 당 규약 개정(지도이념에 항일무장투쟁 추가)
제5차	1970. 11. 2~13.	1,734	• 경제 6개년 계획 채택 • 당 규약 개정(주체사상을 지도이념으로 표방)
제6차	1980. 10. 10~14.	3,220	• 김정일- 당정치국 상무위원 선출 • 고려민주연방공화국 창립방안 제안
제7차	2016. 5. 6~9.	3,467	• 당중앙지도기관 선거(김정일: 당 위원장) • 김정은을 '당 위원장'으로 추대 • 우리식 경제관리방법 공표
제8차	2021. 1. 5~12.	5,000	• 김정은을 당 총비서로 추대 • 당 규약 개정 • 국가경제발전 5개년 계획 채택

재합니다. 당중앙위원회 전원회의는 6개월에 1회 소집되어 회의가 열려 당이 직면한 중요 문제 등을 토의·결정하게 되지만, 이러한 전원회의도 개최하기 어려운 여건을 고려하여 이들 전 위원들의 대표들이 하는 당대표자회의가 있습니다.

당대표자회의는 당대회와 유사한 권한을 갖고 있으나 회의 인원이 적은 탓에 회의 개최가 용이합니다. 그래서 북한은 2010년대 들어 김정은 후계체제 공식화를 위해 제3차 당대표자회의를 2010년 9월에 개최했고, 갑자기 집권한 김정은 권력의 조기 안착을 위한 제4차 당대표자회의도 2012년 4월에 열었습니다.

〈표 4-2〉 당대표자회의 개최 현황

구분	개최기간	주요 안건
제1차 당대표자회의	1958. 3. 3~6.(4일)	• 인민경제 1차 5개년 계획(1957~1961) • 반김일성파 제거 후 당의 통일과 단결 강화 • 자주외교 노선 추진 결정
제2차 당대표자회의	1966. 10. 5~12.(8일)	• 사회주의 경제건설 당면 과업 결정 • 경제국방 건설노선과 4대 군사노선 추진 결정 • 김일성 총비서 추대
제3차 당대표자회의	2010. 9. 28.(1일)	• 김정일 당 총비서 재추대(당 규약 개정) • 당 중앙지도기관 선거 ※ 김정은, 당중앙군사위원회 부위원장 임명
제4차 당대표자회의	2012. 4. 11.(1일)	• 김일성 영원한 수령, 김정일 영원한 총비서 추대 • 김정은 당 제1비서, 중앙군사위원장, 정치국위원, 정치국 상무위원으로 선출 • 당 규약 개정(김일성-김정일주의 유일지도사상 명문화)

현재까지 개최된 당대표자대회의 주요 의결내용을 살펴보면 제1차 당대표자회의는 당의 통일과 단결을, 제2차 당대표자회가 열린 1966년에는 사회주의 경제건설, 그리고 제3차 당대표자회의에서 김정일을 당 총비서로 추대한다는 내용, 제4차 당대표자회의에서는 김정은을 당 제1비서와 당중앙군사위원장으로 임명한다는 내용이 주된 안건이었습니다. 이들 내용을 분석해보면 당대회를 통해서 권력세습을 인정하고, 이를 추인하는 과정 또는 형식으로 이해하면 좋을 것 같습니다.

북한에서 운용하는 선전매체에서 발표한 내용들, 특히 북한만의 용어들은 다 이런 회의를 소개하면서 나오는 것들입니다. 당이 요구하는 내용을 당대회 회의를 통해서 공표하고 당대회를 통해서 절차를 받게 하고, 인민들에게 홍보해서 전 인민이 받아들이게 하는 방식으로도 활용합니다.

이러한 당대회나 당대표자회의 등이 규약에 따라 개최되면서 당을 움직인다고는 하나, 실제로는 당중앙위원회나 당정치국이 당 총비서인 김정은의 지시를 받아 내린 결정사항을 사후 추인하는 형식에 그친 거수기와 박수부대와 같은 기능을 수행하고 있습니다.

3 당중앙군사위원회

최초 군사위원회는 1962년 12월 김일성이 제시한 '4대 군사노선'을 채택하는 등 국방력 강화에 대한 결정을 당사업으로 시행하기 위해 설치되었습니다. 이후 당중앙위원회 산하기구였던 군사위원회를 1982년 승격시켜 당중앙군사위원회로 개칭되었습니다. 이는 경제·국방건설 병진노선으로 군사력 향상에 예산투입을 본격적으로 하면서 동시에 '4대 군사노선' 수행에 있어 당적 힘을 실어주기 위해 조직을 확장하고 위상도 승격시킨 것입니다.

승격 이전에도 당중앙군사위원회는 김정일 시대에도 군 간부에 대한 인사권과 함께 군대의 지휘 및 군사정책과 관련된 정책을 수행해왔으나 제3차 당대표자회의에서 김정은을 '당중앙군사위원회 부위원장'에 임명한 후부터 상설 최고 군사지도기관으로 격상되어 안보 및 군사 문제에 관한 최고의 기관으로 바뀌었습니다. 군사 분야에서의 모든 사업을 당적으로 조직·지도하는 권한을 부여받아 혁명무력을 강화하고 군수공업을 발전시키기 위한 사업을 비롯하여 국방사업 전반을 당적으로 지도해왔습니다.

4 당 지방조직과 기타 조직

노동당의 지방조직은 수직과 수평의 지배관계가 함께 구조화된 다층 집권체제의 형태를 취하며 전국적으로 형성되어 있습니다. 다시 말해 각급 당위원회는 상하의 당위원회에 대해 철저한 위계구조를 형성하면서 다른 한편으로 동급의 여타 기관이나 사회단체에 대해 절대적 지배력을 행사합니다.

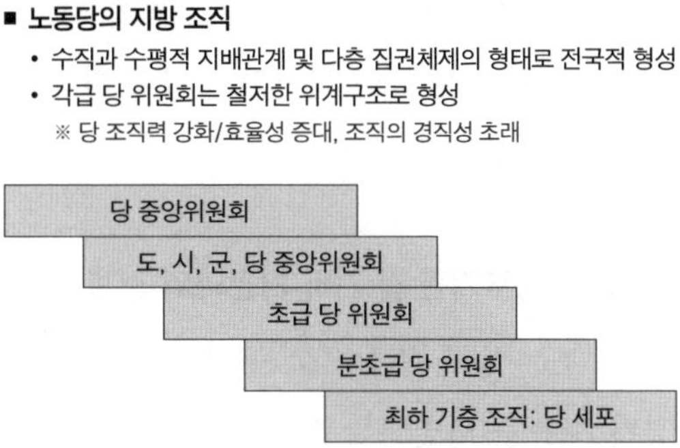

〈그림 4-5〉 북한노동당 조직체계와 기능

이 같은 중첩적 위계구조는 당의 조직력 강화에 효율성을 부여할 수 있는 반면에 조직의 경직성을 가져오는 약점도 동시에 지닙니다. 당 중앙위원회 밑에 도, 시 및 군 당위원회를 거쳐 초급 당위원회, 분초급 당위원회, 부문 당위원회, 그리고 당원 5~30명으로 구성된 최하 기층조직인 당세포까지 조직화되어 있습니다.

각 단위별 당위원회는 해당 관할지역 내에서 중앙당의 축소판인 자체 조직구조들을 운용하며 절대적 권력을 행사합니다. 각 단위 지역 내 권력은 해당 당위원회의 책임비서에게 집중되는 것이 일반적입니다. 위와 같은 내용 전반을 살펴보면 북한의 조선로동당은 상식적으로 생각하는 민주적인 정당과는 완전히 다르다는 것을 알 수 있습니다.

북한의 조선로동당의 특징은 다음과 같습니다. 첫째는 수령에 의한 영도를 받으며 수령은 정당을 넘어 모든 권력을 쥐고 있는 체제입니다. 당의 영도는 한계가 없으며 당의 한계를 넘어 국가의 정책방향과 운영이 되어, 결국은 1인 독재체제의 기능을 하고 있습니다. 둘째는 명목상 당은 노동자·농민, 즉 모든 북한 인민들을 대변하고 모든 국가의 정책 방향을 제시하고 통제하는 최상위 조직이지만, 수령 한 사람의 영도를 받는 하급기관에 불과하다는 것입니다. 셋째는 북한 헌법에 나타난 당의 지위는 권력구조의 최상위 기관으로 3부 기관 및 각 조직을 영도하는 주체로 명시되어 있다는 것입니다. 또한 북한 권력의 산실로 최상위 혁명조직으로서 조선로동당이 자리하고 있습니다.

5 북한 조선로동당과 정부기관 및 기타 기관과의 관계

북한의 권력구조는 당을 중심으로 구성되기 때문에 정부기관들은 당에 의해 결정된 정책을 입법화하고 집행하는 역할을 담당합니다. 그 중심 역할을 하는 국가기관은 내각입니다. 당이 국가적 사업을 결정하면 내각은 시행령과 같은 방식으로 행정입법하고 집행합니다. 그리고 내각이 수행한 정책의 결과를 당이 확인하는 체제입니다.

이러한 업무를 용이하게 하도록 내각 조직에 대응하는 유사한 조직을 당내에 설치하여 당과 연계된 정책을 추진하고 감시통제할 수 있도록 했습니다. 추가하여 당의 관료가 행정관료를 겸직하고 있는 것도 북한의 또 다른 특징입니다.

다음으로, 군 조직은 당이 철저히 장악합니다. 공산권 국가들은 군은 당의 군대라고 명확하게 적시하고 있습니다. 중국의 경우 당이 먼저 창설되어 당에 의한 혁명을 지원하기 위한 군을 만들었기 때문에 결국 군은 당의 역할의 한 부분으로서 역할을 수행하는 체계를 갖추고 있습니다. 북한의 경우도 중국과 마찬가지로 당이 철저하게 군을 통제하는 체제를 만들었고[3] 이를 당 규약에 명시하고 있습니다.

당중앙군사위원회에서 모든 군 관련 정책을 수립하면 군은 이를 시행하는 체계를 갖추고 있습니다. 이렇게 평시 당중앙위원회의 총정치국을 통해 군을 통제하는 등 간접통제 개념이지만, 전시에는 최고사령부를

---

3 2010년 9월 개정된 당규약에서 당중앙군사위원회가 당대회와 당대회 사이의 모든 군사사업을 당 차원에서 조직 지도하고 국방사업 전반을 지도할 수 있도록 권한을 부여했다.

설치하여 군을 직접 지휘하는 방식으로 바뀌게 됩니다. 민주국가와 완전히 다른 것이 바로 당이 군을 지배한다는 것입니다. 우리의 사고방식으로는 전혀 이해가 되지 않죠. 한국은 국군으로 국가를 위한 군대인 데 반해, 북한은 인민군이라 하지만 실제는 당의 군대로서의 인민군이기 때문입니다.

또한 군 지휘체제에 정치국과 참모부가 동격으로 편제되어 있다는 특징이 있습니다. 북한군에 총참모부와 동격인 총정치국이 편성되어 있고, 총정치국 예하의 조직이 총참모부의 예하 군단부터 대대까지 조직되어 정치위원회가 편성되어 있습니다. 즉 군단장 옆에 군단 정치군관이, 사단장 옆에 사단 정치군관이 있어 이 정치군관들은 지휘관이 당의 사상에 맞는 지휘를 하는지, 부대 안에 당의 지시를 위반하는 사람이 있는지, 당성이 얼마나 강한지 등을 관찰 확인해서 당에 보고하고 있습니다. 이러한 편성은 지휘관으로 하여금 직속상관의 눈치보다도 옆에 있는 정치군관들의 눈치를 보지 않을 수 없게 만듭니다. 군대 내에서도 사상적인 당성이 흐트러지지 않도록 하는 체계를 갖추었다고 보면 됩니다.

그리고 여타 사회단체나 각 조직 등은 당이 지도하거나 통제하는 수준으로 운용되고 있으며, 근로 대중조직들 모두는 당의 외곽단체로서 당이 지도하는 대로 충실히 수행하는 당의 전위대 역할을 수행합니다.

3. 중앙 국가기구(국무위원회, 최고인민회의, 내각, 사법기관)

북한은 '수령 중심의 당-국가체제'입니다. "조선민주주의인민공화국은 조선로동당의 령도 밑에 모든 활동을 진행한다"는 헌법 11조가 그 근거입니다. 즉 국가기구들은 노동당이 결정한 정책을 집행하는 기관에 불과합니다. 그러나 국가기구들은 현실적인 권력을 행사하고 법을 적용한다는 측면에서 다른 사회단체와 구별됩니다.

북한 헌법에 따르면 국가기구는 최고인민회의, 국무위원회, 내각, 지방 인민회의 및 지방 인민위원회, 검찰소와 재판소 등이 있습니다. 북한의 이념과 구조체제 전체를 개관해보면 권력기구의 핵심은 당연 인민회의 및 인민위원회이며 이들의 최상위 주권기관은 최고인민회의라고 볼 수 있습니다. 그러나 형식적으로 최고인민회의를 세우고 있으나 실제는 국무위원회가 권한과 기능을 행사하는 비체계적 조직으로 국가를 운영하고 있습니다.

체계상 최고 주권을 행사하는 최고인민회의는 국가의 정책(당의 노선과 정책)을 입안하고 집행합니다. 최고인민회의는 입법권과 함께 행정기관과 재판소, 검찰기관을 조직하고 이들 기관들에 일정한 권한을 부여하며 그들의 활동에 대한 감독 통제의 기능을 수행하는 등 상당한 권력을 행사합니다. 한국의 국회와 비교하면 한국의 국회는 입법권과 행정부 감시권, 예산심의권은 갖고 있지만, 행정부 조직권과 검찰기관의 조직과 통제가 행정부 수반(대통령)의 권한인 것과 비교하면 북한이 더 큰 권한을 갖고 있음을 알 수 있습니다.

이는 사회주의 국가에서 국가 조직의 원리가 인민주권론이기 때문입니다. 자유민주주의 국가체제에서는 국민들이 자신들의 대표를 선출할 때 선거를 하여 주권을 행사하지만 사회주의 국가는 주권은 양도할 수 없다는 의미에서 개인은 자신이 원하는 직책을 얻거나 법률제정에서 직접 주권을 행사한다고 합니다. 따라서 지방 인민회의 및 인민위원회의 총합인 최고인민회의가 여러 주권기관 중에서 가장 높은 지위에 있으며 내각을 비롯한 행정기관과 사법검찰기관을 조직하고 이들의 활동을 종합적으로 지휘 통제합니다.[4]

---

4 Albert K. Cohen, *Deviance and control* (Englewood Cliffs, N.J.: Prentice-Hall, 1966); 이

1 국무위원회

다른 나라에 없는 북한만의 특이한 조직이 국무위원회입니다. 국무위원회는 김정일 시대에 뚜렷이 나타난 조직으로 최초에는 당의 하위 조직으로 있었던 것을 당 조직에서 떼어 국방위원회라는 별도의 조직으로 만들었습니다. 그리고 김정은의 등장 이후 김정일이 조직한 국방위원회를 국무위원회로 명칭을 바꾸고 더 많은 권한을 집중시켜 북한을 통치하는 무소불위의 조직이 되었습니다.

국무위원회는 국가 주권의 최고 정책지도기관으로 국방 건설 사업을 비롯한 국가의 중요정책을 토의 결정하고 국무위원장 명령, 국무위 결정 지시 집행을 감독하는 임무와 권한을 가지고 있습니다. 예하에 내각을 두어 국가를 움직이는 행정상 실질적인 권한을 행사하고 있습니다. 이 말은 국무위원회가 모든 국가업무를 움켜쥐고 추진한다는 의미입니다. 추가적으로 국내외 및 군에 대한 통제를 강화할 목적으로 직속으로 국가보위성, 인민보위성을 두어 국가 및 군의 모든 정보와 보안 그리고 안전에 대한 모든 임무를 통제합니다.

국가의 행정이 조선로동당과 이등분되어 있는 모습이지만 전체적인 통치체제를 보면 국무위원회 위원장과 노동당 중앙위원회, 최고사령부의 수장은 모두 김정은이 맡고 있기 때문에 결국은 김정은 한 명에 당, 정, 군의 모든 권한이 집중되어 있음을 확인할 수 있습니다. 즉, 조직이 어떻게 만들어졌고, 어떻게 분할되어 권력 분산이 되어 있는지가 중요한 게 아니라, 실질적인 지배가 어떻게 되어 있느냐가 전체를 좌우한다고 볼 수 있습니다. 결국 북한의 통치는 단 1인에 의해 움직이는 수령에 의한 전체주의적 통제국가입니다.

김정은 집권 이후 김정일을 조국의 영원한 국방위원장으로 추대하

우영, 『전환기의 북한사회 통제체제』(서울: 통일연구원, 1999), pp. 11~13.

고 김일성은 영원한 국가 주석이라고 했습니다. 그래서 김정은은 국방위원장이라는 용어를 사용하지 못하고 국방위원장이 아닌 국무위원장이 되었습니다. 국무위원장은 북한의 최고 영도자로서 공화국 무력의 총사령관이 되며 국가의 무력 일체를 지휘통솔합니다. 대내외 사업을 비롯한 국가사업 전반을 지도하며 국무위원회 사업을 직접 지도합니다. 또한 중요 간부의 임명, 해임, 외국 주재 외교대표 임명소환, 외국과의 중요 조약 비준과 폐기를 결정하고 특사권을 행사하며, 전시에 최고사령부를 조직합니다.

2019년 8월 개정된 헌법에서 "국무위원회 위원장은 국가를 대표하는 조선민주주의인민공화국의 최고령도자"로 규정했습니다. 그리고 국무위원장이 "최고인민회의 법령, 국무위원회 중요 정령과 결정을 공표" 하며 "다른 나라에 주재하는 외교대표를 임명 또는 소환"하는 내용으로 그 권한과 역할을 확대[5]했음을 밝혔습니다.

2 최고인민회의

최고인민회의는 북한 헌법상 입법권을 행사하는 북한의 최고의 주권기관입니다. 형식적인 국가의 대표인 최고인민회의 의장은 우리의 국회와 유사한 기능을 하고 있습니다.

최고인민회의는 명목상 다음과 같은 위상을 가지는 것으로 되어 있습니다. 최고인민회의는 헌법과 법령을 제정 또는 수정하며 대내외 정책의 기본원칙을 세우고 국무위원회 위원장과 위원, 최고인민회의 상임위원장과 위원, 내각 총리, 중앙재판소장 등을 선출하고 소환합니다. 그 밖에 국가의 인민경제 발전계획 및 국가예산 심의 승인과 조약의 비준 폐기권을 가진다고 합니다. 그러나 실질적인 결정은 당중앙위원회에서 결

5 통일교육원, 『2021 북한 이해』(통일교육원 연구개발과, 2021), p. 65.

정한 내용을 추인하는 수준으로 결국 당의 시녀 역할에 그치고 있는 현실입니다. 한 예로 최고인민회의 개최에 앞서서 소집된 당중앙위원회 전원회의나 당대표자회의가 사업계획과 인사 문제를 결정하고 이를 추인하는 형식으로 최고인민회의를 이용합니다. 이러한 사항은 최고인민회의의 분과위원장을 당비서가 겸임하고 있으며, 각각의 회의가 열리는 시점과 논의하고 의결된 내용을 비교해보면 알 수 있습니다.

김정일 시대까지는 형식상 국가대표기관으로 최고인민회의 의장이 외국 대사를 접견하는 모습을 간간이 보여줬으나 최근 김정은 집권 이후 국무위원장 김정은의 권한으로 바뀌었습니다.

북한의 헌법은 1948년 9월 8일 '조선민주주의인민공화국 헌법'이 제정된 이후 여러 차례 변경되었습니다. 최초의 헌법은 1946년 2월 창설된 북조선임시인민위원회에 의해 제정되어 북한의 공산주의국가 체제의 성격과 권력구조를 명확히 했습니다.

이 헌법은 1972년에 사회주의 헌법으로 개정했습니다. 북한이 사회주의 국가로서 3대 혁명을 추진해 사회주의 완전 승리를 거쳐 공산주의로 나아가는 내용과 김일성 유일체제에 관련 내용을 담은 헌법으로의 개정이었습니다. 여기에서 공산주의가 아닌 '사회주의'라는 용어를 처음 반영했습니다. 사회주의라는 용어를 사용하여 인민들을 통합하려 했으며, 주체사상과 국가주석제를 헌법에 반영하여 국가통치 이념으로 반영했습니다.

주체사상은 헌법 개정 이전에 벌써 당 강령에 반영되어 당 차원에서 전국적인 교육과 실천을 강요하고 있었지만 1972년에 와서야 헌법에 반영하여 합법적으로 김일성을 국가 주석에 앉혀 놓았고 주체사상에 의한 통치를 공식화했습니다. 이전의 헌법에서 국가 활동의 지도적 지침인 주체사상 앞에 '마르크스-레닌주의를 우리나라 현실에 창조적으로 적용한'이라는 수식어가 붙었으나 1972년 개정 시에는 이를 삭제하여 주체

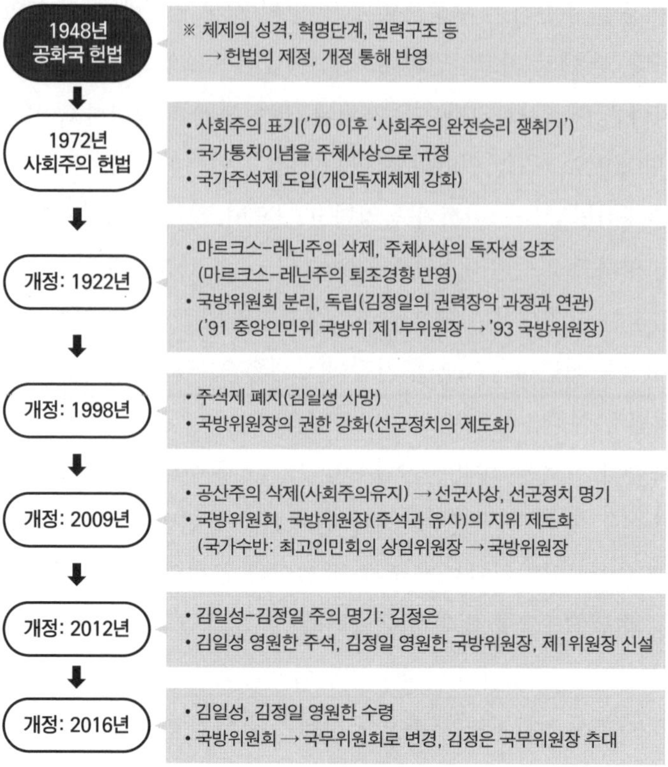

〈그림 4-6〉 북한 헌법 개정과정

사상이 완전한 국가지도 지침이 되었습니다.

1992년 헌법 개정은 소련과 동유럽 사회주의 국가들의 붕괴와 김정일으로의 권력 이양을 위한 개정이었습니다. 국방위원회와 국방위원장의 권한을 강화했고 이를 반영했습니다. 1998년 개정은 김일성의 사망에 따라 김일성을 영원한 국가 주석으로 높이는 김일성 헌법으로 불립니다. 김일성의 국가주석직을 최고로 올리기 위해 국가주석제를 폐지하고 후계자 김정일을 받들기 위해 국가 주석의 대부분 권한을 국방위원회에 이관하면서 형식적으로는 내각과 최고인민회의로 분산하는 방식을 적용했습니다.

그러나 고난의 행군을 겪고 난 2009년 개정에는 공산주의라는 용어조차 삭제하면서 국방위원장을 최고 영도자로 규정하여 김정일의 위상과 역할을 강화하면서 최고의 지도자로 높이고, 지도사상에 선군사상을 포함시킵니다. 2012년 김정일이 죽으면서 김일성-김정일주의라는 용어를 사용했습니다.

2012년 4월 13일 최고인민회의 제12기 제5차 대회에서 김정은을 최고영도자(국방위원회 제1위원장)로 추대하고, 사회주의 헌법 개정을 통해 북한이 핵보유국임을 헌법 서문에 명시했습니다. 또한 김일성을 영원한 주석으로 김정일을 영원한 국방위원장으로 명문화했습니다. 제13기 최고인민회의 제4차 회의(2016. 6. 29)에서는, 국방위원회를 국무위원회로 확대 개편하고, 김정은을 국무위원장으로 추대했습니다.

이렇듯 북한의 헌법은 근본원리인 헌법을 중심으로 체제의 유지와 발전을 위해서가 아니라 김일성의 독재와 3대 세습을 추인하는 과정에서 개정되어왔다고 할 수 있습니다. 즉 김일성의 독재를 위한 주체사상과 세습의 수단과 이를 정당화시키기 위한 헌법의 개정이 이루어졌습니다. 다시 말해 헌법의 개정을 이용하여 국가의 지도사상을 바꾸고 세습을 합리화·법제화시켜 국가의 성격도 마음껏 바꾸어나가는 수령 1인 국가의 모습을 적나라하게 보여주고 있음을 알 수 있습니다.

3 내각

북한의 행정기관은 우리의 정부에 해당하는 내각과 우리의 지방자치단체에 해당하는 도·시·군 인민위원회 등으로 구성되어 있습니다. 내각은 행정적 집행기관이며 전반적인 국가관리기관입니다. 또한 내각은 자기 사업에 대하여 최고인민회의 앞에 책임지도록 명시되어 있습니다. 따라서 당과 최고인민회의의 통제에서 사업관리를 하고 있음을 알 수 있습니다. 내각은 총리, 부총리, 위원장과 각 성과 그 밖의 필요한 성원들로 구성되고 총리는 최고인민회의에서 선출되어 5년의 임기이며, 정부대표로서의 권한을 갖고 있습니다.

내각은 1972년 사회주의 헌법 개정과 함께 정무원으로 변경되었으나, 1998년 헌법 개정 시 내각으로 부활되어 전반적 국가관리기관으로서의 국방 분야를 제외한 대부분의 행정 및 경제 관련 사업을 관할합니다.

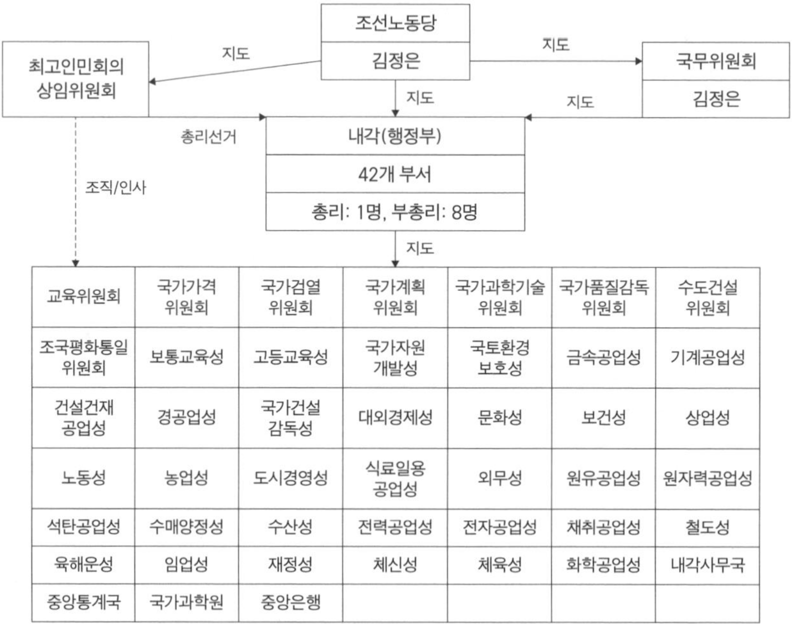

〈그림 4-7〉 북한의 행정기관 구성도

앞에서 설명했듯 내각은 철저하게 당의 지배를 받고 당에 의해서 결정된 정책을 집행하는 최고의 행정기관으로, 김정일 시대에 국방위원회 예하로 들어가 직접적으로 통제받도록 변경되었습니다. 내각에 소속된 각 위원회, 성은 집행기관이자 관리기관으로 역할을 수행합니다.

이러한 북한의 내각 내면을 보면 북한의 최고행정 집행기관이지만 조선로동당 및 국무위원회의 지도를 받아서 임무를 수행하는 단지 실행 부서임을 알 수 있습니다.

4 사법기관

북한의 사법기관은 우리 한국과 형식적인 체계는 유사한 모습을 보이고 있습니다. 사법기관의 조직체계에서 검찰과 재판기관이 구분되어 있고 관계 법령의 규정만으로는 우리와 큰 차이는 없어보입니다. 그러나 문제는 북한의 사법제도의 본질과 운영의 실제를 파악하기 어렵다는 데 있으며, 실질적인 사법권의 행사 측면에서우리와 큰 차이가 있습니다.

검찰기관

북한은 헌법에 검찰기관의 구성, 임무 및 내부 관계 등에 관한 자세한 규정을 두고 있습니다. 북한 헌법이 검찰에 관해 이와 같이 명문화 규정을 두는 것은 사회주의 국가에서 검찰기관이 갖는 특수한 기능 때문입니다. 북한의 검찰은 법 집행 기능과 더불어 체제수호 기능을 수행하고 있습니다.

북한의 검찰은 중앙검찰소 산하에 도·시·군 검찰소 및 특별검찰소를 두고 있습니다. 북한 검찰은 하급 검찰소가 상급 검찰소에 절대 복종하는 '검찰동일체'를 강조하고 있습니다. 검찰동일체의 강조는 사회주의 준법성을 보장하려는 검찰업무 수행의 일체성과 신속성을 보장하고, 당의 사법정책과 법령해석의 통일성을 확립하며 당 지도체제를 강화하는 목적이 있다고 보입니다.

중앙검찰소장의 임명과 해임은 최고인민회의가 담당하고, 각급 검찰소 검사의 임명과 해임은 중앙검찰소가 담당하며, 중앙검찰소는 최고인민회의에 책임을 집니다.

재판기관

북한의 재판기관은 노동당의 사법정책을 집행하는 역할을 담당하며, 전적으로 당에 예속되어 있어서 자율적이며 중립적인 사법적 판단을 기대하기 어렵습니다. 북한 재판기관은 검찰기관과 동일하게 중앙재판소 밑에 도(직할시) 재판소와 지방 인민재판소를 두며 이외에 특별재판소로 군사재판소와 철도재판소를 두고 있습니다. 물론 재판소는 중앙재판소부터 도시 인민재판으로 구분되어 있고 1심, 2심 체계로 되어 있지만 북한에는 특별하게 특별재판소라는 것이 있습니다.

〈그림 4-8〉에서 보는 바와 같이 중요한 사건과 중요하지 않은 사건으로 구분해서 중요하지 않은 사건은 시·군 재판소를 거쳐 도재판소에서 끝나는 2심으로, 중요한 재판은 도재판소와 중앙재판소로 가는 2심으로 끝납니다. 즉 모든 재판과정은 3심제도가 적용되지 않는다는 말입니다.

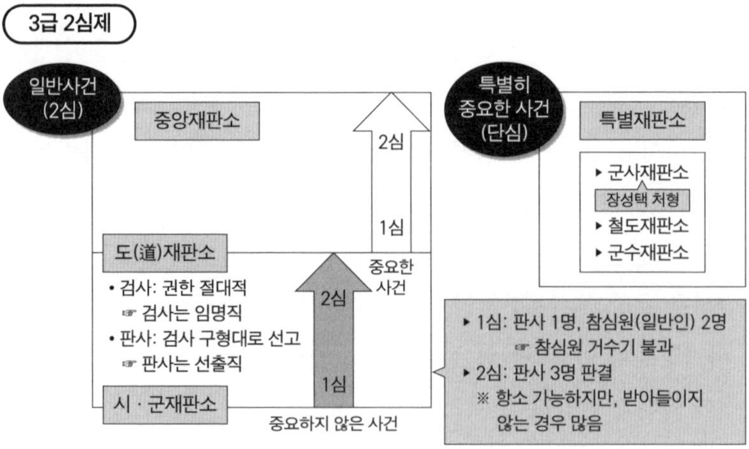

〈그림 4-8〉 북한의 재판기관

북한의 재판기관은 전적으로 당에 예속되어 자율적이며 중립적인 사법적 판단을 할 수 없는 제도입니다. 특히 군보위성의 판단에 따라 진행되는 특별재판은 단심제로 신속하게 진행됩니다. 특별히 중요한 사건은 기본적인 2심으로 끝나지 않고 단 1심으로 끝납니다. 그 중요한 예가 바로 장성택 처형 재판입니다. 장성택은 노동당 정치국 확대회의에서 숙청이 결정된 지 나흘 만인 2013년 12월 12일 국가안전보위부의 특별 군사재판에서 형법 제60조 '국가전복 음모행위'로 사형이 판결된 후 즉시 집행된 바 있습니다. 즉 재판에 관련되어서 형식적으로는 이렇게 3심 체계가 갖추어 있지만 실질적으로 당이 통제하고 당이 원하는 방식으로 처리합니다.

이렇듯 북한의 사법기관은 노동당의 사법정책을 집행하는 프롤레타리아 독재의 강력한 무기로 기능합니다. '계급적 독재 실현에 복무하는 법을 해석 및 적용하고 집행하는 재판기관들의 권력적 활동'이라고 규정하고 있습니다. 이는 법 집행이 노동당에 전적으로 예속되어 있다는 것을 말하고 있습니다. 재판기관의 경우 우리와 확연하게 다른 이유는 북한의 재판소는 전적으로 당에 예속되어 있기 때문입니다. 따라서 사법기관 자체가 자율적·중립적·사법적 판단으로 운용되는 것이 아니라 당의 지침에 의해서 판단하는 기관에 불과한 수준으로 봐야 합니다.

4. 김정은 체제로의 3대 세습

북한은 김일성으로 시작되어 김정일, 김정은까지의 3대 세습을 성공했습니다. 이러한 사실은 왕조시대를 제외하고 세계적으로도 유례가 없습니다. 북한의 세습은 북한의 정치체제인 수령제와 밀접하게 연계되어 있습니다. 흔히 "공산당이 지배하고 국가기관이 관리한다"라는 말이

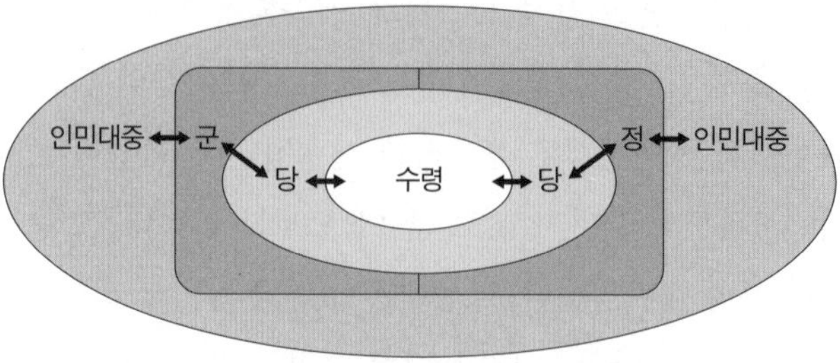

〈그림 4-9〉 '수령 중심의 당-국가체제'의 상호관계도

존재하는 체제[6]입니다.

1970년대까지 북한을 비롯한 공산주의 국가의 속성을 '당-국가체제'라 하여 당이 전반적으로 국가를 지배한다고 했습니다. 그러나 주체사상의 극단적인 모습으로 1986년 발표된 '사회정치적 생명체론' 이후 '수령 중심의 당-국가체제'라는 용어로 북한의 속성을 표현하고 있습니다. 북한을 사람으로 간주해보면 머리의 뇌수가 수령이며, 골절과 신경조직은 당, 그리고 손발이나 감각기관 등은 인민이라고 합니다. 북한은 머리(뇌수)의 결심에 따라 온몸이 움직여야 한다는 하나의 생명체라는 논리를 펼치고 있습니다. 즉 북한은 수령을 정점으로 하여 수령이 결심하면 당이 중간 역할을 하고, 당의 지침에 따라 군과 인민은 움직이라는 것입니다.

그리고 1987년에 '주체의 혁명관'을 발표합니다. 당은 수령을 중심으로 하는 당조직의 결합체임을 강조한 말입니다. 즉 이는 주체사상의 최고의 주장으로 사회정치적 생명체론에 덧붙여 이에 대한 논리를 더 갖추려는 의도로 보입니다. 김일성의 혁명정신은 곧 주체이고 곧 당의 기본사상이기 때문에 당은 수령의 당이라는 의미입니다. 따라서 당에 대한

6 장달중 외, 앞의 책, p. 63.

관점과 입장은 수령에 대한 관점과 입장을 같이해야 한다는 것입니다.

북한 평양의 사진들을 보면 이러한 구호를 심심치 않게 볼 수 있습니다. “당이 결심하면 우리는 행한다.” 이는 당이 한다면 인민은 무조건 따라와야 한다는 의미이고, 당의 결심은 곧 수령의 결심이라고 본다면 ‘수령 중심의 당-국가체제’라는 의미를 이해할 수 있습니다.

❶ 김일성-김정일-김정은으로 연결된 3대 세습

김정일의 후계자 과정은 1970년대 초반부터 시작하여 20여 년간을 거쳐 공식화되었지만, 김정은은 3년이라는 짧은 기간에 지도자가 되었습니다. 이렇게 많은 차이가 나기에 둘의 권력 쟁취 과정은 비슷한 것 같지만 사뭇 다르게 진행되었습니다.

〈그림 4-10〉[7]에서 김정일과 김정은이 권력을 세습하는 과정을 비교하고 있습니다. 김정일은 1970년 당정치위원과 조직지도부장을 맡으

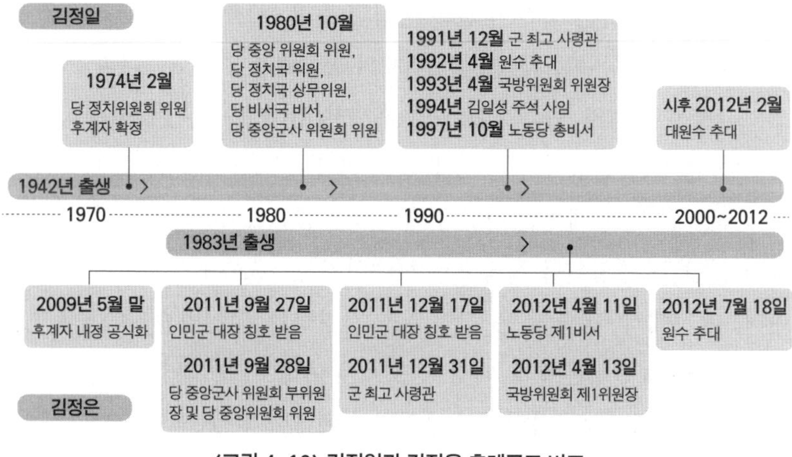

〈그림 4-10〉 김정일과 김정은 후계구도 비교

---

7 김계동 외, 『북한의 체제와 정책』(서울: 명인문화사), p. 15.

면서 지도자 실습을 해왔고 1994년 아버지 김일성이 사망했지만 곧바로 지도자로 선포하지 않고 4년이 지난 이후 국방위원장의 직책을 부여받았습니다. 또한 통치 초기 유훈통치, 즉 아버지의 뜻을 바꾸지 않고 그대로 통치하면서 김일성을 높이 세웁니다. 그만큼 김일성을 뛰어넘는 지도자로 지칭되기를 꺼려했습니다. 왜냐하면 김일성을 너무나 과도하게 띄워놨기 때문에 김정일이 곧바로 김일성을 능가하지 못하기 때문이겠죠. 그래서 주체사상을 '김일성주의', 헌법도 '김일성 헌법' 등으로 부르게 했고, 결국 1998년에야 기존에 없던 국방위원회라는 기관을 만들어 위원장에 앉아 국가를 통치하는 기이한 국가체계를 만들어 통치했습니다.

2 김정은의 주민 지지 획득과 세습의 공고화

김정은은 아버지 김정일과는 달리 빠른 시간 내에 지도자가 될 수밖에 없었습니다. 짧은 후계과정을 거치면서 급하게 당조직과 군부를 장악해야 했기에 과격한 방식을 동원했습니다. 김정일 사후 체제의 안정적 유지를 가장 중시하는 북한 정권은 김정일 유훈, 체제 정통성, 군부 통제, 내부 결속 유도 등을 통해 김정은 체제의 공고화를 추진했습니다.

김정은 체제의 구축은 2009년 후계자로 내정되면서부터 시작되었습니다. 김정은 찬양가로 알려져 있는 '발걸음'을 대대적으로 보급하는가 하면, 4월 14일 개최된 김일성 생일기념 중앙보고대회에서 한동안 나오지 않던 "당중앙위를 목숨으로 사수하자"는 구호가 등장하기도 했습니다. 여기에서 '당중앙'은 김정은을 지칭하는 말이었습니다. 그리고 2010년 9월에 김정은에게 '대장' 칭호를 부여했고, 2010년 9월 당대표자회의에서는 '당중앙군사위원회 부위원장'에 임명되었습니다. 2011년 12월 김정일 사망 추도대회에서 김정은이 '당과 군대와 인민의 최고령도자'로 선언되었으며, '인민군 최고사령관'으로 추대했습니다. 이어 2012년 4월 당대표자회의와 최고인민회의를 통해 당·군·정의 최고 직위에 추대되어 권력 세습을 완료하는 모습을 보였습니다.

이후 최고인민회의에서 북한 정권의 권력구조는 김정은 중심으로 개편되었습니다. 또한 당규약과 헌법 개정을 통해 '김일성-김정일주의를 유일지도사상'으로 하고, 당의 최고 강령으로 내세우는 등 김정은 체제의 제도적·이념적 기반을 갖추었습니다. 한편 북한은 김정은 체제 구축에 대한 정통성을 확보하기 위해 김일성을 강조하는 모습을 보이고 있습니다. '김일성 민족', '김일성 조선'이라는 용어를 사용하면서 3대 세습의 당위성을 보이면서 김정은의 권위를 절대화하고 1인 독재체제를 당연시하는 선전이 증가했습니다.

마지막 방점은 2021년 1월 제8차 당대회에서 김정은을 '총비서'에 추대한 것입니다. 이는 김정은이 선대와 같은 반열에 오른 것을 의미하며, 북한은 명실상부한 김정은 시대라는 것을 말하고 있는 것입니다.

북한에서의 권력세습이 가능하게 한 또 다른 요인으로 고려-조선으로 연결되는 왕조문화와 전통문화에서 오는 유교적 도덕의식도 중요한 기반이라고 여겨집니다. 조선왕조 시대에 백성들은 왕에 대한 무조건적인 충성심을 요구한 것같이 북한에서 수령은 왕과 같아 '어버이 수령'으로 호칭하는 절대적인 존재이기 때문에 그 후계자에게도 무조건 복종해야 한다는 것입니다. 이러한 사고방식에 따라 인민대중은 수령과 그 후계자를 무조건 믿고 따라가도록 체계화되어 있습니다.

그러나 이러한 사상체계는 북한에게 또 다른 경직성으로 나타나게 되었습니다. 북한 헌법에 김일성이 '사회주의 조선의 시조'로 나와 있듯이 북한 주민들은 김일성을 영원한 수령으로 인식하고 있습니다. 물론 김정일과 김정은은 수령의 후계자입니다. 수령의 혁명사상을 계승하는 것을 사명으로 삼기 때문에 후계자가 선대 수령의 혁명사상과 어긋나는 정책을 펼 수가 없다는 것입니다. 김정일의 '유훈통치'를 내세울 수밖에 없었던 것도 이와 같습니다. 마찬가지로 김정일의 후계자인 김정은이 기존 노선과 반대되는 정책을 펼 수가 없었습니다. 그것은 정통성을 스스로 부정하는 결과이기 때문이었죠. 이 때문에 김정은의 정책은 변할 수 없으며 이러한 경직성은 북한의 경제적·문화적인 모든 분야에서의 발전을 저해하는 요인이 될 것입니다.

김정은이 세습을 성공한 이후 약한 권력 체계를 강화하기 위해 무리한 방법을 동원하게 됩니다. 그 첫 번째 방법이 숙청입니다. 김정은은 먼저 지휘체계가 확실한 군조직을 자기 세력화하였습니다. 중요 군 지휘관에 믿을 수 있는 자를 보직시키고 군을 안정화시킵니다. 그리고 어느 정도 안정되면 군 조직 외의 당과 행정기관의 수장들도 교체시켜 자신의 세력권을 확실히 구축합니다. 이 기간 중 조금이라도 위협이 되는 인물들을 해임하고 강등시키는 방식으로 조직을 장악하면서 동시에 당을 복원하는 방식으로 권력을 확고하게 강화했습니다.

이 방식의 희생자가 김정은 세습 초기 총참모장을 역임했던 이영호입니다. 이영호는 김정은 시기에 최고의 권력을 지속할 줄 알았는데 시간이 지나면서 이영호는 숙청되었고, 이후 김경식도 마찬가지였습니다. 정치권에서는 장성택의 처형이 숙청의 마무리였습니다. 이로써 우리는 모든 권력을 김정은이 끌어들이는 모습을 지켜봤습니다. 즉 자신의 세력에게 자리를 주어 안정시킨 이후에 다시 빼앗는 방식을 이용하여 권력을 확보했다고 분석됩니다.

다음은 전방 시찰을 통해서 자신의 권력을 확인시키고 인민에게 복지나 은혜를 베푸는 방식으로 북한 인민들로부터 신뢰를 받는 행태를 보여주었습니다.

김정은은 급하게 세습하면서 인민들로부터 인정받기 위한 여러 노력을 하게 되는데 그중 이를 가장 잘 보여준 방법으로 바로 인민들을 사랑한다는 메시지를 꾸준히 보여주는 것이었습니다. 김정은은 주민들과 밀접한 행사를 많이 하고 있습니다. 북한의 매체를 보면 김정은이 주민

〈그림 4-11〉 김정은 집권 초기의 모습

〈그림 4-12〉 주민 친화활동

들을 위한 활동을 다각도로 보여주면서 지지를 얻으려는 모습을 많이 비추고 있습니다.

집권 이후 김정은은 핵을 지속적으로 향상시켜나가고 미사일도 반복해가며 쏘면서 인민경제가 어렵게 되었습니다. 국제적인 제재를 당했고, 중국을 통한 원조가 끊겼으며, 여기에 장마 등의 자연재해가 덮친 가운데 최근 코로나 여파로 국가 경제는 말 그대로 쑥대밭이 되었습니다. 그러자 김정은은 이러한 경제적 어려움을 경제 책임자에게 전가하는 모습을 보이기도 했습니다. 2020년 경제개발 5개년 계획의 마지막 해로 성과가 없자 김정은은 경제발전의 실패를 시인했습니다. 그러면서 보고를 받는 자리에서 책임자를 일으켜 세워 질책하는 장면을 전 인민들에게 보여 인민들의 불편을 경제 일꾼들에게 전가하기도 했습니다. 이렇듯 인민들을 사랑한다는 모습을 의도적으로 보이면서 주민들의 지지를 획득하고 있습니다.

공산주의 국가들은 최고지도자의 현지지도를 통치에 적극적으로 이용했습니다. 현지지도는 단순히 둘러보는 것이 아니라, 인민들을 직접 만나고 생산 현장에서 발생하는 문제를 해결하기 위한 해결책을 제시하는 기능이 있듯이 현지지도는 수령과 인민대중을 이어주는 것으로 매우 중시됩니다.

북한 김일성은 현지지도를 통해 북한의 정치, 경제, 군사, 사회 및 문화예술 등 각 분야의 정책 집행과정을 직접 이해하고 제기되는 문제점들을 파악함으로써 새로운 정책 방향을 제시하거나 사업의 진척을 독려하곤 했습니다. 그리고 동시에 탁월한 능력을 지닌 지도자로 만들어졌습니다. 이러한 사업방식은 김정은에게도 그대로 이어졌습니다.

김정은의 현지지도에 따라 현장에는 적절한 물질적 인센티브가 주어집니다. 최고 지도자가 사업의 결과에 만족하면 일꾼들에게 많은 혜택이 돌아가게 했습니다. 이러한 방법은 김정은에 대한 충성심을 고양하는데 아주 효과적이었습니다. 문제점도 해결해주는 동시에 잘한 일에 대한 보상이 뒤따르는 현지지도를 주민들이 좋게 받아들이게 된 것입니다. 또한 현지지도를 통해 성과를 본 사업은 전국적으로 홍보됨과 동시에 전 인민이 관심을 갖게 하는 국가적인 홍보로써도 만점이며, 이러한 효과를 김정은이 잘 활용하고 있습니다.

5장

군사정책과 군사력: 북한은 백만이 넘는 군사력을 왜, 어떻게 유지할까?

총인구가 2,600만 명밖에 되지 않은 국가인 북한에서 120만 명이라는 대군, 그 많은 병력을 어떻게 획득할까? 또한 많은 부대를 운용하고 필요한 전투장비를 구매하는 데 소요되는 예산은 얼마이며 어떻게 마련할까? 그리고 평시부터 이 많은 군을 어떻게 일사불란하게 움직일 수 있을까? 이러한 의문을 하나하나 파헤쳐보겠습니다. 이러한 무지막지한 병력을 유지하고 훈련을 시키고 있는 곳은 북한이 유일합니다. 꿋꿋하게 버티면서 정권의 든든한 뒷받침으로 간주되는 북한군에 대해 알아보겠습니다.

1. 공산주의 국가에서의 군(軍)

공산국가에서의 군은 자유민주주의 국군과 다른 '인민군'이라고 부릅니다. 대한민국의 군은 국민의 군, 국가의 영토와 국민의 생명과 재산을 지키는 국가의 군이지만, 공산국가에서는 인민의 군입니다. 좋은 말로 보입니다만 한 번쯤은 생각해봐야 할 내용이 있습니다.

인민이라 함은 계급적으로 노동자·농민의 프롤레타리아 계급을 의미한다고 했습니다. 즉 적대계급인 부르주아는 인민에 포함되지 않습니다. 그러니까 프롤레타리아 계급만을 위한 군대입니다. 따라서 계급투쟁을 위한 무력집단이 필요했고, 이 필요성에 의해 인민군을 만들었습니다. 중국의 인민전쟁론에서 마오쩌둥은 인민이 주체가 되어 혁명을 쟁취해야 하고 이때 반드시 무력이 필요하다고 주장했습니다. 북한도 공산혁명의 필요성에 의해 군이 만들어졌으며, 공산국가를 수립했음에도 남쪽의 혁명을 위해서라는 구실로 군을 대규모로 건설·유지하고 있습니다. 이러한 의미로 북한군은 군건해야 하고 혁명의 제일선에 설 것을 강조하고 있는 것입니다. 그리고 인민들도 군과 같이 혁명의 길로 몰아세우고 있게 되는 것입니다.

평상시에도 공산주의 국가에서의 군은 민주주의 국가와는 달리 국가 내에서 정치적·경제적 및 사회적 역할이 지대합니다. 북한에서 군은 군사적인 기능 외에 정치·경제적으로 큰 역할을 하고 있습니다. 김일성 사망 이후 최고지도자로 등장한 김정일은 '선군정치', '선군사상'이라는 정책으로 국가를 운영하기도 했습니다. 김정은도 김정일 시대의 '국방위원회'를 확대한 국가기구인 '국무위원회'의 위원장 직책으로 국가를 이끌고 있습니다.

군의 경제 및 사회적인 역할에서도 군은 동원을 손쉽게 할 수 있는 가장 효율적인 조직입니다. 6·25전쟁 이후 전후 복구사업에 군이 전면에 투입되었으며, 1980년대 '고난의 행군' 시기에는 대대적으로 군을 동원하여 각종 경제적 성과를 거둬 다른 산업에 확산하여 선도하는 기능을 수행했습니다. 김정은 시대에도 군은 평양 10만 호 주택건설, 원산 갈마 해양관광지구 건설, 단천발전소 건설 등에 주도적인 역할을 했습니다.

이처럼 군은 북한 사회에서 가장 전문화된 동원집단으로서 인민들이 본받고 배워야 할 대상이 되었습니다. 또한 북한 사회의 주류 계층인 노동당원이 되기 위해서는 군 복무는 필수적인 경력으로 알려져 있을 만큼 북한에서 군이 갖는 사회적 위상은 우리의 상상을 초과한다고 합니다.

그러나 아무리 군을 우대한다고 하더라도 원칙적으로 북한에서의 군은 당의 군대, 수령의 군대라는 것입니다. 인민들을 대표하는 것이 노동당이기 때문에 당이 군을 통제·지휘해야 한다는 것입니다. 북한은 철저하게 당에 의한 군의 통제를 강조합니다. 당중앙군사위원회에서 군에 대한 모든 정책을 수립하고 지침을 내려 통제하고 있습니다. 따라서 우리의 군에 대한 개념이 아닌 인민의 군이며 당의 군대이고 수령의 군대임을 이해하기 바랍니다.

2. 북한의 전쟁관과 4대 군사노선

북한의 전쟁관은 북한이 군사정책을 어떠한 개념으로 수립했느냐를 잘 알 수 있는 내용으로 이를 함축적으로 잘 보여주는 정책이 바로 '4대 군사노선'입니다. 북한의 전쟁론은 먼저 마르크스-레닌에 의한 계급전쟁 불가피론을 그 기반으로 하고 있습니다. 마르크스가 주장하는 공산주의 이데올로기는 프롤레타리아, 즉 다수의 계급이 주인이 되기 위해서는 소수의 부르주아 계급을 뒤엎어야 한다는 이념에서 출발합니다. 다시 말해 계급투쟁을 통해서 부르주아 계급을 척결하는 혁명을 해야 된다

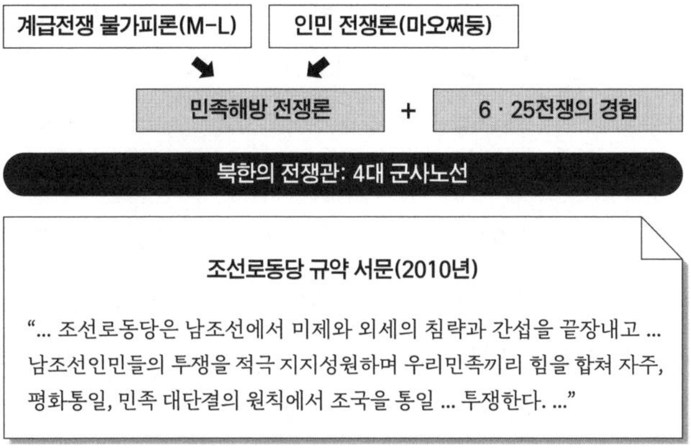

〈그림 5-1〉 북한의 전쟁관과 4대 군사노선

는 것입니다. 혁명을 위해서는 무력투쟁이 필요하고 따라서 계급투쟁에서 전쟁은 필수적이라고 합니다.

북한은 마르크스 이념에 마오쩌둥의 인민전쟁론을 받아들여 북한에 적합하게 결합시켰습니다. 중국의 경우 인민의 대부분이 농민인 상황에서 농민이 혁명의 주체가 되어 혁명을 수행해야 했고, 농민을 의식화시켜 계급전쟁에 활용했습니다. 북한도 이와 동일하게 인식했습니다.

북한의 전쟁관은 앞서 설명한 마르크스와 민족해방전쟁론의 두 개념을 합쳐 태동했습니다. 여기에 6·25전쟁의 경험을 합쳐 군사는 이렇게 운용해야 하고 평상시 이렇게 준비하고 전시에는 이렇게 싸워야 된다고 하는 내용을 결합하여 북한의 전쟁관을 형성했고, 이를 현실적으로 구체화한 정책이 '4대 군사노선'입니다. 단순 개념이 아닌 실행 수준의 정책으로 앞으로의 전쟁에는 "이렇게 싸워야 한다. 이렇게 준비하자"라는 나름대로의 전쟁을 위한 정책입니다.

상기와 같은 북한의 전쟁관은 아래 「조선로동당규약」 서문에 잘 표현되어 있습니다.

"조선로동당은 남조선에서 미제와 외세의 침략과 간섭을 끝장내고 (중략) 남조선 인민들의 투쟁을 적극 지지성원하며 우리 민족끼리 힘을 합쳐 자주, 평화통일, 민족대단결 원칙에서 조국을 통일 (중략) 투쟁한다."

일반적으로 한 나라의 지도자는 국가이익을 항상 머리에 두고 목표를 설정하고 정책을 펼치게 됩니다. 대한민국의 경우 국민의 안녕과 발전을 국가목표로 하고 이어 한반도를 평화통일 한다는 국가목표를 앞에 세우고 이를 위한 정책을 펼칩니다. 이에 반해 북한은 한반도의 혁명화에 목표를 두고 있습니다.

북한의 군사정책은 한반도 적화통일에 김일성의 전쟁관의 개념이 합쳐져 〈그림 5-2〉의 4대 군사노선이 되었습니다. 김일성의 전쟁관에 6·25전쟁의 경험과 평가가 큰 영향을 끼쳤습니다.

예를 들어 전 인민의 무장화는 6·25전쟁을 일으킨 북한이 서울을 점령한 이후 신속히 공격하여 8월 초에는 낙동강까지 밀고 갔으나 부산을 점령하지 못한 주 원인을 병력부족으로 분석했습니다. 이러한 분석에

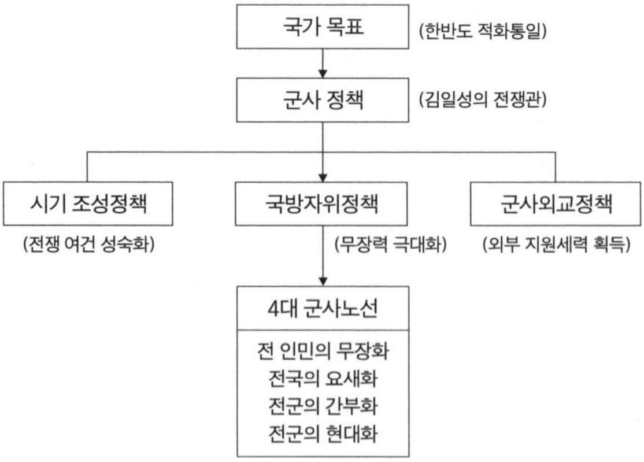

〈그림 5-2〉 북한의 군사정책 체계

출처: 육군사관학교, 『북한학』(서울: 황금알), p. 21.

서 나온 노선이 전 인민의 무장화입니다. 또한 전국의 요새화는 휴전회담 협상과정에서 공산 측이 합의에 거부하자 유엔군은 북한 지역에 엄청난 폭격을 했습니다. 철도, 교량 등 군수물자 이동을 저지하는 목표물이 주된 목표였지만 평양도 목표가 되어 제대로 된 건물이 없을 정도로 폭격을 했습니다. 이러한 연유로 4대 군사노선에 전국의 요새화라는 구호가 나왔다고 합니다. 4대 군사노선은 1960년대 후반기에 채택되어 북한을 병영국가로 만드는 데 주축이 된 군사분야 최고의 정책으로 시행되었습니다.

4대 군사노선을 더 구체화해서 알아보겠습니다. 전군의 간부화는 일당백이란 말 들어봤죠. 일개 하전사라도 간부처럼 생각하고 행동해야 객이 아닌 주체성을 가진 주인이 된다는 의미입니다. 이 전군의 간부화는 정신력을 높여 전체적인 전투력의 효율성을 높일 수 있는 구호로 볼 수 있습니다.

〈표 5-1〉 4대 군사노선

노선	정책 목표	비고
전 인민의 무장화	노동자 · 농민을 비롯한 전체 근로자 계급을 정치사상적 · 군사기술적으로 무장	노농적위군(1959) 교도대(1962) 인민경비대(1965) 붉은청년근위대(1970)
전국의 요새화	전 국토에 광대한 방위시설을 축성하여 철벽의 군사 요새로 건설	군사시설 지하화, 주요시설 진지화
전군의 간부화	정치 · 사상 · 군사 기술적으로 단련하여 유사시에 한 등급 이상 높은 직무 수행	전술수행능력 향상
전군의 현대화	현대적 무기와 전투기술 기재로 무장, 현대적 군사과학과 군사기술 습득	북한식 교리 개발, 군수산업의 육성

전군의 현대화는 현재의 북한 핵과 미사일을 보면 알 수 있는 대목입니다. 1970년대 중소의 대립과 한국의 자주국방에 위기를 느낀 북한

이 중점을 두고 추진한 결과로 1980년대와 1990년대까지는 한국에 대해 재래식 전투장비와 전쟁준비에 훨씬 우위를 지킬 수 있었습니다. 그리고 전 인민의 무장화는 노동자, 농민, 전체 근로자 계급을, 필요에 따라서는 학생들까지 군인화한다는 정책의 일환으로 현재 120여만 명의 대군을 양성할 수 있는 지침이었습니다. 전 인민을 군사적 사상과 군사기술로 무장시키는 선전과 홍보도 매우 중요한 국가정책이었습니다. 다음으로, 전국의 요새화는 앞서 설명한 내용과 같이 전 국토에 방대한 대공방위시설을 갖추고 철벽의 군사 요새로 만들겠다는 내용입니다. 이러한 네 개의 군사노선을 가지고 구체적으로 1970~1980년대 북한이 군사적으로 남한을 압도하는 전투력을 육성할 수 있었습니다.

3. 북한군의 성격과 조직(북한군 = 당의 군대 = 수령의 군대)

"전쟁은 다른 수단에 의한 정치의 연속이다." 이 말은 프러시아의 유명한 군사사상가인 클라우제비츠의 말입니다. 클라우제비츠는 나폴레옹 전쟁에서 모국인 프러시아가 패배한 원인을 분석하면서 『전쟁론』을 저술했고, 이 책에서 전쟁을 위와 같이 정의했습니다.

공산주의 국가들은 이 정의를 차용하여 전쟁의 불가피성을 설명했습니다. 전쟁과 정치의 관계에 대해 자신들의 논리를 정당화하고 있습니다. 즉 정치하기 위한 외교, 경제적인 협조 등 다른 수단보다도 공산주의자들은 군사라는 수단을 우선으로 채택한다는 것입니다.

북한군의 성격을 보면 대외적으로는 당의 군대입니다. 당에서는 최고의 목표를 혁명으로 두었기 때문에 혁명의 군대, 혁명의 수호자, 내지는 혁명을 완성시키는 조직입니다. 그리고 내적으로 본다면 수령의 군대, 대외적으로는 자유와 남조선 혁명을 위한 조직으로 분석할 수 있습니다.

김정은이 권력 장악에서 제일 먼저 군의 지휘관들을 교체한 것을 볼 때 군 장악의 중요성을 드러냈습니다. 군조직이 갖고 있는 중요성과 군의 정치적 의미를, 그리고 실천적으로는 군 지휘권 장악이 국가 통치권의 맥이란 것을 잘 알았으리라 판단됩니다.

북한의 실질적인 군 지휘는 국무위원회 위원장 겸 최고사령관[1] 김정은이 쥐고 있습니다. 김정은은 군뿐만 아니라 당의 제1비서로서 조선로동당 위원장, 당중앙군사위원회 위원장의 직책으로 당의 최고책임자로서 역할을 하고 있습니다. 특히, 행정의 최고 기관인 국무위원회 위원장 직함으로 '김정은 1인 국가체제'를 갖추었습니다. 김정은이 당과 군, 그리고 정까지 모든 권한을 쥐고 있기 때문에 당이 우선이니 군이 우선이니라는 논란은 별 의미가 없어졌습니다.

1 북한군의 조직과 지휘관계

북한군은 조선로동당과 당중앙군사위원회의 통제하 국무위원회의 지도를 받아 움직입니다. 2016년 5월 개정된 당 규약에서 '당대회와 당대회 사이에 군사 분야에서 나서는 모든 사업을 당적으로 조직 지도한다. 당의 군사노선과 정책을 관철하기 위한 대책을 토의 결정하며 혁명무력을 강화하고 군수공업을 발전시키기 위한 사업을 비롯하여 국방사업 전반을 당적으로 지도한다'고 규정하고 있습니다. 즉, 당중앙군사위

1 조선인민군 최고사령관은 북한군 통수 계통의 가장 높은 직책이다. 한국전쟁 발발 직후인 1950년 7월 5일 군 지휘체계 강화조치의 일환으로 비상설기구로 만들었고, 김일성이 임명되었다. 1972년에 헌법을 개정하면서 주석은 "조선민주주의인민공화국 전반적 무력의 최고사령관, 국방위원회 위원장이 되며, 국가의 일체 무력을 지휘통솔한다"고 규정함에 따라 이 직책이 상설화되었고, 이후 주석인 김일성이 조선인민군 최고사령관직을 겸직했다. 이후 1991년에 김정일이, 2011년 김정은이 최고사령관에 추대되었다. 한국민족문화대백과사전, http://encykorea.aks.ac.kr/Contents/Item/E0070653

원회는 조선로동당의 군에 관한 최고기구라는 것입니다.

북한군 조직 및 지휘 관련 북한의 헌법이나 발표 등을 고려해볼 때 〈그림 5-3〉과 같은 체제라고 판단됩니다. 군과 관련된 모든 정책과 운용 방침은 당중앙군사위원회가 결정하면 집행기관인 국무위원회에서 확인·평가하는 체계입니다. 김정은이 집권하면서 국무위원회는 군 전체를 감시와 신변안전을 보장하는 임무를 수행하는 호위사령부와 보위사령부를 직접 통제하도록 예하 조직으로서 조직체제를 구축했으며, 예하에 총정치국, 총참모국, 인민무력성의 세 개 조직을 통해 군의 실질적인 통제와 운용을 합니다.

총정치국은 당의 군내 집행기구로 당조직과 정치사업을 관장하고, 군을 통제하는 역할을 수행합니다. 주요 기능은 군의 당 정치사업, 군 간부 선발, 군사작전 명령서에 대한 당적 통제 등으로 군의 모든 활동을 감시하는 군 내부의 당기관입니다.

총참모부는 최고사령관의 군령권을 실제 집행하는 기구입니다. 당

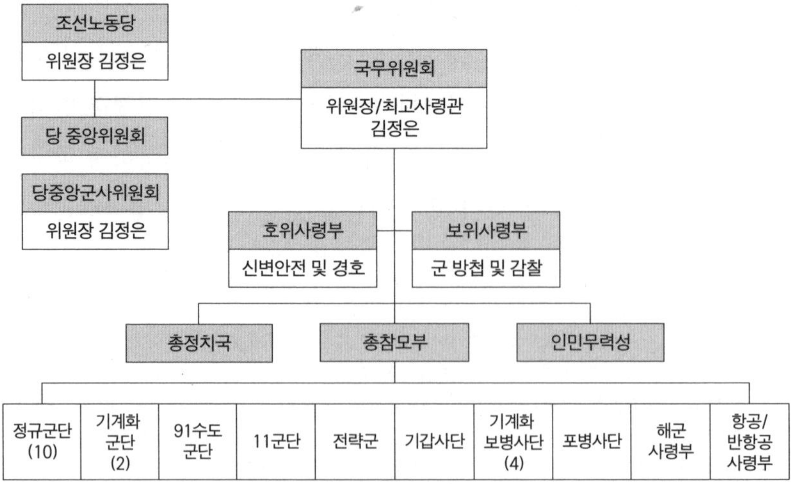

〈그림 5-3〉 북한군의 지휘체제

의 지도 아래 북한군의 무력 전반을 총지휘하는 군 최고 군사집행기관으로서 육·해·공군의 군사전략 및 군사작전을 지휘·관리·통솔하는 역할을 수행합니다. 총참모부는 산하에 10개의 정규군단, 두 개의 기계화군단 등 지상군부대는 물론 해군, 공군부대 등 육·해·공군·전략부대 모두를 지휘하는 통합군 지휘·참모조직입니다.

인민무력성은 대외적으로 군을 대표하며, 군 관련 대외업무와 군수 및 재정 등 군정(軍政) 기능을 수행합니다. 주로 군인들의 양성과 보충 업무나 보급품을 제조 공급하는 후방사업을 담당하고 있습니다.

2 북한군과 당조직과의 관계

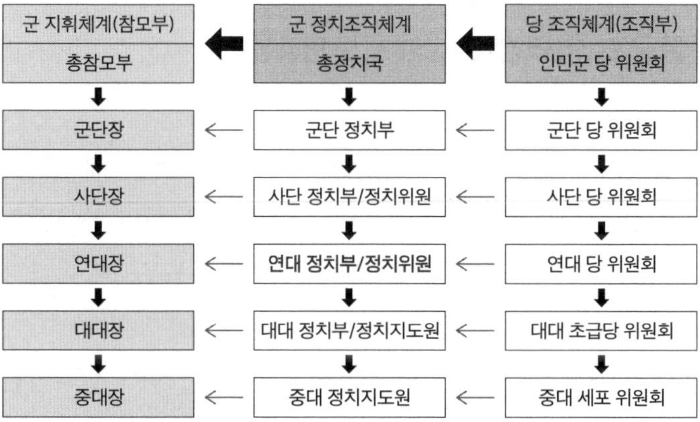

〈그림 5-4〉 군의 정치조직체계도

자유 민주국가의 군대와 북한과 같은 공산주의 국가의 큰 차이점이 이것입니다. 중대장부터 대대장, 연대장 등 일직선으로 연결된 수직구조는 우리와 같습니다 그러나 북한은 당조직의 당위원회가 각 제대에 모두 설치되어 있고 위원회에서 해당되는 그 부대를 통제하는 조직이 갖추어져 있습니다. 군 당위원회부터 그 하위의 대부대부터 소부대까지 편성되어 있는 것이 특징입니다.

예를 들어 연대장이 지휘하는 연대가 있으면 당에서 연대 정치위원회를 편성해서 보내서 연대의 활동을 통제하고 확인하는 임무를 부여합니다. 연대의 정치위원들이 연대장부터 각 지휘관들이 어떤 생각을 하고 부대를 지휘하는지 확인 통제하고 있습니다. 주요 인원들의 당성이나 능력은 있는지를 확인하고 그 내용을 직접 보고하고 있습니다. 이러한 방식은 군의 최고위인 총참모부부터 대대급까지 모두 편성되어 운용되고 있습니다. 즉 군대 내 중첩된 감시 통제조직으로서 그 역할을 수행하는 조직입니다.

4. 북한군의 병역제도(군 구조 및 병영생활)

일반적으로 북한의 복무기간은 지상군은 3년 6개월, 해·공군은 4년이라 하지만 실질적으로는 남자는 10년, 여자는 7년이며 하사관은 13년 복무한다고 합니다. 최초 북한은 1956년 '인민군 복무조례'에서 지원제로 발표했으나 사실상 징병제를 실시하고 있습니다.

특히 1993년 4월 북한이 핵개발을 시작하면서 NPT 탈퇴선언을 계기로 준전시 상태가 선포되자 '10년 복무연한제'[2]를 실시하게 됩니다. 이후 고난의 행군으로 군복무를 하던 군인들은 자의 반 타의 반으로 군에 계속 복무하게 되어 10년 복무, 20년 복무라는 말이 생겨나기도 했습니다. 또한 계속적인 식량난으로 젊은 여성들이 군에 많이 입대했다고 합

2 입대 시 나이에 상관없이 10년 기간을 복무하는 것으로 고급중학교 졸업 후 대학 추천자를 제외한 절대다수를 입대 대상자로 선발하여 의무 복무하고 있다.

니다. 대부분의 여군부대는 보급부대나 방공부대 등 독립적인 기능을 수행하는 부대에 편성되어 있습니다.

북한의 모든 남자는 만 14세가 되면 초모 대상자로 등록하고 군 입대를 위한 두 차례의 신체검사를 받으며, 고급중학교 졸업 후 대학에 입학한 인원 외에 모든 남자는 사단 또는 군단에 입대하게 됩니다. 물론 여성은 지원제를 채택하고 있으나 1990년대 식량난 이후 군에 입대하려는 지원자가 많은 편입니다.

군 입대가 허용되는 신체검사의 합격기준은 〈그림 5-5〉와 같습니다. 식량난 이후에는 기준이 낮아져서 신장 148센티미터, 체중이 43키로만 되어도 군에 가야 합니다. 사진은 2018년 태풍으로 임진강이 범람할 때 서해로 떠내려온 북한군 병사로 판문점을 통해 북쪽으로 돌려보낼 때의 모습입니다. 좌측은 미군, 우측은 한국군, 중앙의 돌려보내는 북한군의 사진을 보면 꼭 초등학생을 어른이 양쪽에서 손잡고 가는 모습으로 보이지 않습니까?

신검 합격기준

구분	신장	체중	시력
종전	150cm	48kg	
식량난(1994. 8.) 이후	148cm	43kg	0.4 이상

북한의 복무기간 결정

- 1958년 내각 결정 148호
  - 지상군: 3년 6개월 / 해 · 공군: 4년
- 노동당 군사정책 결정
  - ☞ 2003. 3. 전인민 군사복무제 법령 채택

〈그림 5-5〉 북한군 신검 합격기준과 복무기간

북한에서도 신체상 제한 등으로 입대 제한자들이 있습니다. 입대 불가자는 신체검사 불합격자를 포함하여 적대계층의 자녀, 그리고 성분 불량자를 제외합니다. 그리고 국가가 필요로 하는 특수분야 종사자 및 정책수혜자들은 군 복무 대신 다른 업무를 하게 하면서 군복무를 대체하고 있습니다.

북한군 병사는 주요 특수부대를 제외하고 평균 군 복무기간의 1/3에서 1/2을 건설, 영농 등 비군사 노동활동을 합니다. 주식은 보급되고 있지만 부식은 부대에서 자체적으로 구매하거나 영농, 어로, 채취 등의 방식을 통해 자체적으로 해결해야 합니다. 실제로 휴전선에서 북한군을 관측하다 보면 북한 군인들이 밭을 일군다든지 소나 돼지를 치는 영농활동을 관측할 수 있습니다. 국가에서 충분히 보급을 못 하고 자체적으로 해결하는 것이 묵인되다 보니 부대 내에서 재배하여 수확한 농산물을 장마당에 되팔기도 합니다.

특히 고난의 행군 시기 경제관리 개선조치의 일환으로 영리활동을 허용하여 군에서의 영농활동은 더 활발했습니다. 그러나 군에서 수익사업을 하다 보니 문제가 발생합니다. 영농활동과 시장을 활용한 경제활동 자체가 돈벌이가 되자 돈을 챙기는 군 고위직이 나타났고 불법적인 범죄 행위가 나타나 군 사정기관에서 이들을 적발하고 처벌하는 사례가 나타나고 있습니다. 이런 사태는 1990년 이후 발생건수가 증가하고 있으며 최근 군 고위급을 숙청하는 주된 원인이 된다고 합니다.

북한에서 병영생활 중 기본으로 지켜야 할 복무규율로 '군무생활 10대 준수사항'이 있습니다. 복무 중 규율을 어길 경우 군관이나 하전사를 불문하고 강제 제대를 시키고 이후 직장에서 각종 불이익을 받게 됩니다.

군 복무 중 휴가는 연 1회 정기휴가 15일이 허용되고, 결혼이나 부모 사망 때에도 10~15일간의 특별휴가가 있으나 제대로 지켜지는 경우가 많지 않은 것으로 확인됩니다. 군 복무기간에 부모가 있는 집을 다녀 온 병사는 약 20% 정도인 것으로 알려지고 있습니다.

환자관리는 연대 군의소부터 군단 야전병원까지 잘 제도화되어 편성되어 있지만 실질적인 운용은 어렵다는 것이 평가입니다. 전쟁이 나더라도 이런 야전병원이 활용되어야 하는데 문제는 군의관, 약품이나 치료하기 위한 수술도구 등이 너무나 부족하다고 합니다. 이런 이유로 일반 하전사들은 다치거나 병이 있을 때 제때 치료를 못 받는 현상이 곳곳에서 벌어지고 있습니다.

❶ 군 계급구조

북한군의 계급은 군관 15종, 하전사 8종으로 나누어져 있습니다. 군관의 경우 ① 원수급에 대원수, 원수, 차수, ② 장성급에 대장, 상장, 중장, 소장, ③ 상급군관에 대좌, 상좌, 중좌, 소좌, ④ 하급군관에 대위, 상위, 중위, 소위 등으로 구분되어 있다. 하전사는 우리의 부사관과 병사를 아우르는 계급으로 특무상사, 상사, 중사, 하사, 상급 병사, 중급 병사, 초급 병사, 전사로 구분하고 있습니다.

김일성은 80회 생일을 맞아 '공화국 대원수'로 추대되었으며, 김정일은 사망 1년 후인 2012년 2월 '공화국 대원수'로 추대되었

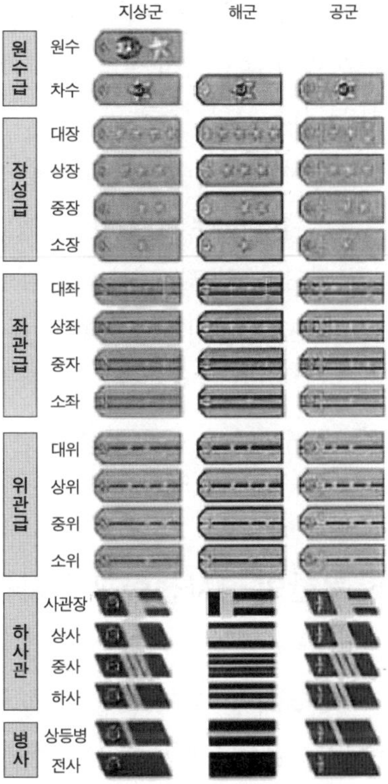

〈그림 5-6〉 북한군 계급과 계급장

습니다. 김정은도 마찬가지로 2012년 7월 17일 '공화국 원수' 칭호를 부여받았습니다.

2 군 간부 양성과정

북한군은 우리와 유사한 과정과 절차를 통해 간부를 양성하고 있지만 차이점은 북한은 경험을 중시하여 간부를 선발합니다.

군 간부 양성의 기본개념은 북한군은 우선 일반병사로 군에 입대합니다. 그리고 일반병사에서 군 생활을 잘하고 능력 있는 병사를 하사관으로, 하사관에서 잘하는 인재를 장교로 임관시키는 구조입니다. 물론 하사관이나 장교를 양성하는 군사학교가 있어 직접 인원을 선발하여 군사학교에서 교육시켜 소위나 하사관으로 임관하는 경우가 있지만 그 숫자가 많지 않고 앞서 설명한 병사로부터 간부로 전환되는 제도를 이용하게 됩니다.

하사관은 상급자의 추천을 통해서 양성교육기관으로 보내 교육을 수료한 후 하사로 양성하며, 10년 복무 후에 중사로 전역하는 경우가 대부분입니다. 장교는 우수한 인재를 뽑아 장교 교육훈련기관에서 훈련시켜 소위로 임관시키고 이후의 보수교육제도는 우리의 제도와 유사합니다. 일정 기간 병사생활을 거쳐 하전사나 장교가 되었기 때문에 그들의 전술적 수준은 높은 편이며, 실전 능력도 우수하다는 분석입니다.

5. 북한의 군사전략과 군사력(남북한 군사력 비교)

북한의 군사전략은 크게 세 가지로 선제기습 공격 전략과 배합전이라 하는 전후방 동시공격, 그리고 단기 속전속결 전략을 채택하고 있습니다. 즉 남한을 공격하여 한반도 통일을 위한 전쟁을 어떻게 할 것이냐

하는 것입니다.

이 전략은 6·25전쟁 경험이 기반이 되었습니다. 6·25전쟁 기습 남침으로 3일 만에 서울을 빼앗았지만 이후 3일 동안 서울에서 지체하는 바람에 8월 15일 광복절까지 전쟁을 종결한다는 전략에 차질이 생겼다는 것을 북한이 잘 알고 있기 때문입니다. 북한이 다시 침략한다면 기습과 단기 속전속결로 끝내버리겠다는 의미입니다. 이 전략에 따라 군 조직을 재구성하고 훈련시켜 전시에 그대로 하겠다는 것입니다.

이를 위해 대규모 장사정 포병을 수도권에, 그리고 대부분의 기계화부대를 휴전선에 근접 배치하여 초전 기습효과를 극대화하려 합니다. 기습공격과 동시에 특수작전부대를 후방에 투입하여 전후방을 동시에 혼란시켜 초전 대공황을 조성함으로써 전 전장에서 주도권을 장악할 것으로 예상됩니다.

추가하여 이러한 전략이 거부되었을 경우 핵무기를 포함한 보유하고 있는 대량살상무기를 언제든지 사용하겠다는 압박용 경고를 병행하여 한국의 효과적인 대응을 거부할 것으로 보입니다. 또한 미군의 증원 거부와 증원 이전에 한반도를 석권하겠다는 의미로 분석할 수 있습니다.

■ 남북한의 군사력 비교

2020년 12월 기준 북한의 상비전력은 육군 110만여 명, 해군 6만여 명, 공군 11만여 명, 전략군 1만여 명 등 총 128만여 명으로 추정됩니다. 이는 한국의 총병력 55만 5천여 명과 비교해볼 때 두 배가 조금 넘는 규모입니다.

1980년대부터 북한군은 많은 보병부대를 경보병사단과 기계화부대 또는 전차부대 등의 경부대나 기계화부대로 개편하여 속도를 중요시하는 모습을 보여주고 있습니다. 또한 중요한 것은 지상군의 70% 이상을 휴전선 부근에 전진 배치시켜 초기 기습전략임을 그대로 보여줍니다.

〈표 5-2〉 남북한 군사력 비교

구분		한국	북한	비고
병력	계	55만 5천	128만	- 한국군의 1.9배 - 기계화, 특수부대 편성 - 지상군 70% 전진 배치 - 지해공 동시다발 침투 가능한 특수부대 보유 - 전략 예비부대 기동화, 차량화, 기계화 편성
	육군	42만	110만	
	해군	7만	6만	
	공군	6만 5천	11만	
	전략군	-	1만	
육군 부대	군단급	13(특전사 포함)	15	
	사단급	37(해병대 포함)	84	
	기동여단	15(해병대 포함)	74(교도여단 미포함)	
	특수부대		약 20만 명	

출처: 국방부, 『2020 국방백서』(2020), p. 290.

이러한 정규군 128만여 명 이외에도 교도대 60만여 명, 노농적위대 570만여 명, 붉은청년근위대 100만여 명, 준군사부대 32만여 명 등 가능한 동원 병력이 762만여 명에 이르고 있습니다.

지상군 전력

북한 지상군의 전투장비를 알아보면 먼저 전차는 4,600여 대로 우리의 2,130대와 비교하여 1.8배 이상 많이 보유하여 한반도의 길고 좁은 전장을 고려했을 때 우리에게 상당한 위협이 되고 있습니다. 또한 북한의 방사포를 비롯한 포병의 숫자가 우리보다 월등히 압도하는 것은 초전 우리에게 커다란 위협으로 작용하고 있습니다.

특히 지상군의 약 70%에 달하는 전력이 평양-원산 이남의 전방에 배치되어 있고, 장거리 방사포의 사거리는 수도권까지 미친다는 사실은 초전 상당한 피해를 강요하면서 전쟁을 개시할 것이라는 우려가 높습니다.

〈표 5-3〉 남북한 지상군 장비 비교

구분		한국	북한	비고
육군 장비	전차	2,130대	4,600여 대	- 전차 1.8배 보유 - 현대화된 무기: 천마호 전차, - 각종 자주포, 방사포, 대전차 미사일, T-72 전차 모방한 폭풍호 전차 개발 - 방공무기 다수 보유 - 개량형 스커드 미사일
	장갑차	3,000여 대	2,500여 대	
	야포	6,000여 문	8,600여 문	
	다련장/방사포	270여 문	5,500여 문	
	지대지 유도무기	600여 기 (발사대)	100여 기 (전략군)	

그리고 북한의 무시 못 할 가공할 만한 무기는 대구경방사포입니다. 북한은 미북 정상회담을 실시하던 2018년부터 2020년에 이르러 400mm 대구경방사포와 600mm 초대형 방사포를 집중 개발했습니다. 이들 사거리는 대부분 남한 전 지역에 미치며, 특히 600mm 초대형 방사포는 핵탄두 탑재가 가능하다는 평가입니다.

우리와 첨예하게 대립하고 있는 서해 북방한계선 북측 해안지역과 전선지역에 122mm 견인방사포 등 포병전력을 증강했으며 기계화부대, 함정, 항공기와 특수전 부대를 전진 배치하는 등 서해 5도 및 주변 지역과 전선지역에 대한 도발과 공격 능력을 강화하고 있습니다. 최근 한국의 대응 무기체계로 우리의 자주포나 개량된 다련장, 그리고 우수한 항공기 등으로 대응체계를 갖추고 있으나 초전에 많은 피해를 극복하기는 어려운 실정입니다.

우리에게 위협적인 또 다른 북한의 전력은 특수작전부대입니다. 특수전 부대는 11군단, 전방군단의 경보병 사·여단 및 저격여단, 해군과 항공 및 반항공군 소속 저격여단, 전방사단의 경보병연대 등 각 군 및 제대별로 다양하게 편성되어 있으며, 그 숫자는 20만여 명에 달하는 것으로 확인됩니다. 이들 특수전 부대는 전시 땅굴을 이용하거나 잠수함, 공기부양정, AN-2기, 헬기 등 다양한 침투 수단으로 전·후방지역에 침투하여 주요 부대·시설 타격, 요인 암살, 후방교란 등 배합작전을 수행할 것으로 판단됩니다.

해군 전력

북한 해군은 해군사령부 예하 동·서해 두 개 함대사령부, 13개 전대, 두 개의 해상저격여단으로 구성되어 있습니다. 해군도 전력의 약 60%를 평양-원산선 이남에 전진 배치하여 상시 기습할 수 있는 공격능력을 보유하고 있으나, 소형 고속함정 위주로 편성되어 원해 작전능력이 제한되는 것으로 평가됩니다.

무기 측면에서도 지상군 무기와 같이 수적으로는 북한이 우세하지만 대부분 근해에서 싸우는 수준의 함정을 보유한 데 반해 실질적인 능력 측면에서 한국은 근해에서부터 원해 작전까지 수행할 수 있는 전력을 갖추고 있어 전체적인 전력은 우리 한국이 우세한 것으로 평가합니다.

최근 북한은 신형 함정을 지속적으로 건조 및 배치하고 있으며, 일부 함정에 대함미사일을 장착하여 원거리 공격 능력도 향상되고 있습니다. 수중 전력은 로미오급 잠수함을 비롯하여 80여 척으로 구성되어 있으나 최근에는 두세 발의 SLBM을 발사할 수 있는 4,000~5,000톤급 신형 잠수함을 추가 건조하는 등 꾸준한 전력 향상을 꾀하고 있습니다.

해군 함정에서 가장 걱정되는 부분이 바로 공기부양정과 잠수함 전력입니다. 북한은 공기부양정을 황해도 해안기지에 위치시켜 곧바로 인천 앞바다까지 기습적으로 상륙할 수 있다는 예측입니다. 추가하여 잠수함 전력도 80여 척으로 우리에게 심각한 위협을 가하는 전력입니다. 그러나 북한은 동해와 서해로 나눠진 해안으로 해군 전력이 통합되지 못하고 따로따로 운영되어야 하는 불리한 점을 갖고 있고 함정의 기술 수준이 우리보다 떨어져 근해 외에는 큰 역할을 하지 못할 것이지만, 기습을 감행한다면 우리의 전력에 큰 피해를 야기할 것으로 판단됩니다.

〈표 5-4〉 남북 해군장비 비교

구분		한국	북한	비고
해군 수상함	전투함정	110여 척	430여 척 (경비함, 유도탄정, 어뢰정, 화력 지원정)	- 60% 전력 전방 배치 ※ 구형/소형 함정, 동 · 서해 함대로 분리 - 함정의 전진배치와 해안포 이용 전방 접적해역에 기습공격 가능 - 동서 해안에 샘렛 및 실크웜지대함 미사일(사거리 80~95km) 배치 - 공기부양정고속 기동능력 ☞ 상륙 전력으로 운용 평가
	상륙함정	10여 척	250여 척 (공기부양정 포함)	
	기뢰전함정	10여 척	20여 척	
	지원함정	20여 척	40여 척	
잠수함정		16척	80여 척	

공군 전력

북한 공군은 항공 및 반항공사령부 예하에 다섯 개 비행사단, 한 개 전술수송여단, 두 개 공군저격여단, 방공부대 등으로 편성되어 있습니다. 북한 공군은 북한 전역을 네 개 권역으로 나누어 전력을 배치하고 있으며 총 1,630여 대의 공군기를 보유하고 있습니다. 전투임무기는 810여 대 중 약 40% 평양-원산선 이남에 전진 배치해놓고 있으며 일부 기지를 추가로 전진 배치하여 최소의 준비로 신속하게 공격할 수 있는 태세를 갖추고 있습니다.

〈표 5-5〉 남북한 공군장비 비교

구분		한국	북한	비고
공군 장비	전투임무기	410여 대	810여 대	- 평양~원산 이남 기지에 전투임무기종 40% 전진 배치 → 기습공격 가능 - AN-2기 및 헬기 이용 후방침투 - 구형 MIG-15/17가 대부분
	감시임무기	70여 대 (해군 포함)	30여 대	
	공중기동기	50여 대	340여 대	
	훈련기	190여 대	170여 대	
헬기(육해공군)		660여 대	290여 대	-

지대공미사일(SAM)과 장거리 미사일 등 무기체계 성능 개량을 통해 항공기의 추가적 배치 조정 없이 남한의 감시·정찰자산과 지휘통제시설, 방공자산, 산업시설 등을 기습 공격할 수 있는 능력을 보유하고 있습니다. AN-2기와 헬기를 이용한 대규모 특수전 부대의 침투 능력을 갖추고 있으며, 정찰 및 공격용 무인기와 경항공기도 생산·배치하고 있습니다.

공군기 전체 숫자로 보면 북한이 우리보다 많은 것으로 알려졌지만 실질적인 전투력 발휘 상태로 보면 한국이 훨씬 우세하다고 분석됩니다. 그러나 무시하지 못하는 위협 공군기는 AN-2기입니다. AN-2기는 우리의 레이더를 회피하여 특수전 병력을 태워서 저공비행으로 휴전선 남쪽 깊숙이까지 침투시킬 수 있는 능력이 있습니다. 한국도 북한의 AN-2기에 대응하여 대응체계를 갖추고는 있지만 아직도 큰 위협이 되고 있습니다. 또한 최근 북한의 무인기나 드론이 새로운 위협으로 등장하고 있습니다. 정확한 숫자가 파악되지 않아 능력이 불확실하기에 더더욱 관심이 집중되는 비대칭 무기체계라 할 수 있습니다.

육해공을 전반적으로 보면 모든 숫자나 유형 전력은 북한이 높지만 전체적인 능력, 작전지속능력을 고려하면 우리가 뒤지지 않는다고 평가됩니다.

예비전력

북한은 4대 군사노선의 하나인 '전 인민의 무장화'에 따라 14세부터 60세까지 인구의 약 30%를 동원 대상으로 하여 현재 762만여 명에 이르는 예비전력을 확보하고 있습니다. 북한은 1958년 중국군 철수를 계기로 노농적위대, 그리고 제대군인을 주축으로 한 교도대를 각각 조직했습니다. 1970년에는 고등중학교 군사조직인 붉은청년근위대를 발족하여 현역뿐만 아니라 예비역에서도 한국보다 훨씬 많은 병력을 유지하고 있습니다.

〈표 5-6〉 남북한 예비전력 비교

구분	규모	비고
교도대	60만여 명	- 전시 전투동원 대상 - 17~50세 남자/17~30세 여자 지원자 - 훈련시간: 연간 500여 시간의 고강도 훈련
노농적위대	570만여 명	- 한국의 '향토예비군'과 동일 - 편성대상: 60세 이하 교도대 비편성자 훈련시간: 연 160시간
붉은청년근위대	100만여 명	- 1970년 9월 고급중학생 편성(14~16세) - 160시간 교내훈련/7일간 야영훈련
준군사부대	32만여 명	- 호위사령부, 군수동원지도국 등
계	762만여 명	-

출처: 국방부, 『2020 국방백서』(2022), p. 30.

훈련시간을 살펴보면 교도대는 연간 500여 시간의 고강도 훈련을 실시하고 노농적위대도 연 160여 시간을 훈련하는 등 전시 즉각 사용할 수 있는 준비를 하고 있는 것이 특징입니다. 이에 비해 한국은 동원예비군을 제외하면 실제 교육시간이 연 10시간이 채 되지 않습니다. 북한은 기타 준군사부대로 호위사령부, 군수동원지도국 등 약 32만여 명에 이르는 예비병력이 있으며 이들은 상시로 즉각 동원할 수 있는 자원입니다.

북한은 전시 약 1~3개월 동안 지원이 가능한 수준의 식량, 유류, 탄약 등을 비축하고 있습니다. 전시에 군수공장으로 전환되도록 지정된 민수공장은 단시간 내에 전시 동원체제로 전환할 수 있어 전시 군수공장은 300개 이상 가동이 가능한 것으로 예상됩니다. 이들 군수공장에서는 전시에 필요한 대부분의 장비와 탄약을 자체 생산할 수 있는 능력을 갖추고 있는 것으로 추정됩니다. 그러나 국제사회의 대북제재가 장기화됨에 따라 에너지난과 원자재난이 심화되고 있어 지속적인 생산에는 어려움이 있을 것으로 평가됩니다.

6. 북한의 군사과학기술과 전략무기

1970년대까지 북한의 군사기술과 북한군이 보유하고 있는 전투장비는 한국보다 훨씬 뛰어났고 보유량도 월등했습니다. 반면 우리 대한민국은 '자주국방'이라는 말만 있었지 실제 보유하고 있던 전투장비는 그때까지만 해도 형편없는 수준이었습니다. 한국의 주력 무기는 6·25전쟁이 끝나고 미군이 철수하면서 놓고 간 무기들을 인수해서 이를 운용하는 수준이었습니다. 그런데 1972년 닉슨독트린[3]에 의해 베트남 전쟁에서 미 7사단이 철수하자 당시 박정희 대통령이 자주국방을 실현하기 위한 초석으로 국방과학연구소(ADD)를 설치하고 방산업체를 육성하는 정책을 추진하면서 전투 무기의 국산화를 통해 급격히 발전하게 되었습니다.

이에 반해 북한은 해방 이후부터 꾸준하게 무기체계 개발을 추진했습니다. 김일성은 북한만의 혁명이 아닌 한반도 혁명을 위해 전쟁이 불가피하다고 생각했기 때문이었습니다. 따라서 전쟁에 대비한 경제체제를 구축했고 휴전협정이 체결된 후 전후 복구 정책에서도 4대 군사노선과 경제 및 국방 병진정책을 채택하여 전력이 급상승했습니다. 무기 개발에 많은 예산과 인력을 투입하여 1980년대까지 남쪽보다 우세한 전력을 갖출 수 있었습니다.

북한은 1960년부터 1970년대는 소련과 중국의 무기를 모방 생산했고, 양산시설을 갖추어 그 숫자가 남한을 훨씬 뛰어넘었습니다. 그리고 1970년대부터 독자적인 무기체계 생산능력을 확보했고, 1980년대는 지상무기를 독자 설계하여 자체적으로 생산할 능력을 확보했습니다. 소화

---

3 1969년 7월 26일, 닉슨 대통령이 밝힌 미국의 대외 안전보장 정책이다. 베트남 전쟁에서 미군이 철수한 뒤에 발표한 내용으로, 조약상의 책무를 지키고 맹방의 자유 또는 미국의 안전이 위협받으면 핵우산을 제공할 것이나 기타 침략에는 동맹국은 스스로 방위한다는 선언이었다. 이 정책은 당시의 베트남 전쟁에 한정된 것이 아니라 전 동맹국에 적용되므로 한국으로서는 매우 불안하게 작용했다.

기와 화포를 100% 자체 개발했고, 함정 건조능력을 향상시켰으며, 항공기 분야에서도 미그 29기를 조립생산할 정도의 능력까지 확충했습니다. 북한의 이러한 무기 생산능력의 확대 생산능력은 북한 정권 초기부터 추진했던 군사와 경제의 병진노선과 4대 군사노선, 그리고 과학기술의 발전을 독려한 교육정책 등이 결합되어 얻은 결과입니다. 그러나 1990년대가 되자 한국의 재래식 무기에 대한 집중적인 투자에 따라 남북한 전력이 비슷하게 되었고, 소련과 동구권의 붕괴와 이라크 전쟁 등 외부환경에 변화에 따라 북한은 전략무기 개발에 주력하게 됩니다.

북한은 고난의 행군 기간이라는 경제적 불황 속에서 핵 개발을 시작합니다. 현재까지 여섯 차례 핵실험을 진행하여 자신들 스스로 핵무기 국가를 선포할 정도로 핵무기를 보유하는 수준에 이르게 되었습니다. 또한 북한은 핵무기 개발뿐만 아니라 생물학, 미사일 개발도 병행하여 추진하게 됩니다.

1 대량살상무기(WMD)

북한은 별도의 군종사령부인 전략군 예하에 스커드, 노동, 무수단 등 13개 미사일여단을 편성하고 있는 것으로 추정됩니다. 전략군은 중국군의 로켓군, 러시아군의 전략미사일군과 유사한 기능을 수행할 가능성이 클 것으로 예상됩니다.

북한은 전략무기 확보를 위해 핵, 탄도미사일, 화생무기 등과 같은 대량살상무기를 지속 개발하고 있습니다. 대외적으로는 군사력 우위를 확보하여 이를 협상 수단으로 활용하는 한편 내부적으로는 체제 결속을 도모하려는 의도로 분석됩니다.

북한은 2006년 10월 제1차 핵실험을 시작으로 2009년 5월, 2013년 2월, 2016년 1월과 9월 등 총 6차례의 핵실험을 실시했습니다. 아울러 장거리 미사일도 수차례 발사했습니다. 핵실험과 장거리 미사일 발사는 국제 비핵체제에 대한 중대한 도전으로 간주되고 있어 유엔을 비롯한 국제사회의 비난과 제재를 받고 있습니다.

2 핵무기 및 미사일

북한은 1956년 「북소 원자력협력협정」을 체결하면서 북핵의 출발점이 되었습니다. 이 협정을 바탕으로 소련의 '드브나 핵연구소'에 과학자들을 파견하여 기술을 확보하기 시작했고, 1963년 소련의 도움을 받아 연구용 원자로를 도입합니다. 이러한 준비를 갖춰 1965년부터 평북 영변 지역에 대규모 핵단지를 조성하기 시작했습니다.

북한 지역에 매장된 우라늄 가채량은 약 400만 톤에 달하는 것으로 알려져 있습니다. 이러한 여건 속에서 북한은 1980년 이후 핵개발에 적극 나섰습니다. 북한은 2016년 1월 수소탄이라고 하면서 제4차 핵실험을, 그리고 9월의 제5차 핵실험인 핵탄두 폭발시험을 성공적으로 진행했다고 보도했습니다. 게다가 북한은 마침내 2017년 9월 3일 '대륙간탄도미사일(ICBM)에 장착할 수 있는 핵폭탄이라고 주장하는 6차 핵실험을 성공적으로 마쳤다고 공표했습니다.[4]

이러한 북한의 핵실험과 북한 매체의 보도 등을 볼 때 북한은 핵무기를 수소탄으로까지 고도화했기에 그 이전까지는 원자탄을 생산했을 것이고, 2018년부터 수소탄을 생산하고 있을 거라고 판단됩니다. 2020년 말을 기준하여 30~70여 개의 핵무기를 보유하고 있는 것으로 알려져 있습니다.

다음은 미사일 개발입니다. 북한은 장거리 타격 및 핵무기 등의 투

---

4 북한은 핵무기연구소 성명을 통해 "대륙간탄도로켓 장착용 수소탄 시험에 완전 성공했으며, 핵무기 설계 및 제작 기술이 핵탄의 위력을 타격대상과 목적에 따라 임의로 조정할 수 있는 높은 수준에 도달했다"라고 밝혔다. 『한국일보』(2017. 9. 4), 6차 핵실험에 따라 2017년 12월 김정은은 국가 핵무력 완성을 선포했고, 이어 헌법에 핵무력을 포함했다.

발 능력 확보를 위해 1970년대부터 탄도미사일 개발을 시작하여 1980년대 중반 사거리 300km의 스커드-B와 사거리 500km의 스커드-C를 배치했으며, 1990년 후반에는 사거리 1,300km인 노동미사일, 그 후에는 스커드 미사일의 사거리를 연장한 스커드-ER 미사일을 배치했습니다.

2007년에는 사거리 3,000km 이상의 중거리 탄도비사일 '무수단'(북한면 화성-10형) 미사일을 시험발사 없이 배치한 것으로 알려졌습니다. 그리고 2000년 중반부터는 고체 연료를 사용하는 탄도미사일 개발도 추진하고 있습니다.

각종 기념일, 열병식 등을 통해 지속적으로 장거리 탄도미사일을 공개해온 북한은 2012년부터 인공위성 발사 등을 내세우며 장거리 로켓 및 탄도미사일 시험발사를 단행했습니다. 특히 2017년에는 중·장거리 탄도미사일로 평가되는 북극성-2형, 화성-12형, 화성-14형 등을 시험발사했는데 이를 통해 북한은 태평양에 있는 미국 영토와 미국 본토를 위협할 수 있는 능력을 과시한 것으로 평가됩니다.

북한의 핵실험이 위협적인 것은 북한이 미사일 개발과 관련해 대륙간 탄도미사일 이외에 잠수함발사 탄도미사일(SLBM)을 개발하고 있다는 점입니다. 북한은 2013년 개발 정황이 포착된 이래 2015년에 4회의 사출시험을 실시한 데 이어 2016년에도 총 네 차례의 사출시험 및 시험발사를 성공시켰습니다. 2017년에 북한은 액체연료 대신에 기습공격에 유리한 고체연료 개발에 성공했습니다. 또한 이동식 발사대(TEL)를 차륜형뿐만 아니라 궤도형도 개발하여 평지뿐만 아니라 야지 이동능력을 증가시켰습니다. 또한 대출력 엔진을 개발하여 사거리를 획기적으로 증가시키기도 했습니다. 이에 발맞춰 북한은 2017년 제6차 핵실험과 ICBM의 성공을 대대적으로 자축하면서 '국가 핵무력'을 완성했다고 특별보도하기도 했습니다.

이와 같은 북한의 핵과 미사일 개발을 분석해볼 때 북한은 핵뿐만 아니라 미사일을 약 1,000여 기 이상 보유하고 있는 것으로 평가하고 있습니다. 거기에 핵무기 소형화 성공 가능성이 높기 때문에 모든 미사일에 핵탄두 장착이 가능한 것으로 보입니다. 한편 우리에게는 남한 전역을 목표로 하고 있는 스커드 핵미사일과 대구경방사포가 위협적입니다. 북한은 고체연료 엔진과 차량형·궤도형 이동식 발사대를 100~200여 대 보유하고 있어 사전에 발사 징후를 거의 노출시키지 않는 기습 사격 능력을 갖춘 것으로 추정되어 매우 위협적입니다.

3 사이버전과 화학무기

북한의 사이버 공작 인원은 정예 요원만 3,000여 명으로 추정됩니다. 북한군 총참모부가 '지휘자동화국'을 만들어 한국군에 대한 정보수집을 목표로 한 해킹, 역정보 및 허위정보 유포 등 사이버전을 연구하고 있으며 정찰총국도 국가 공공망에 대한 사이버 공격을 꾸준히 추진하고 있는 것으로 추정됩니다.

북한의 화생방 무기 또한 핵 문제에 가려져 상대적으로 부각되지 않고 있지만 대량살상무기로 잠재적인 군사적 위협 요인입니다. 1980년대부터 화학무기를 생산하기 시작하여 현재 약 2,500~5,000여 톤의 화학무기를 저장하고 있는 것으로 추정되며, 탄저균, 천연두, 페스트 등 다양한 종류의 생물학 무기를 자체적으로 배양하고 생산할 수 있는 능력도 보유하고 있는 것으로 보입니다. 특히 생물학 무기는 탄저균을 포함하여 1톤 규모로 추정되며, 화학무기는 신경가스를 포함한 5,000톤을 보유한 것으로 알려져 있습니다.

이러한 북한의 생화학 무기의 위협은 다음과 같습니다. 첫째, 각종 투발수단에 충전 또는 탑재되어 전력화 배치된 화학포탄, 폭탄 및 로켓, 미사일 탄두들입니다. 둘째, 화학 공격작전의 지속능력을 보장하기 위해 화학적 안정성을 가지도록 한 이원화 화학탄의 원료물질인 중간물질 또는 화학탄, 투발수단에 충전하기 이전의 완성품 형태의 저장용 독성화학 물질입니다. 북한이 보유하고 있는 화학무기의 양은 2,500~5,000톤으로, 이 양은 북한이 보유한 152mm 포탄 약 60~125만 발 정도로 추정할 수 있습니다. 북한은 낙후된 과학 기술력으로 정교한 균의 농축 및 고형화와 안정화 기술을 보유하고 있지는 못하나 일정 기간 준비기간이 보장되면 얼마든지 생물학 공격을 할 수 있는 능력을 가지고 있다고 평가되고 있습니다.

6장

공산주의 경제체제와 북한 경제, 그리고 주민생활

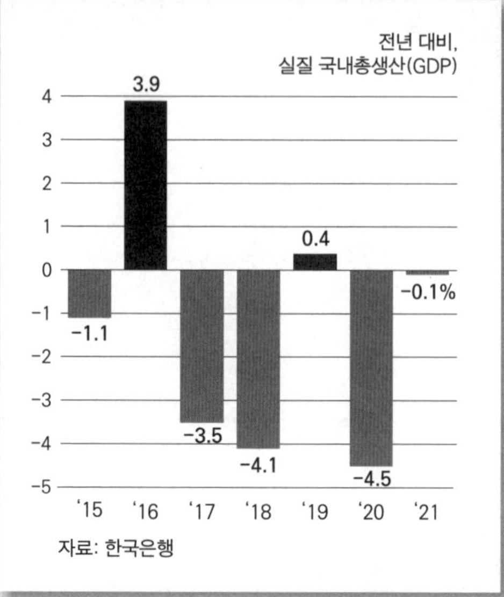

〈그림 6-1〉 북한 경제성장률

출처: 연합뉴스, 2022. 7. 27.

자본주의 경제가 사유재산제도를 토대로 하고 자유 시장원리에 의해 작용되는 제도인 데 반해, 사회주의 경제는 생산수단이 국유화되어 있어 공동생산하고 계획에 의해 배분되는 물량물동적 계획경제체제입니다.

북한 정권 수립 시부터 북한 경제는 공산주의의 원칙적인 개념 그대로 모든 생산수단을 국유화 또는 사회화했습니다. 동시에 자본주의적 생산수단의 사적 소유를 가장 저급한 형태의 경제 형태로 취급합니다. 따라서 농장이나 기업소는 인민들이 합심하여 운영해야 하는 것이며, 개인의 소유를 인정하지 않습니다.

그러나 고난의 행군 이후 북한에서도 부분적이나마 개인 소유를 인정했습니다. 이때 북한에서는 이를 "사회주의에서의 개인 소유"라고 불렀습니다. 무슨 말일까요? 모든 생산물은 사회 소유의 토대에서 발생했기 때문에 인정한 소유물도 완전한 개인 소유가 아니라는 것입니다. 통제된 범위 내에서의 사유물로 한정되어 결코 계획경제체제에서 벗어나지 않았다고 강변합니다. 즉, 자신들의 사회주의적 소유제도와 계획경제체제에서 벗어나지 않았다는 뜻입니다.

북한의 개인 소유권이란 용어까지도 소지자의 소유에 국한되므로 자본주의하에서의 사적 소유의 개념과는 본질적으로 다르다고 보는 것입니다. 맞는 말일까요? 포전담당책임제와 장마당이 가진 효과가 북한 경제에 커다란 영향을 준다는 사실을 잘 알면서도 말입니다.

〈그림 6-2〉 북한의 장마당

1. 북한이 채택한 공산주의 경제체제

북한의 경제체제는 기본적으로 사회주의적 소유제도에 토대를 둔 물량물동적 계획경제체제입니다.

1 생산수단의 국가 및 사회주의적 소유제도

사회주의적 소유제도란 공산사회를 만들기 위해 마르크스-레닌이 주장한 경제체제로서 생산수단을 사회적 또는 집단적으로 소유하는 제도를 의미합니다. 즉 공장이나 기업 그리고 토지 등 생산할 수 있는 생산수단을 사회적 또는 집단이 소유하여 공동 생산하고, 계획에 의해 배분함으로써 "노동자·농민이 주체가 되는 사회를 만들자"는 것이었습니다. 이를 위해서는 부르주아를 타도하고 노동자·농민이 주인이 되어 공동으로 소유하고 공동으로 생산해야 한다고 주장합니다.

북한은 사회주의 헌법 제20조에서 "생산수단은 국가와 사회협동단체가 소유한다"라고 명시하고 있어 모든 생산수단이 국가 또는 사회협동단체로 명확히 적시되어 있습니다. 실제로도 모든 천연자원, 철도, 항공, 운수, 체신, 중요 공장, 항만, 은행 등은 국가 소유로 규정되어 있으며, 토지나 농기계, 선박, 중소 공장 등은 사회협동단체 소유입니다. 이렇듯 사회가 지배하고 사회가 공유해야 한다는 사회주의적 소유제도입니다.

그러나 이런 제도가 현실화되면서 여러 문제가 발생했습니다. 국가 전체적으로 생산수단의 수가 무수히 많을뿐더러 생산량의 종류와 수도 대규모이다 보니 획일적인 통제는 어려울 수밖에 없었습니다. 국가의 모든 경제수단을 누가 통제하고 감독할 것이냐? 전체 경제를 통제하고 또한 분배까지 전부를 담당할 부서가 필요했고, 또 획일적이며 강압적인 계획이 요구되었습니다. 이러한 경제체제를 통제경제체제라 하며, 생산과 분배의 전체를 장악하기 위해 전체주의적 입장에서 모든 경제적 수단을 통합하여 계획·통제하는 통합된 계획경제체제입니다.

2 물량물동적 계획경제체제

물량물동적 계획경제체제는 '생산물 경제'라고 하며 생산, 투자, 판매 등에 관한 일체의 의사결정 권한이 기업이 아니라 국가(중앙정부 혹은 지방정부)에 집중되고 자원 배분이 물량 표시로 행해지는 체제를 말합니다. 이 체제에서 생산은 교환가치인 거래 수용의 창출을 위한 상품 생산이 아니라, 사용가치, 즉 소비수요 충족 자체를 생산의 목적으로 합니다. 국가 전체의 소요를 먼저 파악하고 이 소요에 맞게끔 생산하게 하고, 생산한 물건을 전체 인민에게 나눠주어야 합니다. 이는 자유시장에서 통용되는 가격을 기준한 것이 아니라 물동량을 기준한 경제체제라는 것입니다. 그러다 보니 전체를 통제하는 계획을 만들 수밖에 없고, 이 계획에 따라 생산과 분배가 톱니바퀴 돌듯이 돌아가야 합니다. 이러한 체제에서는 근로자는 더 많이 생산하여 더 많은 재화를 획득한다는 개인적인 욕구는 무시되고 능력에 상관없이 계획된 일만 하게 되어 생산성이 저하될 수밖에 없습니다.

북한은 1948년 정권 수립 시부터 내각에 국가계획위원회를 두어 중앙집권적인 계획경제를 실시했습니다. 1958년 토지 및 생산수단의 국유화를 완료하여 국가의 계획경제를 실시할 기반을 확립했으며, 1965년 국가적 차원의 하나의 총체적인 계획을 위해 '계획의 일원화 및 세분화' 원칙을 세웠습니다. 경제계획 작성과 집행 및 감독은 국가계획위원회를 중심으로 하여 도·시·군 및 공장·기업소에 이르기까지 일원화된 체계로 이루어져 있습니다. 또한 '계획의 세분화' 개념이 도입되어 산업 부문 간, 단위 기업소 간 계획이 상호 맞물리는 이른바 '재물의 균형'을 이루려 했습니다.

이렇듯 북한은 국가계획기관과 감독·통제기관이 국가계획을 변경시키거나 계획권 밖에서 경제활동을 벌이는 사소한 요소도 허용하지 않습니다. 즉 계획 작성에서부터 집행에 이르기까지 모든 사업을 법적 요구에 맞게 조직·추진하도록 강력히 통제합니다.

❸ 북한 경제체제의 변화

공산주의 경제관에 의해 구축된 북한 경제는 1990년대 이후 계획경제 기능이 원활하게 작동되지 못하고 시장화 현상이 확산되면서 변화의 바람이 불었습니다. 소련과 동구권이 무너지기 시작하면서 북한 경제도 위협이 찾아왔습니다. 외부적인 경제난에 더하여 자연재해가 연이어 닥치면서 위기가 발생했습니다.

먼저 소련의 붕괴로 인해 원유의 수입이 어려워지자 에너지난의 발생에서부터 위기가 시작됩니다. 경제체제의 혼란에 생산이 줄어들면서 배급이 줄어들게 되었고, 어쩔 수 없이 주민들은 살아남기 위해 통제경제에서 벗어나는 모습이 나타납니다. 그것이 바로 자생적·암묵적으로 나타난 장마당입니다.

'고난의 행군' 시절 먹고사는 문제가 심각해지면서 주민들은 배급에 의존하지 않고 생존하는 방법을 찾아야 했습니다. 정부는 정상배급을 못해줘 어쩔 수 없이 일정 부분 예외와 개인 소유를 인정했습니다. 이는 합법적 경제활동을 통해 얻은 수입의 개인 소유 및 상속을 인정함에 따라 의도하지 않은 시장경제가 나타난 것입니다. 소규모의 개인 토지에서 산출된 경작물이나 장마당에서 장사로 얻은 수입, 발명과 같은 지적재산으로 얻은 수입 등도 개인 소유로 인정했습니다.

엄격한 사회주의적 소유제도에서 시작된 북한은 경제난 이후 시장경제활동을 통한 주민들의 부의 축적 현상이 확대되어 경제 전반에서 변화가 감지되기 시작했습니다. 또한 시장경제가 활성화에 따라 사회통제가 이완되는 현실이 나타나게 됩니다.

주민들이 장사나 각종 개인 경제활동을 통해 벌어들인 돈을 화폐적 자산으로 보유하고, 이를 가동 및 운영이 중단된 소규모 공장이나 상업 기관 등에 투자함으로써 사실상 생산수단을 개인적으로 소유하는 현상이 나타났습니다. 또한 북한이 주택과 같은 부동산의 사적 소유를 제도적으로 인정하고 있지 않지만 주민들 사이에는 '국가주택 이용 허가증(입사증)'을 뇌물을 주고 얻어 관할기관에 명의를 변경하는 방식으로 주택의 사적소유화 현상도 나타나고 있습니다. 북한 이탈 주민들에 따르면 현재 북한 주민들은 소토지, 살림집, 매대를 '3대 재산권' 대상으로 인식하고 있다고 합니다.

기존의 제도가 위기를 타파하지 못해 파생적으로 나타난 시장경제를 국가가 용인하여 활성화하려 했지만, 곧 체제의 위기로 확산될 것을 우려한 당국은 곧바로 원위치로 되돌리는 정책으로 전환합니다. 시장경제 체제를 수용하고 싶지만 허용할 수 없는 것이 북한의 경제체제이며, 그것이 바로 북한 경제의 딜레마입니다. 이러한 경제체제의 변화 속에서 다시 계획 경제체제로 되돌려가는 모습이 현재의 김정은의 경제체제 모습입니다.

북한에서의 여러 사례들을 분석해보면 북한의 계획경제 시스템은 고난의 행군 이후 더 이상 과거처럼 엄격한 중앙집중적 계획관리시스템으로 작동되지 않는 것으로 보입니다. 국가재정 위기로 '계획의 일원화·세부화 원리'에 따른 중앙집중적 계획경제 자체가 불가능해지자 중요 경제지표들만 중앙의 국가계획위원회에서 계획적으로 관리하고 그 외의 경제지표들은 해당 기관이나 공장·기업소에서 자체 계획을 세워 해결하도록 변형된 체계를 운용하고 있습니다. 즉, 공장기업소들이 형식적으로는 국가계획을 수행한다는 합법적 명분을 내세워 시장을 활용한 불법적 경제활동을 행하고, 여기서 벌어들인 소득으로 국가납부금을 납부하는 현상이 확산되고 있습니다.

종합적으로 분석해볼 때 현재의 북한 경제는 원칙을 지키고 싶지만 지키지 못하고 자본주의 제도를 용인하는 어정쩡한 입장인 듯합니다. 즉 사회주의 경제체제는 제도상 사회주의적 소유제도와 계획경제 시스템을 유지하고 있지만 경제 현실에서는 사장화 현상이 확산되어 있어 제도와 현실 경제 간에 격차가 존재하는 이중구조적 특징이 나타나고 있습니다.

2. 북한 경제정책의 3대 기본노선

북한은 1960년대 김일성 시대에 사회주의 공업화 과정을 본격화하면서 이른바 3대 경제건설 노선을 사회주의 경제 건설의 기본 노선으로 내세웠습니다.

❶ 중공업 우선 발전노선

중공업 우선 발전노선은 경제의 급속한 확대 재생산을 위해서는 중공업 분야에 자원과 자본을 집중해야 한다는 마르크스주의의 확대 재생산의 일반 이론에 기초하고 있습니다. 중공업은 국가의 정치·경제적인 자립을 보장할 뿐만 아니라 경공업과 농업의 발전과 더불어 인민경제의 촉진을 보장하는 것으로 간주하여, 어느 산업보다도 중공업을 우선적으로 발전시키겠다는 정책입니다. 이는 소련의 국가발전 전략으로 대부분의 사회주의 국가들이 채택한 대표적인 경제발전 전략입니다.

일제 강점시대 북한 지역은 남쪽보다 일본인들이 세운 공장들이 많이 있었고, 공작기계나 숙달된 노동자들도 많이 있었기 때문에 광복 후 초기에는 이 노선이 맞는지도 모릅니다. 즉 중공업을 우선적으로 투자하여 발전시키고 이어 경공업이나 농업 등에 투자하여 민간경제까지 활성화시킨다는 노선입니다.

북한은 제2차 세계대전을 겪은 소련식 경제모델을 받아들였습니다. 서방의 자본주의는 산업화가 진행되면서 자본주의를 형성했지만, 소련은 사회주의, 공산주의 국가로 바뀌면서 농업국가에서 산업국가를 거치지 않았습니다. 즉 산업화를 거치지 않았던 소련의 경우에는 서구권을 빨리 따라잡아야 한다는 입장에서 농업을 경시하고 중공업을 먼저 발전시켜서 다른 산업의 발전을 견인하고 생산성을 높이겠다는 발상에서 받아들이게 된 정책이었습니다.

이 체제를 북한이 그대로 도입한 것입니다. 중공업 위주로 투자하다 보니 농업이나 경공업 분야, 즉 인민들의 생활을 윤택하게 하는 분야에 투자가 부족하면서 민간 분야가 낙후되어 산업 간 불균형이 극심하게 벌어지게 되었습니다. 즉 초기 경제발전은 획기적으로 향상되었지만 인민경제에 필요한 경공업 분야가 갈수록 어려워져갔으며, 인민들에게는 더욱 소비를 억제하고 인내를 강요해야 했습니다.

인민생활에 필요한 물품이 부족하고 피폐화되다 보니 당국은 인민대중에게 참고 견딜 것을 강조해왔고, 이러한 경제적 어려움을 주체사상이나 수령론 등 사상적 혁명으로 메워나가려 했습니다.

❷ 자립적 민족경제건설 노선

자립적 민족경제건설 노선은 북한이 사회주의 경제건설의 기본 정책노선으로 삼은 경제 노선으로 생산에 필요한 모든 요소들을 국내에서 충족하여 국내수요를 만족시키는 정책을 말합니다. 북한은 이를 "남에게 예속되지 않고 제 발로 걸어나가는 경제, 자기 인민을 위해 복무하며 자기 나라의 자원과 자기 인민의 힘에 의거하여 발전하는 경제건설 노선"[1]이라고 규정하고 있습니다.

1 『경제사전2』(평양: 사회과학출판사, 1985), p. 208.

북한은 무역을 통한 비교우위 효과는 제국의 착취로 간주하는 등 무역으로 인해 나타나는 경제적 효율성을 무시했습니다. 따라서 대외경제 의존도를 낮추고 '경제에서의 자립'을 달성하기 위한 자력갱생 정책을 펼쳐왔습니다. 1960년대 중반부터 북한은 원자재의 자체 조달 비율을 60%에서 70% 수준으로 높이는 등[2] 국제 경제체제에서 자신을 분리시키려 노력했습니다. 북한 입장에서 보면 우리식 경제체제를 통해서 얼마든지 자급자족할 수 있다고 판단했었던 것 같습니다. 즉 주변 국가와 관계를 끊어도 북한은 나름대로 경제를 꾸려나갈 수 있다고 하는 것입니다.

그러나 북한이 경제적 자립을 추구하는 자력갱생 정책이 1, 2년이 아니라 10년 30년 60년 지속되면서 북한의 경제는 폐쇄화되었고, 국제적인 무역환경에 따라 정책을 바꾸려 하더라도 체질상 바꿀 수 없는 상태가 되어버렸습니다.

고난의 행군 시기에 시장경제로의 경제체제를 바꾸려고 시도해보았지만 한계에 봉착했고, 결국은 최초의 계획경제체제로 회귀하는 방향으로 갈 수밖에 없는 정책으로의 변화를 보여주었습니다.

3 군사와 경제 병진노선

경제 발전과 군사력 발전을 병행해서 추진하겠다는 정책으로 북한은 무기체계 생산을 위해 필요한 중공업을 발전시키고 이것이 다시 경제성장으로 연결될 수 있도록 군산(軍産)복합형 산업구조를 만들고자 했습니다.

김일성 입장에서 1948년 북한이라는 국가체제가 성립되었고 이어 1950년 6·25전쟁을 수행하기 위해서는 전쟁을 준비해야 했습니다. 즉 국가를 탄생시키면서 곧바로 전쟁을 수행해야 했습니다. 그리고 1962년

---

2 김인수 외, 『북한 바로알기』(서울: 양서각, 2018), p. 91.

'4대 군사노선'을 채택합니다. 중·소 분쟁이 격화되는 상황에서 김일성은 국방에서의 자위를 제창하고 경제발전을 지연시키더라도 군사력을 한층 강화해야 한다고 강조했습니다. 경제발전과 군사력 강화를 동시에 추구한다는 이 정책은 1966년 당대표자회의에서 제기되었고 이후 경제운용의 기본방침이 되었습니다.

무기체계를 우선적으로 발전시키려면 무기체계에 필요한 중공업부터 먼저 투자하고 발전시켜 나간다는 것입니다. 이에 따라 1970년대 이후 군에 대한 예산에 정부예산의 15~17%를 투자했습니다. 이는 어마어마한 양으로 민생경제를 희생시키더라도 군사력을 키우겠다는 말입니다.

북한의 자원과 예산이 한정적이다 보니 군사력의 강화와 경제발전을 동시에 추진하기 위해서는 필연적으로 주민의 소비 부분을 억제할 수밖에 없으며, 그 결과 오늘날 북한 주민의 생활이 어려운 것은 뻔한 결과였습니다.

4 경제발전 노선의 한계

북한이 채택한 3대 경제건설 노선은 여러 한계를 보이며 북한 경제에 많은 문제들을 안겨주었습니다. 먼저 중공업 우선 발전노선은 산업구조의 불균형을 초래하여 중공업 분야만 비정상적으로 비대해진 형태의 불안정적인 산업 발전이 진행되었습니다. 최초 이 전략은 성공적으로 1970년대 초까지 비교적 높은 성장률을 기록하며 꾸준히 발전했지만 이러한 효과는 오래 지속되지 않았습니다. 비대해진 중공업 분야는 오히려 경공업의 발전을 억제했습니다. 주민들의 생활에 직접 필요한 경공업의 부진은 생활용품의 공급 부족과 소비시장의 위축으로 연결되었습니다. 이러한 현상은 북한의 장마당에 거래되는 생활물품 대부분이 북한산이 아니라 중국산이라는 현상으로 나타납니다. 결국 1980년대 후반부터 경제성장이 둔화되었고 장기적인 경제침체가 시작되게 됩니다.

다음 자립적 민족경제건설 노선은 북한을 폐쇄적 경제체제로 만들었습니다. 독자적으로 경제를 유지하기에 기초 체력이 매우 미약하고, 산업 인프라가 부족하여 혁신을 가져올 만한 과학기술의 발전이 일어날 수 없었습니다. 그리고 작은 규모의 내수시장은 소비 확대를 통해 생산의 증가나 성장 동력을 이끌어내기에도 역부족이었습니다.

다음 군사경제 병진노선으로 북한은 군수산업과 민수산업의 경제구조가 구분되는 독특한 경제체제를 유지하겠다는 것입니다. 군수산업과 관련된 경제 영역이 커져서 제2경제위원회라는 이름으로 일반 민간경제에서 분리되었습니다. 제2경제위원회는 1970년대 정무원(현재의 내각)의 여러 부서에 분산되어 있던 군수생산 관련 부서들을 통합하여 설립된 기구로서 산하에 군수공장을 두고 각종 군사장비 생산은 물론 군사장비의 개발과 수출입 업무까지 관장하고 있습니다.[3] 따라서 북한 경제는 민간경제 부문과 군수산업이 각기 다른 조직을 가진 이원적 관리구조로 재편되어버렸습니다.

현재 북한은 비군수 산업부문(민간경제 부문)은 내각 산하 국가계획위원회에서 관리하나, 2016년 6월 29일에 개정된 사회주의 헌법에 따라 군수산업은 국방위원회 산하 제2경제위원회가 관리하는 이원적 형태의 모습을 보이고 있습니다. 여기에는 200여 개 이상의 전차, 자주포, 기계화 무기, 야포, 로켓포, 미사일, 탄약, 함선 등의 각종 병기를 생산하는 군수공장을 거느리고 있으며, 외화벌이를 위한 기업도 소유하고 있다고 합니다.

두 영역을 구분하여 각각 발전할 수 있으리라는 희망과는 달리 시간이 흐름에 따라 제2경제의 성장은 오히려 제1경제의 발전을 가로막게 되었습니다. 군수생산 계획은 민간경제발전 계획에 우선해 있었고, 그

---

3 이경식, 『북한의 생각, 북한의 생활, 북한의 사람들』(서울: 한국학술정보, 2022), p. 127.

결과 민간경제의 피폐 속에서도 군수경제에 노력과 자원이 집중되는 비정상적인 상황이 발생하게 되었습니다. 결과적으로 북한의 군사경제 병진정책은 군사 부문의 과도한 투자 집중이 비군사적 부문의 투자 부족을 가져와 전체적인 발전을 저해하는 국방 딜레마를 유발했습니다.

3. 북한 경제체제의 변화과정

북한은 경제에 관련된 산업시설이나 토지 등은 전체 사회 또는 국가의 소유이기 때문에 개인의 소유가 허용되지 않습니다. 그렇기 때문에 많은 수의 생산수단을 작동시키기 위해 노동자·농민 등 전 인민들에 대한 획일화된 통제가 필요했습니다. 마치 시계의 수많은 부품이 동시에 움직이는 것처럼 획일화된 계획에 따라 돌아가는 경제체제입니다.

계획과 통제의 주체는 국가입니다. 농장·공장별 생산해야 할 목표량을 설정해줍니다. 전체 수요를 예측하여 전체 생산량을 결정하고 각 공장이나 농장에 각각의 목표량을 부여하여 이를 채우도록 요구하고 있습니다. 그리고 이렇게 생산된 생산물의 분배를 국가에서 담당하겠다는 것입니다. 자본주의 국가에서 적용되는 가격 경쟁체제라든지 재고에 의한 물동량 변동이나 물가의 변화 등은 사회주의 국가에서는 적용되지 않습니다.

북한은 이러한 철저한 계획경제체제로 출발했고, 이러한 체제하에서 전쟁을 수행했습니다. 또한 전쟁 이후에도 똑같은 경제체제를 유지해오고 있었습니다. 북한의 경제체제는 계획경제체제에서 출발하여 다음의 세 가지 형태로 변화하다가 다시 최초의 계획경제체제로 되돌아갔습니다.

❶ 초기 계획경제체제

사회주의 국가의 경제를 물량물동적 계획경제체제, 또는 생산물 경제체제라고 하며, 농업생산물이나 공장에서 만드는 생산품의 생산과 이를 유통해서 판매하고 또 원료를 구매하는 등 생산에 관계되는 모든 절차나 의사결정을 기업이 아니라 국가가 하는 경제체제를 말합니다.

통제의 주체로서 국가의 기능을 강력하게 올려놨기 때문에 국가에 귀속된 협동농장이나 집단농장, 산업체 공장들은 발전하지 못하고 침체에서 벗어나지 못한다는 것이죠. 생산의 주체들이 생산시설을 확장하거나 축소하는 등의 권한이 없어 유지만 하면서 기존의 방식대로 관리하는데 급급하다는 겁니다. 발전도, 향상도 없이 그대로 유지관리 되는 것이 계획경제체제입니다.

계획경제체제는 쉽게 말해 돈으로 계산하는 것이 아니고, 예를 들어 국가경제위원회에서 어느 집단농장에 한 해에 쌀 몇 kg를 생산하라고 생산량을 결정해주고 국가는 이를 수거하여 분배하는 등 모든 생산과 분배를 국가가 통제한다는 것입니다. 우리 자본주의 체제와는 완전히 다르죠. 이러한 제도하에서는 자본주의 체제에서 중요하게 고려하는 잉여가치를 고려하지 않는다는 것입니다. 자본을 투자한 공장에서 잉여 이익을 고려해서 생산량을 결정하고 이를 효율적으로 판매(분배)하여 이익을 극대화하는 개념이 없는 경제제도인 것입니다. 따라서 근로 의욕 향상을 고려하지 않고, 계획에 따른 생산만을 하기 때문에 개인이나 기업의 잉여를 창출한다는 개념이 아예 없다는 것입니다. 헝가리의 유명한 경제학자인 부르나이는 이러한 경제체제는 굉장히 비효율적임을 지적하면서 '내핍 경제체제'라는 용어로 표현했습니다.

❷ 고난의 행군과 선군경제체제

북한은 1990년대 소련과 동구권의 붕괴로 인해 무상원조를 받지 못하게 되었고, 또한 무상이 아닌 경화무역을 요구함으로써 외화가 부족한 북한 경제는 크게 위축되었습니다. 그리고 김일성의 사망 이후에 정권의 안정을 확보하지 못한 김정일은 정치적 위기 속에서 유훈통치를 하면서 경제적인 위기도 맞이했습니다. 외부로부터 단절되어 있고, 자연재해도 잦아 생산량도 감소하는 등 경제 전반에 걸쳐 마이너스 성장을 하고 있었습니다.

이러한 정치적·경제적 위급 상황을 벗어나기 위해 새롭게 추진한 정책이 바로 선군경제입니다. 군대를 전면에 내세워서 혁명과 건설을 추진하여 인민들의 불만을 누르면서 국방력을 더 키워나가는 정책을 추진했습니다. 이 기간의 궁핍은 외부에서부터 원유를 비롯한 기초 원자재들이 들어오지 못하는 상황에서 기인했습니다. 에너지가 부족해지면서 전력공급이 어려워졌고 이어 경제 전반에 걸친 내핍 현상으로 나타나게 됩니다. 특히 비료 생산이 안 되고, 비료의 부족은 농업 부문의 붕괴로 연결되면서 식량난으로 발생하게 되었습니다. 그러다 보니 인민경제의 밑바닥에서 서서히 장마당에 형성되기 시작하면서 북한의 경제가 생각지도 않은 방향으로 흘러갔습니다.

❸ 부분적 자본주의 경제체제(7·1 경제개선조치) 도입

장마당에 시장경제제도가 암암리에 자리잡게 되자 북한은 국가체제 차원에서 도입해보자고 하는 즉, 부분적인 자본주의 경제체제를 적용해 봅니다. 북한의 경제는 고난의 행군 기간 중 심각한 식량난과 함께 장마당이 활성화되어 자유경제에 의한 상업활동이 고개를 들기 시작하면서 당국은 인민경제를 향상시켜보겠다는 의도로 부분적인 시장경제제도를 도입하였습니다. 그것이 바로 2002년 7·1 경제개선조치입니다.

북한에서 시장화 현상은 1980년대 중후반 계획경제가 정상적으로 작동되지 못한 상황에서 나타났습니다. 공급 부족으로 자재 공급과 배급

제도가 원활히 작동되지 않자 암시장 형태인 '야시장', '장마당' 등이 당시 불법 거래상품이었던 쌀, 옥수수 등 식량과 공산품 등을 매매하는 공간으로 나타나게 되었습니다. 북한 주민들은 처음 배급제가 중단되자 당시 생존을 위한 식량 획득 목적으로 '단순 거래자'로서 농민시장에 등장했지만, 부의 축적을 경험하면서 일부는 상업자본을 축적하여 '돈주'로도 성장했습니다.

김정일 통치 시기 북한은 선군경제정책을 시행하면서 국가의 통제 밖에서 자생적으로 발전하고 있는 시장을 국가관리 내로 유도할 필요가 있었습니다. 이에 2002년 이른바 '7·1 경제관리개선조치'를 시행합니다. 이 조치는 국영기업소, 협동농장 등 각 경제 단위에 분권적 경영 권한을 일부 부여하고, 기존에 비합법적 영역이었던 소비재 시장을 종합시장이라는 이름으로 공식 제도화하고, 기업 간 원자재 및 생산재 교류가 가능한 사회주의 물자교류 시장의 개설을 허용한 조치였습니다. 또한 주요 개혁은 가격 인상, 환율 현실화, 기업경영의 독립성 및 노동 성

〈표 6-1〉 7 · 1 조치 이전과 이후의 북한경제 시스템의 비교

구분	7 · 1 조치 이전	7 · 1 조치 이후	현황 및 부작용
계획	중앙정부: 세부계획을 지시 계획의 일원화-세부화 유지	중앙정부: 중요지표만 제시 계획의 일원화만 유지	기업 자율결정 확대
재정	재분배 기능에 중점	안정화 기능에 중점 사실상 세금인 '사용료' 징수	'사용료' 확대 지방 인센티브 허용
생산	산출량 극대화	이윤 마인드 허용	경영 청부 확산
가격	비용 중심 가격 책정	이윤 개념을 가격에 도입	인플레이션 유발
유통	국가 독점 수매와 독점 공급	생산재: 물자교류시장 거래 소비재: 종합시장 거래	사적 상업유통 출현
판매	배급소와 국영상점	국영상점과 시장 동시 활용	종합시장 확대
노동	노동 정량에 의한 임금제(국가 임금 지급)	수입에 따른 분배 (기업 임금 지급)	인센티브 확대

출처: 장달중 외, 앞의 책, p. 166.

과급제를 실시하고, 각종 복지 혜택의 폐기와 인센티브 도입 등을 포함했습니다.

북한은 쌀값을 기준[4]으로 생필품 가격을 재조정하고 이에 대응하여 노동자의 임금을 인상했습니다. 이는 물가와 임금을 인상하여 시장경제 가격과 비슷하게 맞춰놓아 시장경제와의 괴리를 최소화하기 위함이었습니다. 또한 국영기업소, 협동농장 등 각 경제 단위에 분권적 경영 권한을 일부 부여하고, 기존에 비합법적 영역이었던 소비재 시장을 종합시장이라는 이름으로 공식 제도화했으며, 기업 간 원자재와 생산재 교류를 가능하게 한 사회주의 물자 교류시장의 개설을 허용한 조치였습니다. 동시에 노동자·농민들의 노동 의욕을 높이기 위한 과감한 인센티브의 도입을 추진하자, 이후 북한의 노동자들은 자기 노동에 따라 다양한 성과급을 받을 수 있는 임금체제를 도입했습니다. 그리고 환율이 국제 환율 시장과 너무나 격차가 있기 때문에 이것을 완화시키는 정책들을 개선했습니다.

이렇게 북한이 부분적이지만 시장경제제도를 도입하자 당시 한국의 전문가들은 북한이 경제체제를 스스로 바꾸어나가고 있다고 분석하기도 했습니다. 북한도 한 때는 중국처럼 개혁·개방을 할 수밖에 없고 만약 하지 않으면 나라가 망할 수밖에 없다는 분석을 했었던 것으로 알려져 있습니다.

4 계획경제체제로의 회귀

장마당을 도입하고 기업에 자율성을 주면서 시장 기능을 제도화하자 점차 계획경제와 비공식 경제 간의 경계가 모호해지는 현상이 나타나

4 이전에는 석탄과 전력 가격을 가격 제정의 기준으로 모든 생필품 가격을 결정했으나 7·1 경제개선조치를 기점으로 쌀값을 기준으로 모든 가격을 제정하기 시작했다.

게 됩니다. 주민들은 종합시장 외부의 장사활동 및 개인 경제활동으로 확산시켜 나갔습니다. 숙박업, 목욕탕, 개인수리업 등 서비스 업종 및 자영업이 발전되어갔고, 공장이나 기업소들은 기존 업종과 생산활동을 아예 변경해 국가기업 이익금을 납부하거나 돈주의 투자를 유도해 돈주로부터 수익금의 일정 몫을 받아 국가기업 이익금을 내기도 하는 현상이 나타나기도 했습니다.

이에 위기의식을 갖게 된 북한 당국은 2005년 하반기 7·1 경제개선 조치 시행을 중단하고 점진적으로 시장을 통제해나갔습니다. 경제개선 조치에 의해 여러 문제가 발생했고, 이러한 폐단을 잡기 위해 2009년 11월 30일 전격적으로 화폐개혁을 시행합니다. 시장경제를 통해 현금이 많은 돈주들, 주민들이 돈 벌어 달러로 환전하려고 쌓아둔 뭉칫돈 등 암시장의 자본을 겨냥하여 모든 현금을 국가경제에 포함시키려 했습니다. 동시에 돈주들을 통제하여 장마당을 통제하고 독과점 등의 부정부패에 대한 싹을 자르려는 조치였습니다. 그리고 무분별한 장마당을 철폐하고 통제 가능한 범위 내에서의 종합시장을 설치·운영하였습니다.

그러나 북한 당국이 재정 수입 증대와 함께 중앙집중적 계획경제로의 복귀를 의도한 화폐개혁은 2개월 만에 실패로 끝납니다. 이미 가계경제의 상당수가 시장 활동을 통해 유지되고 있고, 계획경제 공간도 시장에 의존해 작동되고 있으며, 국가의 재정 수입조차 시장의 토대 위에서 상당 부분 달성되는 현실이었기 때문이었습니다.

이러한 경제 변형으로 인해 체제 자체를 위협하는 듯한 현상이 나타났습니다. 계획경제체제 영역에서 이탈되는 노동력이 나오고 군인이나 고위층 사람들이 시장에서 돈벌이를 하면서 부정부패가 서서히 나타나기 시작했습니다.

4. 김정은 시대의 경제개혁

미국 및 국제적인 대북제재로 인해 경제적 고통을 받는 북한은 과거처럼 당과 국가기관이 주민들의 삶을 책임질 수 없었습니다. 주민들이 영리 행위를 통해 삶을 영위해야 했고 당국도 이를 어느 정도 묵인할 수밖에 없었습니다.

현재 북한은 공장이나 기업, 협동농장 등 개별 생산단위의 자율성을 확대하는 것을 허용하고 국가가 이를 당의 영도하에 통일적으로 관리한다는 입장입니다. 2019년 초까지 쌀을 비롯한 소비재 물가가 안정적인 성향을 보이는 것에서 공급이 안정되어 있습니다. 경제제재하에서 국내 공급이 안정되고 있는 것은 북한이 말하는 자강력의 징표, 북한 말로 '은(성과)을 내고 있다'라고 말합니다.

2012년 출범한 김정은 정권은 화폐개혁의 실패를 교훈으로 삼아 오히려 시장을 활용해 북한 경제를 활성화하고 체제 내구력을 강화하는 정책을 시행하고 있습니다. 특히 돈주 및 주민들이 보유하고 있는 화폐 자산을 활용해 북한의 시장화 현상을 확대하고 있습니다. 김정은의 북한 당국은 시장을 묵인·활용하면서 북한의 시장화 현상은 더욱 확대되고 있다고 보고 있습니다.

첫째, 국영기업소와 국영상점과 같은 공식경제 부문들이 돈주의 투자를 받아 직접 시장지향적 경영활동을 행하고 국가기업 이익금을 납부하는 현상이 확대되고 있습니다. 북한 당국이 때대로 돈주들의 영향력 확대를 견제하고 있지만 공식경제 부문의 경제활동이 돈주들과의 협력 속에서 이루어지는 현상이 늘어나고 있습니다.

둘째, 북한은 일부 시장을 공식제도 내로 편입시킨 이후, 국가기관들이 직접 다양한 형태로 시장활동에 개입하는 등 내수시장을 견인하고 있습니다. 최근 김정은은 의류, 신발, 식품공장 등을 방문하여 국산화를 강조하면서 다양한 소비자 기호를 고려한 상품의 생산을 촉구하고 있습니다.

셋째, 2012년 6월에는 '우리식 경제관리 방법'이라는 중국식 개혁개방 방식이 아닌 북한만의 방식으로 경제개혁을 하겠다는 발표를 합니다. 이 내용은 결국 시장경제 제도의 전면적인 도입을 거부하고, 대신 국가가 통제할 수 있을 정도의 개선을 하되 북한 최초의 경제정책인 사회주의 경제체제로 회귀하는 조치였습니다.

'우리식 경제관리 방법'은 농업 분야에서는 '분조관리제 안에서의 포전담당책임제', 국영기업 분야에서는 '사회주의 기업책임관리제'를 주요 내용으로 하고 있습니다. '포전담당책임제'는 협동농장의 최종 노동단위를 3~5명으로 구성하고 1인당 약 1정보씩 토지를 배분〔포전(圃田): 일정한 크기로 나눈 경작용 논밭〕하여 경작하게 한 후 생산물 중 당국이 제공한 농자재 비용과 국가의 몫을 제외한 초과 생산물을 경작 농민들에게 현물로 분배하는 제도입니다. 이러한 제도는 농민들의 적당히 일하고 같은 분배를 받는 의식을 밀어내고 포전을 자기 집 텃밭처럼 여기고 주인답게 일하도록 함으로써 개인적으로 더 많은 수확량을 획득할 수 있었습니다. 당국은 포전제도를 활용하여 농민들의 동기를 부여한 덕분에 생산성을 높여 증산을 이루어냈다는 것을 인정했고, 이러한 포전담당책임제와 생산물 분배 방법의 개선 등을 통해 1990년대 후반 고난의 행군 시기의 심각한 식량난에서 벗어난 것으로 보입니다.

다음으로, '사회주의 기업책임관리제'는 공장, 기업에 국가계획 외 기업 자체계획을 허용해 생산량, 생산물의 품질, 가격과 임금 및 인력규모 결정 등 일부 권한을 부여하고 초과 생산품의 시장 판매를 허용한 조치입니다. 그 핵심은 독립채산제의 도입을 중심으로 한 '지배인 책임경영제'와 공장, 기업, 협동농장의 상대적 독자성의 확대입니다. 지배인 책임경영제는 공장 지배인이 독립채산제를 도입해 독자적으로 생산 계획부터 인원과 물자 조달, 생산물 판매, 분배까지 책임지고 경영토록 한 것입니다. 이에 따라 각 기업은 기업 간의 계약을 통해 원자재를 조달하고 생산제품을 판매할 수 있게 되었습니다. 또 지배인이 수익을 내서 근로자의 임금과 후생(식량과 복지 등)을 보장토록 했습니다. 즉 국가가 기업과 공장을 정상화하고 제품을 생산하는 데 필요한 초기 자금은 보장할 테니 각 기업과 공장은 확대 재생산을 통해 근로자의 임금과 후생사업을 책임지라는 것입니다.

2014년 5월 30일 김정은이 한 연설 "현실 발전의 요구에 맞게 경제관리방법을 확립할 데 대하여"에서 사회주의 기업책임관리제를 내세웠습니다. 국가가 북한 전역의 공장과 기업, 회사, 상점 등에 자율경영권을 부여하고, 생산권, 분배권에 이어 무역권까지 허용하는 등 공장과 기업의 독자적인 자주적 경영권을 허용한 것입니다. 다시 말해 사회주의 원칙을 확고히 견지하면서 객관적 경제법칙과 현대 과학기술의 요구에 맞게 하여 최대한의 실리를 얻자는 것이었습니다.

5. 북한경제의 거시 및 부문별 현황

북한 경제가 코로나19 팬데믹과 국제사회의 계속된 대북제재 조치로 2년 연속 마이너스 성장에 그치며 경제 상황이 더욱 악화된 것으로 추정됩니다. 북한 주민 1인당 소득은 142만 원으로 한국의 28분의 1 수준에 불과했고, 국내총생산(GDP)과 무역총액 격차도 더 벌어졌습니다.[5]

5 한국무역협회 종합무역뉴스, "北 경제 2년째 마이너스 성장 … 1인당 소득 142만 원 남한 28분의 1"(2022. 12. 26), https://www.kita.net (검색일: 2023. 8. 22.)

1 경제성장률 및 부문별 현황

북한의 실질 GDP 성장률은 -0.1%로 전년(-4.5%)에 이어 2년 연속 하락했습니다. 2019년 3년 만에 상승했던 성장률은 코로나19로 인한 국경 봉쇄 등으로 한 해 만에 감소 전환한 뒤 2년째 하향세를 나타냈습니다.

〈표 6-2〉 북한의 경제성장율 추이

1995	1998	1999	2002	2005	2007	2009	2010	2014	2016	2018	2019
-4.4	-0.9	6.1	1.2	3.8	-1.2	-0.9	-0.5	1.0	3.9	-4.1	0.4

한국은행이 추정한 2021년 기준 북한의 국민총소득 규모는 34조 7,000억 원(한국 원)으로 한국의 2,071조 7,000억 원의 1.7% 수준으로 전년도와 비교해 더욱 격차가 벌어졌습니다.

북한의 국민총소득은 1990년대 중반 경제난 이후 2000년대 들어 일부 증가하기도 했으나 미미하며, 2019년 기준 남한의 1/54 수준이며 1인당 국민총소득은 남한의 1/27 수준입니다.

1990년대 이후 북한의 경제성장률(실질 국내총생산 증가율) 추이를 보면 북한은 1990년대 초반 사회주의 경제권이 붕괴된 이후 1990~1998년 9년간 연평균 -3.8%의 성장률을 기록하며, 총생산력 수준이 1980년대 말에 비해 절반 수준 이하로 하락했습니다. 북한이 고난의 행군 시기라고 명명한 이 시기에 북한산업은 군수산업 부분을 제외하고 전반적으로 붕괴되었습니다. 이러한 경제위기는 소련 등 사회주의 경제권과의 대외교역이 위축·중단됨으로써 더욱 가중되었습니다.

1999년 이후 북한의 경제는 연속 마이너스 성장에서 벗어나고 있지만, 선순환적인 경제 회복세를 나타내고 있지는 않습니다. 김정은 집권 이후 북한 경제는 2015, 2017, 2018년 마이너스 성장률이었습니다. 집권 초기에는 시장 활용 정책과 대외무역 및 경제개선 조치의 추진에 힘입어

플러스 성장세를 나타냈으나 이후 대북제재의 영향으로 마이너스 성장률을 나타냈습니다. 김정은 집권 이후 북한경제의 부분적인 활성화 분야는 서비스 및 유통, 건설 그리고 비공식 경제 부문에 집중된 반면 제조업, 광업 등 실물산업 경제 부문에서의 성과는 나타나지 않고 있습니다. 이러한 산업 발전의 저조에는 북핵 문제에 따른 유엔과 국제사회의 제재가 큰 영향을 주었습니다. 이 내용은 8장 핵문제에서 자세하게 다루게 됩니다.

북한의 경제는 1980년대 사회주의 경제권과의 무역 단절에서 위기가 시작되었고, 그 이후에 핵문제에 따른 국제사회의 제재에 국제적 고립으로 또다시 경제성장률이 바닥으로 떨어졌습니다. 이러한 김정은은 북한 경제의 전반적인 문제를 알고 있을 것입니다. 핵과 미사일을 개발하고 지키는 동시에 경제를 개선하여 인민들의 삶을 향상시키겠다는 김정은의 의도와 방향 자체가 어불성설이라는 것입니다.

에너지와 기초 원자재

북한의 산업생산력 붕괴의 주원인은 에너지 공급체계가 단기간 내 급속히 붕괴되었기 때문입니다. 휴전 직후 북한은 한국에 비해 에너지 수급에 유리한 조건이었습니다. 주요 발전소들이 파괴되지 않고 남아 있었으며, 수력 및 화력발전에 필요한 지형과 풍부한 지하자원을 갖고 있었습니다. 그러나 북한의 폐쇄적 에너지 정책은 얼마 지나지 않아 한계를 드러내기 시작합니다. 북한 석탄·원유의 도입·발전량이 1998년에 1990년 대비 각기 56, 19.9, 74.8% 수준으로 추락했습니다. 2000년대 이후 북한 경제가 점진적으로 '고난의 행군'을 벗어나면서 점진적으로 개선되는 양상을 보여주고 있지만, 자본과 기술의 부족, 에너지 분야 연관 산업의 지속 곤란, 외화 확보 위주의 석탄 생산 등으로 인해 에너지 경제 부문의 개선은 뚜렷하게 보이지 않습니다.

〈표 6-3〉 제목을 발전량 및 기초 원자재 생산

(단위: 억kWh, 만톤)

구분	발전량	철광석	비철금속	강철	시멘트	비료
1990	227	816	22.7	316.8	516.9	80.4
1996	213	344	11.8	120.8	379	53.6
2001	190	420.8	9.2	106.2	516	54.6
2006	225	513	9.2	122.9	612.9	45.4
2011	211	523.2	9.1	122.5	645.2	47.1
2014	216	547.1	8.7	122	667.5	50.2

출처: 통일부 통일교육원, 『2016 북한이해』, 서울: 2015, p. 192

북한의 전력 생산은 하락세입니다. 〈표 6-3〉을 보면 1980년대 말까지 그나마 지속적으로 늘려오던 북한의 전력 생산량은 북한이 경제난에 빠지기 시작한 1990년대 들어서 급격히 떨어지기 시작합니다. 그리고 2013년까지 1980년대 생산량 수준을 넘어서지 못했습니다. 화력보다 수력 위주인 북한의 발전소들은 1970년대 이후 발전소 현대화와 설비 대체투자도 사실상 거의 추진되지 못함으로써 노후화가 심각하게 진행되었습니다. 또한 석탄 채굴 증가로 칼로리 함량이 낮은 저칼로리 석탄 사용이 높아질 수밖에 없게 되면서 화력발전소 가동에 착화를 위한 중유 사용도 필수적이었습니다.

이러한 에너지 수급 문제는 북한산업 전반에 부정적인 영향을 가져왔습니다. 북한 최대 규모의 김책제철소를 포함하여 주요 산업시설들의 가동이 중단되기도 했고, 주요 광산에서 채굴에 필요한 전력공급이 이루어지지 않은 사례가 발생했습니다. 또한 북한의 대표적 운송수단인 철도가 마비되어 인원 수송 및 물자 공급이 원활히 이루어지지 못하고 있으며 특히 민간 부문의 에너지 상황은 더욱 심각한 것으로 알려져 있습니다.

기간 중 원자력 발전이나 대체에너지 개발과 같은 에너지 공급원을 다양화하지 못했고, 추가적인 시설투자도 이루어지지 않았습니다. 점차 시설이 노후화되자 석탄채굴은 어려워지고 또한 에너지 문제로 교통 인프라도 심각해졌습니다. 국가 차원의 전력산업 복구가 어려워지자 민간 에너지 시장이 형성되어갔습니다. 가정별·소규모 공장들이 중국으로부터 소형 태양광 집열판과 축전기, 변압기 등을 수입해 일상생활 및 소규모 공장 가동에 필요한 전기를 자체 생산해 사용하는 현상이 나타난 것입니다.

식량난

북한은 남한에 비해 농업에 불리한 조건을 가지고 있습니다. 기후 및 토양 조건은 작물 재배에 적합하지 않으며 경지 면적 또한 협소하고, 게다가 대부분이 산악지형으로 경지가 부족해서 식량을 자급자족할 수 없는 조건에 있습니다. 이러한 조건에 북한의 농업정책이 공동생산 공동분배라는 협동농장의 구조가 농민들의 노동 의욕을 떨어뜨렸습니다.

휴전선의 도라전망대나 판문점의 우리 측 '평화의 집'에서 북한과 우리 땅의 논을 동시에 바라볼 수 있습니다. 뜨거운 낮 시간, 우리 한국의 논에는 사람들이 보이지 않는데 북한 논에는 많은 농민들이 나와서 일하고 있는 것이 보입니다. 그것도 빨간 깃발을 여기저기 세워놓고 일을 합니다. 남한 농민들은 뜨겁지 않은 아침시간이나 저녁시간에 짬을 내서 일을 하는데 북한은 지정된 시간인 낮에 그렇게 일을 하는 것이죠. 어디가 일(노동)의 효율이 높겠습니까?

추가하여 북한은 '주체농법'이라는 밀식재배의 실패가 농업 생산량을 더욱 떨어뜨렸다는 분석이 있습니다. 주체농법이란 1970년대 초 제시한 농법으로 과학적 영농이라 불리며, 작은 면적에 최대한 많은 수확을 얻기 위해 작물의 간격을 최대한 조밀하게 배치하는 방법이라 합니다. 그러나 지나치게 촘촘히 심어진 작물들은 서로의 성장을 방해하여 오히려 전체 생산량을 떨어뜨리는 결과를 가져왔습니다.

〈표 6-4〉 북한의 식량 수급량 추이

(단위: 톤)

구분	2000	2004	2005	2006	2008	2009	2010	2012	2016	2017	2019
식량수요량	518	548	545	560	540	548	546	540	550	561	576
전년도 생산량	422	425	431	454	401	431	411	445	480	481	417
부족량	96	123	114	106	139	117	136	95	70	80	136

1980년대 북한의 식량 생산량은 평균 415만 톤 정도로 배급 기준에 200여만 톤의 부족 현상을 보이고 있었습니다. 1990년대에도 연이어 발생한 홍수와 극심한 가뭄, 태풍 등으로 식량 생산량은 400여만 톤 이하로 줄어 북한 주민들의 생활을 더욱 어렵게 했습니다.

여기에 김정일 정권은 그나마 생산된 식량마저 선군의 논리를 내세워 군에만 배급하여 이른바 '고난의 행군'으로 불리는 극심한 기근을 겪게 되었습니다. 북한 당국은 이 시기에 22만 명이 사망했다고 공식 발표했으나, 국제기구 및 비정부기구들은 약 350만 명의 주민들이 기아 및 질병으로 사망했다고 추산하고 있습니다.[6]

이러한 상황에서 국가에서 배급을 100% 책임지지 못하자 나타난 것이 장마당입니다. 농민들에게 집단농장이나 농지 일부분을 개인 경작을 하도록 허용하여 여기에서 생산된 생산물을 시장에서 팔아 해결하는 방식입니다.

2000년대 이후부터 북한은 양호한 기상조건, 남한의 지속적인 비료 지원, 국제사회의 농업 협력, 자체 농업기반 복구 및 조성 노력 등에 힘입

6 Stephan Haggard and Marcus Noland, *Hungers and Human Rights: The Politics of Famine in North Korea* (Washington D.C.: U.S. Committee for Human Rights in North Korea, 2005), p. 18.

어 400만 톤 이상의 생산량을 회복하기 시작했습니다. 특히 김정은 집권 이후인 2013년부터 매년 평균 480만 톤 수준의 곡물 생산량을 유지함으로써 식량 부족량은 연평균 53만 톤 수준으로 낮아졌습니다. 북한이 매년 중국으로부터 도입하는 식량 수입량과 주민들의 소토지 경작물로 식량 부족량은 조금 해소되었지만 안정적이지 않았습니다. 그 이유는 북한의 농업 부문이 여전히 인프라 기반이 열악한 상황에서 대규모 인력 투입에 의존하고 있고, 기상 조건의 변화에 크게 영향을 받는 구조이기 때문입니다.

김정은은 집권 이후 식량난의 위기를 돌파하기 위해 2016년 식량문제의 완전 해결을 강력하게 주문했고, 2021년 제8차 당대회에서도 '경제발전 5개년 계획(2021~2025)'을 발표하면서 다시 한번 식량생산 증산 및 농업의 기술적 토대 구축을 주요 목표로 제시했습니다.

대외무역

냉전 시기 북한의 자력갱생 발전노선은 핵심 경제정책 기조의 하나로 북한의 대외경제 관계를 최소한 수준으로 유지하게 했습니다. 북한의 대외경제 의존도는 매우 낮은 수준이었으며, 본격적인 경제난 도래 이전 북한의 대외무역액은 1990년 42억 달러가 최대 규모였습니다. 이는 북한이 자체적으로 조달할 수 없는 원유 등 전략 물자들은 소련과의 사회주의 우호무역을 통해 공급받아왔기 때문이었습니다.

그러나 1990년대 사회주의 경제권의 붕괴 이후 북한의 대외무역은 1998년 14억 4천 달러까지 추락했다. 중국이나 베트남처럼 시장경제 체제로 변화를 모색해야만 했으나 거부함으로써 대외관계는 파탄날 수밖에 없었고, 이로 인해 외화난에 직면하게 되었습니다. 2000년대 이후 북한의 대외무역은 좋아진 남북관계에 힘입어 큰 성장세를 보여왔지만 북핵 문제의 제기와 함께 핵실험을 실시하면서 대외교역은 급격히 감소했습니다.

김정은 집권 이후 북한의 연평균 무역 규모는 2017년을 제외하고 2011~2016년간 68억 1천 달러로 늘어나는 모습을 보였습니다. 이는 김정은 정권이 외화벌이 증대에 초점을 맞춘 대외무역 활동의 자율성 확대와 더불어 외화 획득 경로도 다양화시키는 대외경제 정책을 시행했기 때문이었습니다.

그러나 이러한 양적 성장은 북한 경제의 실물 생산력 회복에 토대를 두고 전개된 것으로 보기 어렵습니다. 그 이유는 첫째, 무역수지가 지속적인 적자를 나타내고 있기 때문입니다. 전문가들은 북한이 매년 누적되는 무역수지 적자를 무역 외 수지 즉 노동력 수출과 관광 수입 등으로 대체해온 것으로 분석하고 있습니다.

둘째, 북한 무역 규모의 성장이 광물자원 및 위탁가공 제품의 수출과 공산품 및 완제품과 식량 원유 등 전략 물자의 수입이라는 후진국형 무역구조의 고착 속에 전개되어왔기 때문입니다. 그나마 이러한 무역환경도 유엔의 강력한 대북제재에 따라 2018년부터는 제재대상 광물자원, 섬유제품과 농어업 생산물의 수출이 급감하면서 위탁 가공용품 및 비제재 광물자원이 수출의 대부분을 차지했습니다.

셋째, 북한의 대외무역 대상국이 다변화되지 못하고 압도적으로 중국에 편중되어가고 있는 구조입니다. 2000년대 초반만 해도 우리의 시장에 북한의 수산물, 버섯 같은 임업 생산물들이 보였는데 지금은 보이지 않는 상황입니다. 최근의 코로나 사태로 국경이 폐쇄되고 대외무역이 축소되거나 중단된 가운데 중국과의 무역만이 유지되고 있는 것으로 확인되고 있습니다. 이러한 환경은 북한경제가 중국경제에 귀속되는 것이 아닌가 하는 우려들이 많습니다.

2017년 하반기 이후 북한의 대외경제 부문은 북한의 제6차 핵실험으로 채택된 유엔 대북제재 결의 2375호로 인해 상당한 영향을 받았습니다다. 제재 이후 북한은 무연탄을 비롯한 광물자원, 섬유 위탁가공 제품, 수산물 등 수출 금지와 더불어 신규 노동력 수출금지 등의 규제를 받게 되었기 때문입니다. 또한 장거리 미사일 발사 시험에 따른 제재는 산업용 기계, 철강 등 산업생산에 필수적인 품목들의 수입까지 금지하여 2018년 북한의 대외무역 규모는 전년 대비 거의 절반 수준으로 급감했습니다.

한편 코로나19 사태로 2020년 1월 말부터 북한 스스로 국경 봉쇄 조치를 취함에 따라 대부분의 대외교역이 중단되었습니다. 5월 이후 중국으로부터의 식자재 수입을 일부 허용하긴 했으나 2020년 8월부터 다시 제한이 강화되어 북중무역은 2019년 대비 80% 이상 감소했습니다.

2 경제개혁 시도와 개방정책

북한 당국은 1990년대 중반 무렵 심각한 식량난과 계획경제 시스템의 붕괴에 직면하게 되자 북중 접경지대의 통상구를 개방하고 국가지정 무역기관 외에 군부대, 지방의 도인민위원회, 공장이나 기업소들도 대외무역 활동에 참여하는 것을 허용해주었습니다. 그 결과 1990년대 말 북한의 시장화 현상은 전국적 규모의 네트워크가 형성되는 현상으로 진전되었습니다. 이러한 현상은 당, 군 등 주요 특권기관들이 외화벌이 및 시장활동을 하기 위해 특권을 활용하여 유통 네트워크를 구축하는 데 한몫했습니다.

북한은 경제특구를 주요 지역에 지정하면서 외국자본을 끌어들이려 했습니다. 그러나 그것이 그렇게 쉽게 되지는 않죠. 2016년 『북한 이해』라는 통일부 자료를 보면 27개의 특구가 지정되었다고 합니다.

이러한 김정은의 개방정책을 흔히 '모기장식 개방'이라고 합니다. 모기장식 개방이란 내가 원하는 것만 불러들이겠다는 것입니다. 즉 외국자본만 끌어들이겠다는 것입니다. 완벽하게 개방해서 외국인들이 마음껏 투자하고 생산하고 판매할 수 있는 체제를 마련해줘야 하는데, 김정

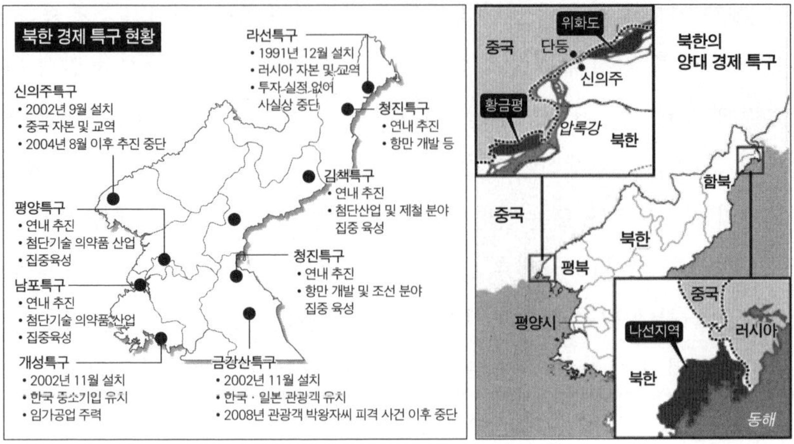

〈그림 6-3〉 북한의 경제 특구 현황

은 체제가 흔들리지 않도록 안전망을 갖춰놓은 상태에서 무슨 자유경제를 할 수 있겠습니까?

겉만 몇 개 바꾼다고 외국인들은 투자하지는 않습니다. 자유 통행이나 교통 인프라가 갖추어지고, 외국에서 돈이 들어오는 은행과 계좌가 개설되어야 하는데 이러한 기반시설을 갖춘 경제특구 설치는 김정은이 생각하는 것과는 많이 다르다는 것입니다.

1991년 나선·선봉지구, 2002년 개성공업지구와 금강산 특구, 다음에 2004년 황금평 개발 등 여러 지역을 개발하겠다고 발표했으나 투자할 환경을 만들어주지 못하니 외국인 투자가 곤란한 상황에 추가하여 북핵 문제가 발생하자 외국인 투자자들이 외면하면서 실패로 돌아가고 말았습니다.

북한은 2014년 사회주의 기업책임관리제 그리고 2016년 '우리식 경제관리 방법', 2018년 '경제건설에 총력을 집중할 데 대하여'라는 것을 발표했고, 인민경제에 대해 많은 말을 만들고 홍보하지만 북한 체제의 변화가 없는 한 큰 변화는 없을 것입니다. 그리고 북핵과 미사일 문제가 해결되지 않고 그대로 있는 한 북한의 경제는 크게 변하지 않을 것이라는 것이 대다수 전문가들의 의견입니다.

6. 북한 경제의 딜레마

북한은 조심스럽게 북한식의 경제 변화를 모색하고는 있지만 제대로 작동되지 않고 있습니다. 북한은 경제를 회복시키기 위해 화폐개혁을 해보고 또 시장경제를 통제해보겠다고 했지만 결국은 실패했습니다. 그러나 그 가운데에서도 시장경제는 어느 정도 통제범위 내에서 암묵적으로 묵인하는 정책을 취하고 있습니다.

김정은은 기존의 정책에서 경제군사 병진정책, 핵무력 병진정책이라고 하는 이름만 살짝 바꾼 기존의 계획경제정책을 유지한 가운데 일부 시장경제를 도입하여 이득을 취해보려고 했습니다. 그러나 북한 일부라도 폭넓게 개방하지 않으면 성공할 수 없는 경제 현실임을 알게 된 것으로 보입니다.

북한은 자본주의의 개방경제를 추구하다가 체제의 위협을 느껴 다시 원위치로 회귀하고 있습니다. 그렇지만 민생경제를 회복하기 위해서는 반드시 시장경제가 활성화되어야 하는 것을 김정은은 누구보다 잘 알고 있으리라 여겨집니다. 불가피하다는 것을 말입니다.

현재 김정은이 부분적으로 경제의 자유화를 진행하고 있지만, 사회주의 원칙을 무너뜨릴 정도의 개인 소유는 철저하게 금하고 있습니다. 북한은 2021년 1월에 개최된 북한 노동당 제8차 당대회에서 노동당의 최종 목적을 “인민의 리상이 완전히 실현된 공산주의사회 건설”로 규정하면서 삭제했던 공산주의를 다시 등장시켰습니다. 결국 앞으로도 북한은 사회주의를 계속 고수할 것임을 여실히 드러냈다고 볼 수 있습니다.

그리고 북한은 중국과 같은 방법으로 경제를 활성화하는 방식에는 동의하지 않고 있습니다. 즉, 정치는 사회주의이나 경제만 자본주의 제도를 도입하겠다는 생각은 전혀 없다는 말입니다. 그러나 죽어있는 경제를 어떻게 회복하고 발전시킬 수 있을까에 대한 답은 아직도 찾지 못하고 있습니다.

머니머니해도 북한 경제의 발목을 잡는 가장 중요한 것은 북한의 핵문제입니다. 북한이 핵을 놓지 않겠다는 입장에서 한 치도 후퇴하지 않았기에 북한의 경제는 죽을 수밖에 없다는 것이 현실적 문제입니다. 핵문제로 국제적인 대외 경제 여건이 북한에 도움을 줄 수 없기에 북한의 경제는 결코 나아갈 수 없습니다. 북한의 근본적인 체제 변화와 핵문제가 국제 정치권에서 해결되지 않으면 북한의 경제는 현재의 상태에서 변할 수 없습니다. 김정은의 가장 큰 고민은 아마 죽어있는 북한 경제를 살릴 것이냐, 핵을 내려놓을 것이냐일 것입니다.

7장

1970년대까지 떵떵거렸던 북한외교

미국의 정치학 박사 타니샤 파잘(Tanisha M. Fazal)이 쓴 책 State Death를 소개하겠습니다. 번역하면 '국가의 죽음'인 이 책에서 박사는 1800년대부터 2000년도까지 200여 년간 전 세계 국가를 대상으로 조사한 결과 총 207개국 중 66개국인 약 32%의 국가가 소멸했음을 밝히고 있습니다.

국가는 영속적인 형태가 아니고 태어나기도 하고 죽어가기도 하는 생물체와 같은 모습이라고 합니다. 소멸의 원인으로 75%인 50개국이 국가폭력에 의해 멸망했다고 합니다. 국가폭력에는 국가 내부의 폭력도 있고 국가 외부의 폭력도 있을 수 있습니다. 파잘 박사가 내린 결론은 국제사회에서 국가의 죽음이란 예상보다 흔한 일이고 그래서 각 국가는 살아남는 것, 즉 생존하는 것을 가장 큰 가치로 여긴다는 것입니다. 이 말은 다른 시각으로 보면 국가를 지구상에서 활동의 주인이나 주체로 보는, 즉 국가도 살아있는 생물처럼 바라본 시각입니다.

각 국가들은 국가의 존속을 위해서는 무슨 짓(일)이든 할 수 있다는 의미이며, 이러한 국가의 생존을 보장하는 활동을 '국가안보'라고 합니다. 이 내용을 북한에 접목해보면 북한도 국가의 생존을 위해 어떠한 것도 한다는 것입니다.

1. 국가안보 개념

국가안보(國家安保)란 국가안전보장(國家安全保障)의 줄임말로 한 국가가 국내외 위협으로부터 자유로운 상태를 의미합니다. 이 말은 소극적 정의와 적극적 정의로 구분하여 설명할 수 있습니다. 먼저 소극적 정의는 한 국가가 근심 걱정이 없는 상태입니다. 적극적 정의는 국가의 존립에 대한 위협 배제뿐만 아니라 능력을 강화해야 되고 또한 발전 능력과 기회에 대한 자유, 즉 더 발전할 수 있는 자유를 가진 것을 말합니다. 위협으로부터의 자유뿐만 아니라 존립하기 위해 외부로부터의 위협을 배제할 수 있어야 한다고 합니다. 그리고 추가하여 국가의 능력을 강화하고 국가가 발전할 기회에 대한 자유까지 가져야 한다는 포괄적인 의미도 포함하고 있습니다.

〈표 7-1〉 전통적 안보 개념과 비전통적 안보 개념 비교

구분	전통적 안보 개념	비전통적 안보 개념 (포괄적 안보)
행위 주체	국가	국가/비국가
안보 영역	군사 영역	군사/비군사 영역
안보 가치	절대성	상대성, 보편성
안보 유형	군사안보	공동안보, 협력안보 등

국가안보를 바라보는 시각에는 전통적 안보 측면과 비전통적 안보 측면으로 보는 시각이 있습니다.

전통적 안보에서는 안보의 주체를 국가에 두고 국가가 생존하기 위해 안보를 책임지는 수단으로 군사력을 가장 중요한 수단으로 삼는다는 시각입니다. 이 시각은 현실주의적 입장에서 출발합니다. 즉 국제사회는 무정부 상태로 강한 것이 약한 것을 집어삼킨다는 약육강식의 논리가 지

배하고 있는 관계로 인식합니다. 힘센 국가가 주변 힘없는 국가에 위협을 가하면서 국가의 이익을 획득한다는 것입니다. 따라서 위협의 근원을 주변 국가의 물질적 능력과 의도로 보고, 국제관계에서는 정치안보, 외교안보도 중시하지만 군사안보를 첫째로 여깁니다.

반면 비전통적 영역은 신자유주의나 구성주의자들이 주장하는 내용을 뒷받침하는 데, 국제사회는 대화와 협력으로 위험을 감소시킬 수 있다고 보는 시각입니다. 기존의 전통적 안보의 핵심인 군사력이나 정치력을 의존하는 측면에서 달리하여 비군사적인 영역과 비국가적 영역을 포함하고 안보의 가치에 대한 상대성과 보편성을 강조하는 시각입니다. 따라서 안보의 주체도 국가뿐만 아니라 비국가도 포함하여 군사안보에 추가하여 공동안보, 협력안보의 유용성에 주목하여 외교의 영역을 확대하기도 합니다.

최근 중요시되는 사례가 환경과 인권 분야로, 환경을 위해 전 세계가 단합해야 하고 공동의 목표를 위해 나아가야 한다고 결의하고 행동해야 한다는 시각입니다. 따라서 이들은 포괄적 안보 개념의 경우 공동·협력안보를 강조하면서 지역 안보, 다자간 안보를 중요하게 여깁니다.

또 다른 사례는 남중국해에 대한 각국의 시각을 한번 보겠습니다. 남중국해는 중국 우측 및 그 남쪽 있는 넓은 바다로 중국은 오로지 전통적 안보 개념하에 중국 땅이라 주장하면서 힘으로 강제합니다. 남사군도(南沙群島; Spratly Islands)라는 무인도에 항만이나 비행장을 건설하여 자신들의 영토로 확고하게 점령하려 합니다.

그러나 주변의 베트남, 필리핀, 말레이시아와 같은 국가들은 중국의 주장을 일축하면서 포괄적 안보 개념으로 공동안보나 협력안보의 개념으로 자국이 영유권을 주장하는 바다를 지켜내려 하고 있습니다. 연합해서 중국의 힘에 굴복하지 않으려는 이들 국가의 시각이 비전통적·포괄적 영역이라고 할 수 있습니다.

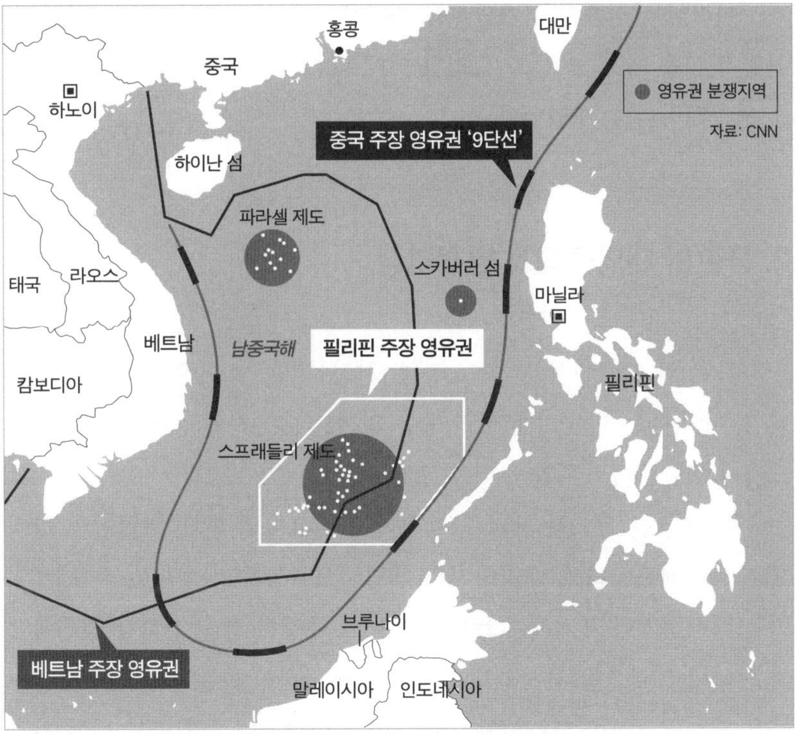

〈그림 7-1〉 남중국해 주변국 영유권 분쟁

출처: news1, 2016. 4. 21.

이러한 시각차는 미국 대통령의 한반도를 바라보는 인식차에 고스란히 나타나고 있습니다. 미국의 바이든 정부는 이전의 트럼프 대통령과 완전히 다른 시각을 갖고 있습니다. 트럼프는 미국만의 이익을 위한 안보에 중점을 두었지만, 바이든은 미국이 중심이 된 동맹국과 연계한 공동이익을 위한 대외정책을 추진하고 있습니다. 국제질서를 보는 관점에 대해서도 트럼프는 전통적 안보의 시각으로 군사력을 중심으로 한 개념이었고 2021년 등장한 바이든은 동맹을 통한 국제질서를 유지하자는 비전통적 안보 개념을 갖고 있습니다. 이러한 시각차로 인해 미국이 채택한 정책에 따라 국제관계에 관련된 안보환경이 확연히 바뀌게 되었습니다.

이러한 관점에서 국가안보를 바라보는 인식의 차이에 따라 북한은 어떤 인식을 하고 있을까? 그리고 이에 따른 우리 대한민국의 국가안보를 생각해봐야 할 것입니다.

2. 북한의 대외정책과 변천과정

북한 외교의 핵심은 자주, 평화, 친선이라는 용어에 압축되어 있습니다. 이 용어는 단순하게 보면 좋은 의미로 실용적인 용어로 보입니다. 그러나 북한은 우리와는 전혀 다르게 해석합니다.

'자주'라는 용어는 제국주의 침략에 맞서서 북한식, 북한만의 방식으로 독자적으로라도 대항하자는 개념이며, '평화'는 외부에서 오는 위협을 배제하거나 제거해야 된다는 의미로 투쟁을 통해 평화를 쟁취하겠다는 의미로 해석합니다. 한반도에서 한국 남한이 하는 을지포커스 훈련 등은 평화에 위배되고, 북한이 하는 핵실험이나 미사일 발사 등은 자주적인 것으로 보며, 외부의 간섭을 내정간섭으로 본다는 의미입니다. 마지막 '친선'은 북한의 이념에 동참하거나 북한의 이익에 함께하는 나라와는 친하게 지내자는 내용이죠. 그래서 이 세 가지 용어를 잘 살펴보면 겉으로는 그럴듯하지만 그 속에 품은 숨어 있는 의미는 완전히 다르다는 것을 알 수 있습니다.

1 북한 외교의 목표

북한 외교의 전략적 목표는 크게 '한반도 통일', '자주 독자노선', '국제적 위상 강화'의 세 가지가 있습니다. 첫 번째 목표인 '한반도 통일'은 주한미군을 철수시킨 이후 남쪽의 동조 세력을 규합하여 통일을 쟁취하겠다는 것입니다. 북한이 주장하는 3대 혁명역량 강화와 맥을 같이하는 내용입니다. 북한이 완전한 혁명을 이루고 이어서 한국을 혁명화한다는 주장의 연장선으로 이해할 수 있습니다.[1] 한국을 공산화하기 위해서는 선 주한미군 철수, 현재의 휴전협정 파기와 평화협정 체결 등을 주장하고 추가하여 한국에 북한의 통일노선과 같이하는 사람이나 조직들과 연계한다는 의미로 해석할 수 있습니다.

'자주 독자노선'은 중·소의 대립 관계에서 등거리 외교를 통해 자국의 이익을 최대한 추구하겠다는 내용이며, '국제적 위상 강화'는 제3세계 국가들과 이데올로기가 같은 국가들과는 협력을 통해 유대관계를 향상시키겠다는 의미입니다. 추가하여 미국이나 일본이나 EU와 같은 서방 국가들과의 관계까지 확대하여 대남 외교 우위를 확보하기 위한 노력을 다하겠다는 목표로 보입니다.

2 북한의 대외정책 변천과정

북한 정권이 탄생하고 6·25전쟁과 그 이후 1950년 중반까지는 북한은 오로지 중국 및 소련과의 외교 관계에 집중했습니다. 정부 수립과 전쟁 지원에 대한 고마움에, 전후 복구를 위한 지원, 그리고 또 다른 전쟁 준비 등을 위해 경제원조가 필요했기 때문이었습니다.

1960년대 북한은 비동맹외교에 중점을 두고 활발한 외교를 하게 됩니다. 당시 남쪽 정부는 정치적인 혼란으로 정신없었던 시기였습니다. 특히 6·25전쟁 이후 혼란스러운 정치로 4·19혁명과 제2공화국 수립, 전쟁 이후 전후 복구도 안 된 상태에서 정치적 혼란은 극에 달했습니다. 1960년대 들어 박정희 대통령이 등장하면서 정치적으로 한국의 위상은 땅에 떨어졌습니다. 이 시기에 북한은 일본이 남긴 산업시설과 국유화

1 2012년 4월 개정된 조선로동당 규약 전문에는 "조선로동당의 당면목적은 공화국 북반부에서 사회주의 강성국가를 건설하며 전국적 범위에서 민족해방민주주의혁명의 과업을 수행하는 데 있다"라고 하면서 공산화 통일이 당면 목적임을 명시하고 있다.

정책 그리고 갖고 있던 자원 등을 활용해 경제를 크게 발전시키면서 한국보다 훨씬 부유했습니다.

이러한 경제적 우위 상황에서 북한의 외교는 자신감을 보이며 활발한 외교활동을 합니다. 바로 비동맹외교에 중점을 둡니다. 미·소가 만든 냉전 체제에 포함되지 않은 언저리에 있던 제3세계 국가들과의 외교에서 북한은 나름대로의 외교적인 역량을 발휘해서 북한의 위상을 드높인 시기였습니다.

그리고 1970년대는 중·소 분쟁이 격화되고 중국과 소련에서 무상원조가 중단되는 시기에 북한은 중국과 소련에 의존하지 않는 자주적인 외교정책을 펼치게 됩니다. 특히 중국이 미국과 관계를 새롭게 형성하고 유엔에 가입하자 북한은 중국을 믿을 수 없다고 하면서 비동맹회의에 더욱 집중하고 중소 외교에서 벗어난 자주외교로 방향을 전환합니다.

1980년대 이후는 공산권의 몰락과 함께 북한에서는 매우 힘든 고난의 행군 시기를 겪었습니다. 소련의 몰락과 동구권의 해체로 인해 이들 공산국가들과 북한의 교역이 와해되는 시기였습니다. 동구권이 자본주의 체제로 변화되는 시점에 북한은 어쩔 수 없이 대서방 외교로 확대하여 실리 추구 외교로 전환합니다.

1990년대 북한의 외교가 또다시 크게 바뀝니다. 소련이 붕괴되고 경제난이 닥치자 외교적으로 고립된 상황에서 어려운 상황을 돌파하기 위한 방법으로 미사일과 핵을 개발합니다. 1994년 이래 계속된 핵실험과 미사일 발사로 국제적으로 완전히 고립된 상황은 2020년대까지 크게 변함없이 현재에 이르고 있습니다. 이러한 상황에서 나타난 코로나19 위기도 자주적으로 극복하자는 정책에 따라 그나마 유지되었던 중국과 소련과의 국경을 봉쇄한 결과 북한은 무역은 물론 인적 교류까지 완전히 고립되어갔습니다.

전체적으로 보면 북한은 국제적인 상황 변화에 적극적으로 대처했다고 볼 수 있습니다. 북한이 대외관계 변화를 꾀했던 가장 큰 이유 중 첫 번째는 한국의 변화입니다. 당시 노태우 대통령의 북방외교로 한국이 소련과 이어 중국과 정상적인 국교를 맺으면서 동유럽 국가들에게까지 관계가 형성되자 북한은 고립됩니다. 두 번째는 중소분쟁으로 중국과 소련으로부터 경제적인 지원이 줄어들었고, 북한의 자주외교 기치로 이들 전통적인 우방국과의 관계가 소원하게 되었습니다. 이 시기에 북한은 서방국과의 외교관계 개선을 추구하여 어느 정도 성과를 얻었습니다.

먼저 적이라고 했었던 미국으로의 접근입니다. 제8장에서 다루겠지만 한국의 외교정책 변화에 따라 미국은 북한과 직접 대화를 거부했었기에 북한의 대미 접근은 매우 큰 변화라고 할 수 있습니다. 그리고 이어 전통적인 중립국인 스웨덴을 중심으로 EU 국가들과의 외교관계를 개선하는 등 다변화입니다. 추가하여 그간 소원했던 전통적인 우호국인 중국과 러시아와도 우호관계를 복원하는 노력을 한층 가하게 됩니다.

이러한 북한의 외교적 노력에 의해 물론 미국과 일본과의 관계개선은 이루어지지 않았지만, 북한은 상당한 국가들과 외교관계를 확대하고 국제적인 영향력을 행사하는 국가로 발돋움하게 됩니다.

3. 북한의 외교체계 및 외교의 종류

북한의 대외정책은 당 우위 국가체제 특성상 노동당의 지도에 의해 결정되고, 전문 외교기관이 결정된 정책을 수행하는 방식입니다. 대외정책에 대한 당 차원의 지도는 당중앙위원회 정치국의 국제담당 부위원장과 산하 국제부를 통해 이루어지며, 최고지도자에 의해 지휘·통제되고 있습니다. 대남관계는 당중앙위원회 정무국의 대남 담당 부위원장과 통일전선부를 통해 이루어집니다.

구체적으로 최고지도자가 주요 노선과 정책을 결정하면 이를 실무 부서에서 집행하는 상의하달 방식입니다. 이와 달리 당·정·군의 실무 엘리트 집단이 정책을 입안한 이후 검토 협의를 거쳐 최종 정책집행자들, 당중앙위원회 부위원장, 부상, 내각총리, 인민무력상, 외무상 등에게 보고하면 이들이 최고지도자의 비준 및 재가를 받은 후 해당 정책을 집행하는 하의상달 방식으로 이루어지기도 합니다.

북한의 헌법에 명시된 대외정책 수립기관은 최고인민회의 상임위원회입니다. 1998년 헌법 개정 때 국가주석 직책이 폐지되면서 최고인민회의 상임위원장이 국가를 대표하여 다른 나라 외교 사절의 신임장과 소환장을 접수하며, 최고인민회의 상임위원회는 다른 나라와 맺은 조약을 비준·폐기하고 외교 사절의 임명·소환을 결정·발표하도록 했습니다. 그러나 2016년 헌법 개정으로 국무위원장이 상기 권한과 역할을 수행하도록 바꾸었습니다.[2]

북한은 심화되는 외교적 고립난을 탈피하고 외교를 강화하기 위해 최고인민회의 제13기 5차 회의(2017. 4. 11)에서 최고인민회의에 외교위원회를 설치했습니다. 최고인민회의 외교위원회는 1990년대 초에 서방 등 각국의 의회를 상대로 한 외교를 강화하는 역할을 했던 것처럼 향후 서방 각국과 한국의 의회 등을 대상으로 외교를 확대하는 역할을 할 것으로 보입니다.

북한 외교는 크게 다섯 가지 외교가 있으며 우리의 외교 체계와는 많이 다르다는 것을 확인할 수 있습니다. 우리는 국가외교, 민간외교, 경제외교, 문화외교 등으로 구분할 수 있지만, 북한은 국가적 외교, 인민적 외교, 당 외교 등으로 여느 사회주의 국가들처럼 외교의 성격별로 구분

2 2016년 6월 "국무위원장은 국가의 최고영도자로서 국가사업 전반을 지도하는 임무와 권한을 가지며, 특사 파견권을 행사하고 외국과 맺은 중요 조약을 비준 또는 폐기하는 권한을 지닌다"의 문구로 개정했다.

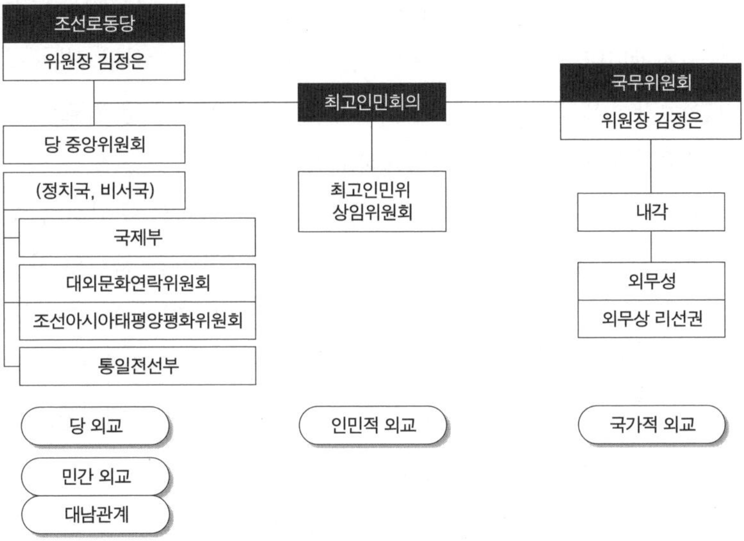

〈그림 7-2〉 북한 외교를 담당하는 기구와 외교 종류

합니다. 또한 이 구분에 따라 담당하는 별도의 기관을 갖추고 있습니다.

국가적 외교는 우리의 외무부가 하는 외교와 같이 국가 대 국가가 공식적으로 하는 외교입니다. 북한은 외무성이 담당하는데 외무성은 국무위원회 예하의 내각에 소속되어 있고, 여기에서 다른 국가에 대사를 파견하고 정상적인 외교활동을 합니다.

다음은 최고인민위원회에서 하는 인민적 외교입니다. 공산주의 선언에서 '국제적인 노동자들이여 단결하라'는 이념에 따라 전 국가의 노동자들의 연계, 연합을 강조하는 것처럼 인민대중의 대표인 최고인민회의가 주가 되는 인민적 외교를 중요시합니다.

그리고 사회주의 국가의 특징으로 당 주관의 외교가 있습니다. 사회주의 국가들 간의 외교 중 가장 영향력이 있는 분야입니다. 조선로동당에 있는 당중앙위원회 산하의 비서국 통제를 받아 국제부에서 당 외교를 수행합니다. 예를 들어 북한의 노동당과 중국의 공산당과의 관계에서도 외교에서 중국의 당부장이나 부부장들이 방문하면 국제부에서 관련 임무를 수행합니다. 심지어 김정은이 중국 시진핑과 정상회담 하는 것도 우리는 국가적 외교라 보고 있지만 중국이나 북한에서는 당 외교로 당의 대표인 주석과 주석 간 외교로 발표하고 있습니다.

다음은 당의 예하 기관인 대외문화연락위원회에서 주최하여 수행하는 대남 또는 대외 민간외교입니다. 한국의 민간단체와 북한의 접촉은 당 예하 조선아시아태평양위원회와 대외문화연락위원회 등 조직을 이용하여 수행합니다. 1970년대 이전까지만 해도 대외문화연락위원회에서 민간외교를 담당했지만 1980년대 이후에는 조선아시아태평양평화위원회에서 대남 민간외교 전체를 담당하고 있습니다.

마지막으로 우리 한국과의 외교를 담당하는 부서는 노동당 예하의 통일전선부로 별도로 구성되어 있습니다. 우리가 흔히 남북회담을 한다고 하면 우리는 통일부, 북한은 통일전선부에서 담당합니다. 즉 북한은 대남 정식적인 회담을 정부 조직이 아닌 당의 통일전선부에서 시행한다는 내용으로 이는 북한만의 특이한 외교체계입니다.

이렇게 북한의 외교는 대부분 당에서 다 통제하고 있으며, 형식적으로 최고인민회의에서 그리고 실질적인 업무는 국무위원회 내각에서 공식적으로 수행됨을 알 수 있습니다.

4. 주변 국가들과의 외교관계

1 미국과의 관계

북한의 핵 의혹이 노정되기 이전까지 북한과 미국과의 관계는 휴전협정을 대체하는 평화협정 체결을 주장하는 북한의 목소리와 이를 거부하는 미국이 주된 모습이었습니다. 북한의 주장은 냉전체제하에서 제대로 된 대화 없이 겉돌기만 했습니다.

이러한 북미 관계를 제대로 이해하기 위해서는 정전체제를 유지하는 가운데 한반도에서 벌어진 여러 사건들을 봐야 합니다. 예를 들어서 1976년 8월 18일 벌어진 판문점 도끼만행사건이나 푸에블로호 납치사건 등입니다. 이러한 사건에서 미국과 북한은 첨예하게 대립했고, 일시적인 대화가 있었지만 이슈가 끝나면 다시 원위치되는 모습입니다.

1980년대 이후에도 북한은 평화협정 주장을 지속했고, 1990년대 국제환경의 급변과 함께 북한의 외교도 급격히 변하게 됩니다. 그 변혁의 중심은 바로 소련과 동구권의 붕괴와 한국이 공산국가인 중국 및 소련과 수교하는 상황이 발생하면서부터입니다.

이러한 주변 환경 변화에 북한은 미국과의 관계 개선뿐만 아니라 일본이나 서방권의 국가들과 외교를 확대하려 했습니다. 당시 한국도 북한의 미국을 비롯한 서방국가와의 접촉과 관계 향상을 용인하여 한국이나 북한 외교 모두 국제적 다변화의 방향으로 나아가고 있었습니다. 그러나 뜻밖에도 북한의 외교는 영변의 핵시설에 대한 의혹이 벌어지면서 급변하게 됩니다.

1993년 북한이 핵비확산협정(NPT) 탈퇴를 선언하면서 IAEA에 이어 미국이 북한과 직접 협상하게 바뀌었고 핵 협상은 격렬하면서도 끈질겼지만 회담 진행은 지지부진했습니다. 그 결과 1994년에 제네바 합의를 이루어내고, 한때는 북한의 핵 개발이 해결되었다는 희망을 보여주기도 했었습니다. 이러한 과정에서 북미 관계가 정상화가 되는 거 아니냐는 예상이 나올 정도로 발전했지만 곧 북한의 새로운 핵 프로그램이 밝혀지면서 틀어지게 됩니다.

북한이 미국과의 외교관계에서 추구하는 목표는 현재도 그렇듯이 평화협정 체결, 체제보장, 핵 문제 해결, 인권 문제를 통한 내정불간섭, 대북재제 해소 및 경제적 실익 추구입니다. 평화협정 체결 문제는 초기에 남북 간 의제로 시작했으나 미국과의 단독 협상의제로 전환한 이후 현재까지 북한이 매달리고 있는 의제입니다.

북한은 다양한 계기를 통해 대미관계 개선을 위한 협상의 틀을 유지했습니다. 1994년 북·미 간 '제네바 합의', 1996년 4자회담, 1999년 '베를린 회담' 미사일문제, 2003~2007년 6자회담 등은 북·미 간 양자 또는 북·미 등 관련 당사국들이 참여한 다자회담들이었습니다.

클린턴 행정부 시기에는 한때 북한의 외무상이 미국을 방문하고 미국의 국무장관이 북한을 방문하는 등 외교관계가 좋아지는 모습을 보여주기도 했었습니다. 북한에서 실종된 미군의 신원을 확인하고 6·25전쟁 시 사망한 미군 유해 발굴 등의 진척이 있었습니다. 그러나 2001년 9·11 테러가 일어난 이후 부시 행정부는 이라크, 이란과 함께 북한을 '악의 축'으로 규정하면서 북한을 압박하기 시작했고 특히 2002년 캐리 특사가 북한을 방문할 때 농축우라늄 핵문제가 제기되면서 미·북 관계는 급속하게 냉각됩니다. 전쟁 직전까지 가는 위험한 상황이 나타나기도 했습니다.

그러나 미 행정부의 핵무기의 완전한 제거, 핵확산 의혹 해소 등 북핵 문제의 해결 없이는 북한과의 관계 정상화가 불가능하다는 성명이 발표되면서 북한의 대미 태도는 강경해지기 시작했습니다. 2009년 4월 5일 장거리 미사일 발사, 2009년 5월 25일 2차 핵실험, 2009년 폐연료봉 재처리 완료 발표, 2010년 우라늄 농축시설 공개 등을 통해 북한은 미국을 압박했습니다.

2012년 2·29 합의로 북한과 미국은 핵·미사일 개발 중단과 미국의 대북지원 재개에 합의를 이루었으나 북한의 장거리 미사일 발사와 이어 2013년 2월 12일 3차 핵실험으로 무산되었습니다. 또한, 2016년 북한의 4, 5차 핵실험 이후 미국이 유엔 대북제재 결의를 주도하고 독자 제재를 실시함에 따라 북·미 관계는 경색된 상황입니다. 이후 북한과 미국 간에

6자회담 재개를 위한 논의가 이루어지기도 했으나 상호 입장차를 좁히지 못하고 있는 상황입니다.

이후 트럼프 대통령이 등장하면서 북한은 미국의 관심을 집중시키기 위해 도발을 단행합니다. 2017년 7월 4일 미국 독립기념일에 미 본토에 도달할 수 있는 ICBM급 화성 14형을 발사하면서부터입니다. 이러한 도발에 미국과 UN은 북한에 대해 강력한 제재를 가했습니다.[3] 트럼프 행정부는 '최고의 압박과 개입(Maximum pressure and engagement)'이라는 새로운 대북정책을 수립했습니다.[4] 이후 미·북 관계는 북한의 6차 핵실험 강행으로 강대강 구도로 치달았습니다. 그러나 2018년 평창올림픽 개최에 북한 대표단이 참가하면서 북한이 비핵화 협상 의사를 밝히고 미북 비핵화 협상이 시작됐습니다. 2018년 6월 싱가폴에서 미북 정상회담이 열렸고 이후 하노이 회담, 판문점 회담이 열렸지만 결렬되어 현재까지 교착 국면에 있습니다.

최근 미북 간 갈등을 더욱 고조시키는 또 하나의 요인은 북한의 인권 문제입니다. 2014년 11월 유엔총회에서 미국과 유럽연합 주도로 북한 인권결의안이 채택되고 김정은을 국제형사재판소(ICC)에 제소하면서 북한의 미국에 대한 비난 수위는 더욱 높아지고 있습니다. 북한은 2015년 9월 제70차 유엔총회에서도 북한인권결의안 채택 반대와 미국을 상대로 한 평화협정 체결의 필요성을 주장했습니다.

다음은 북한이 1990년대 이후 북미회담 및 각종 다자회담에서 구사했던 '벼랑끝 전술'을 알아보겠습니다. 벼랑끝 전술은 북한이 대결 분위기를 조성한 이후에 이를 매개로 하여 회담을 개최하게 하고 회담에서

---

3 미국은 세컨더리 보이콧이 가능한 강력한 '대북제재법'을 발동했으며, 유엔 대북제재 결의안을 통해 북한의 광물 수출을 금지하고 정유제품 수입을 봉쇄시켰다.

4 미국은 외교, 정보, 군사, 경제(DIME: Diplomacy, Information, Military, Economy)의 모든 대북 압박 옵션을 준비하고 있다. 최악의 경우 군사적 옵션의 가능성을 검토했다.

북한이 필요로 하는 것을 얻어내는 회담 전술을 말합니다.

예를 들겠습니다. 북한은 미사일을 발사하거나 핵실험을 함으로써 국제사회와 대결한다는 험한 분위기를 조성합니다. 그리고 이러한 사태를 해소하기 위해서는 북한이 요구하는 것을 상대국에게 들어달라고 합니다. 6자회담에서 미국에게 "체제를 보장하라, 경제지원을 해달라, 대북제재를 풀어달라" 등의 요구를 했습니다. 그러면서 미국이 들어주지 않으면 계속해서 핵실험과 연평도 포격도발, SLBM 발사 등의 행동을 꾸준히 이어가면서 위협의 강도를 높여갑니다. 이러한 위기의 사태에 결국은 회담 당사자는 회담을 수락하고 북한의 요구를 들어주게 됩니다. 이러한 회담전략을 성공으로 이끈 회담 결과가 바로 제네바 협상이었습니다. 분석해보면 북한은 단기적으로는 성공했습니다. 그러나 장기적으로도 성공했을까요?

저자는 북한이 단기적일 뿐만 아니라 장기적으로도 성공했다고 평가합니다. 물론 국제사회에서 북한이 도발적이고 위험한 국가로 인식하게 되는 계기가 되었지만, 이 전술을 통해서 북한은 매년 중유 50만 톤을 획득했으며, 특히 시간을 벌었습니다. 협상의 분위기 속에 국제사회가 북핵을 주목하지 않은 기간에 북한은 결국 핵을 만들었고 핵실험까지 마무리할 수 있었습니다.

2 중국과의 관계

북한과 중국과의 관계는 6·25전쟁 때 중국이 직접 북한에 군사력을 지원하여 북한을 패망에서 도와줬다는 인식을 바탕으로 외교관계가 유지되고 있습니다. 두 나라가 혈맹국이란 용어를 사용하고 있지 않습니까? 일정 기간은 너무나 가까운 관계였다가 중·소 갈등 속에서는 좀 거리를 띄우다가 결국은 믿을 만한 나라는 중국밖에 없다고 판단한 것이 북한 외교정책의 현주소인 것으로 보입니다. 특히 1990년대 이후 북한 핵 문제가 불거져 나오면서 국제사회에서 북한을 지지해줄 수 있는, 의지할 수 있는 나라는 중국이라는 것입니다.

중국의 대(對)한반도 정책의 기본원칙은 그림과 같이 3비(三非) 정책과 3불원(三不願) 정책입니다. 한 번쯤은 들어봤을 내용일 것입니다. 먼저 3비 정책은 먼저 한반도에 핵무기를 갖고 있지 말아야 한다는 것이며, 남북 간에 전쟁이 있어서도 안 되고, 마지막으로 북한 공산정권이 붕괴되어서는 안 된다는 원칙입니다. 이어 3불원 정책, 즉 중국이 한반도에서 예상되는 발생하지 말아야 할 상황을 말합니다. 먼저 한반도가 미국하고 밀착되어 미국의 입김이 중국에 영향을 주는 것을 가장 경계하고, 한반도의 남북 관계가 잘되어 중국과 경쟁관계로 가는 것을 원하지 않으며, 마지막으로 남북한이 하나의 민족주의로 뭉치게 되는 것도 원하지 않는다는 것입니다.

위 내용을 종합해보면 중국은 남북이 통일되는 것도, 남북이 강해져서 중국과 경쟁하는 것도 거부하는, 어찌 보면 남북이 잘되어 부상하는 것을 꺼리는 국가로 우리에게 가장 불편하고 껄끄러운 나라가 중국이라고 할 수 있지 않을까요?

북한 정권 수립 이후 60여 년 동안 중국과 북한 간의 관계는 때로 소원해지고 불편해지기도 했으나 정치·경제·군사 상황을 보면 순치(脣齒)관계로 표현될 만큼 긴밀한 관계를 유지해왔습니다. 그러나 북·중 관계는 탈냉전 상황에서 이념보다 실리경제를 중시하는 중국의 정책에 따라 1990년대 들어 변화 과정을 겪게 됩니다. 중국이 1991년부터 북한과의 교역에서 사회주의 블록경제의 틀 안에서 유지해온 구상무역을 포기하고 경화 결제를 요구했고, 1992년 8월 한국과의 외교관계 수립은 북·중 관계를 악화시키는 요인으로 작용했습니다. 따라서 북·중 관계는 그동안 표면상 동맹관계를 유지하면서도 소원한 관계를 유지해왔습니다.

그러나 북한은 1998년 9월 김정일 체제가 공식 출범하면서 중국과의 관계 정상화를 위한 많은 노력을 기울여왔습니다. 중국과는 이념적 동질성, 전통적 우호관계를 바탕으로 유대관계가 요구되었고, 국제적 고립과 경제난 타개를 위해 중국의 협조를 필요로 하기 때문이었습니다. 김정일은 2000년 5월 중국 방문 이후 여섯 차례 방중했고, 당시의 북한의 식량난을 해소하기 위해 경제개방을 염두에 두고 방문한 것으로 보이며 두 국가 간에 관계가 많이 좋아졌습니다. 장쩌민, 후진타오 등 중국 국가주석도 두 차례 방북함으로써 양국 간 친선우호관계는 더욱 강화되었습니다.

이후 중국의 시진핑 정권 출범 후 2006년 북한의 1차 핵실험을 계기로 중국은 북한을 비난했으나 유엔 안보리의 대북제재안에는 반대하지 않았습니다. 즉 중국은 대화와 협상을 통한 북핵 문제 해결 원칙을 유지하고, 북한에 대한 전면적 제재는 반대한다는 입장을 천명했습니다. 이러한 상황에서 김정일이 2010년 5월부터 2011년 8월까지 네 차례나 중국을 방문했습니다. 이에 후진타오 주석은 북·중 친선관계 진전을 강조하면서 "북한의 당대표자회의 정신을 높이 받든다"고 언급함으로써 북한의 3대 세습 지지를 표명하기도 했습니다.

북한과 중국의 관계는 혈맹관계라고 하는 특수성이 있고, 중국은 자국 안보를 우선한다는 정책에서 한반도에 미군의 영향을 최소화하려고 하는 관계 속에서 북한을 이용하는 관계가 유지되고 있습니다.

2011년 말 김정은이 집권하여 핵·미사일 개발에 속도를 내기 시작하면서부터 북한과 국제사회, 특히 미국과의 갈등이 깊어졌습니다. 중국 시진핑 정부는 '중국몽(夢)'을 실현하기 위한 미국과의 협력이 필요했으나 북한의 연속적인 도발로 인해 이를 제지해야만 하는 입장이었습니다. 이러한 북중관계를 종합적으로 보면 중국은 북한을 미국과의 마찰을 완화시킬 완충공간으로 인식을 갖고 있는 듯합니다. 따라서 중국은 북한의 핵실험 및 미사일 발사 등 군사적 도발에 대해서는 강경한 태도를 취하면서도 북한 체제의 불안정을 초래할 가능성이 있는 국제사회의 대북제재에 대해 미온적으로 대처하는 태도를 보이고 있다고 봅니다.

북·중 관계는 중국의 북한 함경북도 북부지역 피해와 관련 지원물자 무상기증 방식의 북·중 경제교류 추진에 의해 유지되고 있으나, 북한의 잇따른 도발이 지속된다면 근본적인 관계개선은 어려울 것으로 보입니다.[5]

시진핑 지도부의 중국과 김정은 정권의 북한과의 관계는 초기에는 급격히 악화되었으나 2018년 들어 김정은 국무위원장은 전향적으로 중국과의 관계를 복원하려 노력했습니다. 2018년 이후 네 번이나 중국을 방문해 시진핑 주석과 정상회담을 했으며, 2019년 6월에는 시진핑 주석이 북한을 방문하기도 했습니다.

3 일본과의 관계

북한은 스스로 항일혁명의 정신으로 북한을 건국했다고 하면서 일본에 대해서는 철저하게 적으로 규명하면서 별도의 관계개선을 시도하지 않았습니다. 그러나 1970년대에 들어 냉전체제의 붕괴와 함께 미·중 우호 협력관계 발전, 남북대화 추진 등을 배경으로 관계개선을 위한 노력을 시작했습니다.

북·일 수교 문제는 1990년대부터 본격 논의되기 시작했습니다. 2004년 5월 22일 김정일과 고이즈미 총리는 1년 8개월 만에 제2차 정상회담을 갖고 2002년 10월 이후 중단된 수교회담을 재개하기로 합의했습니다. 그러나 이러한 정상회담의 성과에도 불구하고 북·일 관계 개선은 쉽게 진전되지 않았습니다.

---

5 북한이 2015년 1월 6일 수소탄이라고 주장하면서 4차 핵실험을 강행했으나 중국은 제재에 미적대다가 2016년 2월 장거리 미사일을 북한이 발사하자 2270호에 동참했다. 그 이후 2321, 2371, 2375, 2379호 채택에 동참은 했으나 뒷문을 열어놓고 있는 것으로 보인다.

협상 초기부터 일본은 북한에 대해 일본인 납치문제에 대한 답변을 요구했으나 북한은 모르쇠로 일관했습니다. 그 뒤로 협상이 진척되어가던 중에 큰 사건이 발생합니다. 이른바 '메구미 사건'입니다. 협상을 위해 북한이 통큰 양보를 했는 데, 이는 북한에 의해 납치되었다가 사망한 한 일본인의 유골을 일본에 돌려주면서 북한은 납치자 문제는 모두 해결됐다고 주장했습니다. 그러나 송환받은 유골을 확인해본 결과 메구미가 아니고 다른 사람의 유골이라는 것이 판명된 것입니다. 이러한 사실에 전 일본인은 분노했고 그때까지 진행하던 모든 협상이 물거품이 되고 말았습니다.

이러한 상황에서 북한이 2006년 7월 5일 미사일 발사와 10월 9일 1차 핵실험을 강행하자 일본은 국제사회의 대북제재를 주도하는 한편 북·일 간 전세기 일본 착륙 금지, 북한 당국자 및 승무원 입국 금지, 모든 북한 상품 수입 금지 등 독자적으로 대북제재 조치를 발표했습니다. 또한 북한이 2009년 4월 장거리 미사일 발사와 5월 2차 핵실험을 강행하자 일본은 유엔안보리 대북제재 결의를 주도하면서 대북 수출 전면금지 등 독자적으로 대북제재 강화를 통한 압박전략을 구사했습니다. 북한에 의해 2010년 천안함 폭침과 연평도 포격도발로 인해 한반도에 긴장이 조성됨으로써 일본의 대북 정책기조는 더욱 강해졌습니다.

이러한 가운데에서도 북한은 일본과의 관계 개선을 위해 나서고 있습니다. 이후 2013년 5월 납북자 문제를 논의하기 위해 일본 관리가 방북하고, 2014년 북·일 간 국장급 회담이 수차례 개최되었습니다. 특히 북한 측은 '특별조사위원회'를 설치하여 행방불명자를 포함한 남북 일본인 전면 재조사, 재북 일본인 유골 조사를 하기로 합의했습니다. 그러나 이번에도 2016년 초 북한의 4차 핵실험에 대응하여 일본이 조총련 간부 재입국 금지, 대북송금액 제한 등 요지의 독자제재안을 발표하자 북한은 이를 '스톡홀름 합의 파기'라고 반발하면서 '재북 일본인 재조사 중단 및 특별조사위원회 해체'를 발표했습니다. 이렇듯 북한의 계속되는 핵실험에 따라 국제사회의 대북제재에 동참하는 한편 독자제재를 추진하기도 했습니다.

2016년 8월 북한의 미사일이 사상 처음으로 일본의 배타적 경제수역(EEZ)에 떨어진 것에 대하여 북한을 강력히 비난했습니다. 특히 2017년 8월 29일 북한의 화성-12형 중장거리 탄도미사일이 일본 상공을 통과하여 북태평양 지역에 탄착하자 일본은 가장 강력한 반응을 보였습니다. 일본은 2017년 7월 두 차례의 화성-14형 ICBM급 발사와 2017년 11월 화성-15형 ICBM 발사 시 경보발령 및 대피훈련을 실시하면서 실질적인 태비태세를 갖추고 있습니다.

일본은 북한의 연속된 핵·미사일 도발에 대응하여 미국과 강력한 동맹태세를 구축하면서 전쟁할 수 있는 강한 군대로서의 변신을 하고 있습니다. 한편으로 납북자 문제 해결을 포함한 북한과의 관계개선을 위한 다양한 접촉을 진행하고 있습니다.

4 러시아와의 관계

냉전 시기 이전까지 북한과 러시아는 전통적 우호동맹 관계를 유지했습니다. 소련은 군사·이념적 관계에 기초하여 북한 정권의 수립을 지원했고, 북·중 관계가 긴밀해지는 것을 견제하면서 북한의 전후 복구 및 군사력 증강을 지원했습니다.

탈냉전 이후에는 러시아가 한반도에서 균형 외교를 추진함으로써 북한은 새로운 북러 관계 설정이 불가피하게 되었습니다. 북한은 1991년 12월 소련이 해체되고 11개 공화국으로 이루어진 독립국가연합(CIS)이 출범하자 곧바로 모든 공화국과 수교하는 등 관계를 재정립했습니다. 1996년 북·러 경제공동위원회 개최 등 경제협력 관계가 본격화되면서 북·러 간의 정치관계도 차츰 회복되었고, 2000년 2월 9일 '조러 우호선

린협조조약'을 체결했습니다.

이로써 북·러 관계는 이념에 기초한 정치·군사 동맹관계에서 벗어나 경제협력 파트너로서 새로운 관계를 맺게 되었습니다. '조러 우호선린협조조약' 체결에 이어 소련과 러시아의 최고지도자로서는 사상 처음으로 2000년 7월 북한을 방문한 푸틴 대통령은 북한과 협력을 강화하는 기본 틀을 마련했습니다. 김정일과 푸틴은 2000년 7월 19일 평양에서 단독 및 확대 정상회담을 하고 양국 간 협조와 상호협력, 북한 미사일 문제 등을 내용으로 하는 '북·러 공동선언'을 채택했습니다. 김정일은 2000년 7월 푸틴 대통령의 방북에 대한 답방 형식으로 2001년 7월 26일부터 8월 18일까지 러시아를 공식 방문하기도 했습니다.

이를 계기로 한·소 수교 이후 소원해 있던 북·러 양국 관계를 정상화하고 러시아와 외교·경제 등 협력 체제를 구축했습니다. 특히 양국 정상이 발표한 '북·러 모스크바 선언'(2001. 8. 4)에는 양국 간의 협력관계 복원, 한반도종단철도(TKR)와 시베리아횡단철도(TSR) 연결 사업, 대미 공동보조, 한반도 정세 등에 관한 합의가 담겨 있습니다.

한편, 러시아는 2007년 2월 13일 북한 핵문제 해결을 위한 '9·19 공동성명 이행을 위한 초기 조치' 합의와 2007년 10월 3일 '9·19 공동성명을 위한 2단계 조치' 합의 과정에서 북한의 입장을 어느 정도 수용하는 태도를 보였습니다.

이와 같은 배경은 러시아가 미국과 일본을 견제하기 위한 차원에서 북한을 지지했고, 북한은 국제적 고립 탈피 및 체제유지를 위해 러시아의 지원이 필요했기 때문으로 분석됩니다. 2008년 나진-하산 철도 및 나진항 재건 착공식과 2012년 북한의 대(對)러 채무 탕감협정 체결, 2014~2016년 북·러 경제공동위원회 개최 등 북한과 러시아의 긴밀한 친선관계는 지속하고 있습니다. 2013년 2월 북한의 3차 핵실험에 대한 유엔 안보리 대북제재 결의에 러시아가 동참함으로써 북·러 관계는 소원해진 듯 보였습니다.

그러나 북측 고위인사들이 매년 러시아를 방문하는 등 유대관계를 지속하고 있으며, 2019년 4월에는 김정은이 러시아의 블라디보스토크를 방문하여 푸틴 러시아 대통령과 정상회담을 하기도 했습니다. 러시아는 북한의 핵문제와 관련하여 유엔안보리 대북제재에 동조하면서 한편으로는 북·러 간 '비법입국 및 비법체류자들의 인도와 접수에 관한 협정 의정서' 조인, 수차례에 걸쳐 식량을 제공해주는 등 북한과의 친선관계를 유지하는 양면적 외교 행태를 보이고 있습니다. 이렇듯 기존의 협력관계를 회복하려는 모습을 보이고 있으나 지지부진한 모습을 보이고 있습니다. 특히 러시아는 항구를 개발하는 측면에서 협력의 관계를 추진하려 했으나 북한의 개방계획의 철폐로 인해 이러한 사업들은 표류하고 있는 상태입니다. 북한의 핵실험을 제제하는 측면에서 적극적이지 않지만 그렇다고 방관만 하지는 못하는 어중간한 상태로 분석됩니다.

그러나 러시아-우크라이나 전쟁이 발발하면서 양국이 긴밀한 협조 체제가 형성되었습니다. 전쟁에서 무기가 부족한 러시아가 북한으로부터 지원을 요구하고 북한은 첨단 무기기술을 원하면서 자연스럽게 밀착되더니 2023년 9월 북러 정상회담으로 연결되었습니다. 이 회담을 통해 북한의 영향력이 한층 강화되는 국면으로 발전한 것입니다.

5 유럽연합 및 기타 국가와의 관계

북한은 유럽 국가들과의 교류 확대 차원에서 1999년 9월 제54차 유엔 총회를 앞두고 영국 등 대부분의 유럽연합(EU) 회원국에 처음으로 외무장관 회담을 제의하는 등 유럽과의 관계 개선을 적극 추진했습니다. 유럽연합도 북한의 제의에 호응하기 시작했습니다. 2000년 10월 서울에서 열린 제3차 아시아유럽정상회의(ASEM)를 계기로 영국, 독일, 스페인 등 유럽연합 국가들이 대북 수교 방침을 표명했습니다.

이어 2001년 5월 2일 당시 유럽연합 의장인 스웨덴의 페르손 총리를 단장으로 하는 유럽연합 대표단이 방북하여 서방의 국가원수로는 처음으로 김정일과 회담했습니다. 회담에서는 2003년까지 북한의 미사일 시험발사 유예를 확인받고 북한 인권문제를 논의하는 한편 북한 측 경제조사단의 유럽 파견 등에 합의했습니다. 그리고 그 직후인 5월 14일 유럽연합 집행위원회는 북한과의 수교를 결정했습니다. 북한은 유럽연합 개별 국가와의 관계 개선에도 힘써 2000년 1월 이탈리아, 2000년 12월 영국, 그리고 2001년 3월 독일 등 유럽연합 26개 회원국과 외교관계를 수립했습니다.

한편 유럽연합은 북한과의 정치 대화와 함께 인권 문제도 주요 의제로 다루면서 유엔인권위원회에 2003년부터 '북한인권결의안'을 제출했습니다. 유엔인권위원회는 북한의 인권 개선 노력을 촉구하는 북한인권결의안을 2005년 이후에는 매년 채택하고 있습니다. 이렇게 유럽연합이 북한 주민들에 대한 인권 문제를 거론하고 유엔총회에서도 북한인권결의안 논의를 주도하자 북한은 극렬하게 저항해왔습니다. 2005년 11월 유럽연합이 유엔에 상정한 북한인권결의안 채택 이후 북한과 유럽연합 간 대회는 단절되었고, 2009년 4월 북한의 장거리 미사일 발사, 5월 2차 핵실험은 양자 관계를 냉각시키는 중요한 계기로 작용했습니다.

이후 2011년 이후 북한의 외교관 등이 영국, 독일, 벨기에 등의 유럽 국가들을 방문하고 유럽연합의 정당 대표자들도 여러 차례 북한을 방문했고, 리용호 외무상의 유엔총회 제71차 회의 참석 등이 있었으나, 현재 북한의 연속적인 미사일 발사, 핵실험, 인권 문제 등으로 북한과 유럽연합과의 관계는 진전이 없는 상황입니다.

북한은 유럽연합과 함께 아시아, 아프리카, 중남미 등 기타 국가들과의 외교관계도 추진해왔습니다. 북한이 제3세계 국가들과의 외교관계를 중시하기 시작한 것은 1950년대 중반부터입니다. 당시 북한은 노동당 제3차 대회에서 중·소를 비롯한 사회주의 국가 중심의 외교에서 아시아, 아프리카, 중동, 남미 등의 비동맹 국가들로 외교 관계를 확대할 것을 정책 목표로 내세웠습니다. 이후 북한은 1960년대를 거쳐 1970년대에 활발한 비동맹외교를 전개했습니다. 1980년대 초 '자주·친선·평화'의 대외정책 기본원칙 제시를 계기로 북한은 서방 자본주의 국가들을 포함한 기타 국가들과의 외교관계를 추진했습니다. 특히 1990년대 초 소련과 동유럽의 붕괴에 따른 냉전체제 해체와 세계질서가 미국 중심으로 재편되는 상황에서 체제생존이 급선무이던 북한에 비동맹국들과의 외교관계는 더욱 중요했습니다.

여기에 유엔에서의 남북한 체제경쟁에서 열세를 만회하기 위해 후원 국가가 필요한 상황도 북한의 비동맹국 외교 강화의 주요 변수가 되었습니다. 북한이 비동맹국가의 외교관계를 지속 추진해온 배경에는 '반제·반미 공동대응' 형성과 북한의 통일방안 지지, 유엔에서의 비동맹그룹 국가가 많다는 점을 활용하려는 의도로 보입니다. 2000년대부터 북한은 아시아, 아프리카 비동맹국들에게 자신들의 핵 보유가 자의적 방어수단임을 강조했는데, 이는 6자회담 결렬의 책임을 미국에 전가시키기 위한 목적도 있습니다.

그리고 2009년 북한의 장거리 미사일 발사, 2차 핵실험으로 유엔안보리 대북제재 결의안이 채택되는 등 북한의 대외관계는 어려운 상황에 직면했습니다. 2013년 2월 3차 핵실험 강행으로 유엔안보리의 대북제재를 탈피하기 위해 비동맹국들의 지지를 얻기 위한 북한의 움직임도 활발해졌습니다. 2013년 6월 김격식 총참모장이 쿠바를 방문했으며, 박춘 외무상이 제20차 아세안지역안보포럼(ARF)에 참석하여 수교국들과의 우호 관계를 강화했습니다.

최근 북한의 2016년 1월과 9월의 4차 및 5차 핵실험과 2월 장거리 미사일 발사와 2016년과 2017년의 연속된 미사일 발사로 인해 유엔 및 미국 등으로부터의 강력한 대북 압박 및 제재[6]가 강화되고 있어서 북한은 최대의 외교적 고립에 처해 있습니다. 이 결과 36년 만에 실시된 제7차 당대회에도 외국 인사는 단 한 명도 없었으며 이는 북한의 외교적 고립을 단적으로 보여주는 사례입니다.

다음은 남북한의 수교국 현황입니다.

〈표 7-2〉 남북한의 수교국 현황

(단위: 개)

지역	수교국		동시 수교국	단독 수교국	
	한국	북한		한국	북한
아시아	37	26	26	11	0
아메리카	34	24	23	11	1(쿠바)
유럽	53	49	48	5	1(마케도니아)
중동	18	16	14	4	2(시리아, 팔레스타인)
아프리카	48	46	46	2	0
계	190	161	157	33	4

출처: 외교부(2019년 9월 기준)

코로나19로 국경을 폐쇄하기도 했던 북한은 팬데믹이 끝난 2023년 후반기 들어 해외의 외교 공관을 철수하고 있는 것으로 알려져 있습니다. 2023년 11월 20일 기준 벌써 아프리카 우간다와 앙골라, 홍콩, 스페인 등 네 곳에서 대사관과 총영사관 등을 철수했습니다. 홍콩 총영사관의 경우 북한의 외화벌이와 물품 조달, 서방과의 연락 창구 등의 역할을 했던 곳으로 홍콩이 중국의 완전한 통제 아래 있는 까닭에 홍콩 총영사

6 김정은 집권 후 핵미사일 발사로 인한 유엔 대북제재결의안은 다음과 같다. 제2087호(2013. 1. 22), 2094호(2013. 3. 7), 2270호(2016. 3. 3), 2321호(2016. 11. 30), 2365호(2017. 6. 2), 2371호(2017. 8. 5), 2375호(2017. 9. 12), 2379호(2017. 12. 22).

관 폐쇄를 결정한 것으로 분석됩니다. 그러나 이것으로 끝나는 것이 아니라 향후 전체 재외공관의 4분의 1가량을 폐쇄할 수 있다[7]는 전망이 우세합니다.

북한은 재정난이 아니라 외교 역량의 효율적 재배치 차원이라고 주장하지만 전문가들은 국제적 제재에 의해 운영하기 어려운 상황 때문에 내린 결정이란 분석입니다. 북한은 김일성 통치기에는 남한보다 제3세계 수교국이 많았습니다. 큰 변동은 1983년 아웅산 테러 사건으로 많은 국가와 단교되었지만 1991년 남북한 유엔 동시 가입 이후 다시 외교관계가 회복되었습니다.

---

7 "'재정난' 북한, 재외공관 1/4 폐쇄할 수도 … 10여 곳 더 철수 가능", 연합뉴스 2023년 11월 3일자, 러시아 일간 코메르산트 보도 재인용, https://www.yna.co.kr/view/AKR20231103075600096

8장

핵 및 미사일: 한국은 물론 미국과 맞장 뜨겠다고 만든 전략무기

전쟁의 변천은 무기체계 개발의 역사라고도 합니다. 전쟁양상 변화의 핵심에는 무기체계의 발전이 있지만, 한편으로는 전쟁양상 변화에 무기체계의 발전이 뒤쫓아가는 현상이 나타나기도 했습니다.

이러한 현상과 관련된 사례를 살펴보겠습니다. 미케네 문명은 고대 그리스 남부에서 발흥한 청동기 시대의 대표적인 문명입니다. 그런데 이 화려한 미케네 문명이 어느 한순간 사라졌습니다. 무엇 때문이었을까요? 북쪽에 위치한 도리아인들의 침략을 받아 한마디로 순식간에 미케네 문명이 사라져 버린 것입니다. 그 원인은 철기로 제작된 무기의 영향 때문이었습니다. 당시의 철기로 만든 무기는 청동기로 만든 무기보다 단단하고 가격이 저렴했습니다. 저렴한 비용에 더 단단한 무기를 만들어 비싼 가격에 무딘 무기였던 청동기 문화를 정복한 것입니다.

또 다른 예를 들어보겠습니다. 고대 중남미의 화려한 잉카제국이 피사로라고 하는 탐험가와 그의 군대 약 180명에게 쉽게 멸망당했습니다. 화약에 의한 소총 몇 자루에 말입니다. 이렇듯 무기체계의 차이가 결과를 분명하게 갈라놓았습니다.

화약 무기의 발전은 제1·2차 세계대전을 거치면서 파괴력 높고 정밀하게 개발되어 현재에 이르고 있습니다. 이렇게 우리의 생각을 넘어서는 무기 체계의 발전은 전쟁양상을 바꾸어놓았지만 우리의 인식도 바뀌어야 하지 않겠습니까? 이러한 개념에서 북한의 핵무기 개발과정을 바라보겠습니다.

북한은 2018년 12월, 공식적으로 핵 보유국임을 선언했고, 이듬해인 2019년 스스로 헌법에 핵보유국임을 자랑스럽게 명시했습니다. 이제부터는 핵보유국이니 핵보유국 대접을 받겠다는 것입니다.

북한의 핵이 의미하는 바가 무엇인지, 어떻게 개발했는지, 그리고 북한의 핵 개발을 저지하지 못한 한국과 국제사회가 했었던 노력과 실패 등을 알아보겠습니다.

1. 핵무기가 무엇인가?

핵무기는 핵분열 반응을 일으킬 때 발생하는 막대한 에너지를 이용하는 폭탄입니다. 간단한 원리라 하지만 실제 폭탄을 제작하여 보유한다는 현실화는 엄청난 예산과 시간을 투입해야만 가능하고, 현실화된다면 엄청난 파괴력을 가진 게임체인저의 위상을 갖는 위협적인 무기입니다. 이를 잘 표현한 예는 우라늄 1g의 핵에너지가 석유 9드럼 또는 석탄 3톤 분량을 한꺼번에 연소시킬 때 나오는 양과 같다는 것입니다.

이 핵에너지는 평화적으로 이용할 수 있고 군사적으로 이용할 수 있습니다. 똑같은 원리를 가지는데 목적에 따라서 쓰임새는 확연하게 다릅니다. 평화적 이용은 핵분열을 우리가 제어할 수 있는 수준까지 늦춰 전기에너지로 변환시켜 이용하는 것이며, 군사적 이용은 한꺼번에 폭발적으로 분열시켜 이때 방출하는 엄청난 열과 압력, 그리고 방사능을 이용하는 것입니다.

핵무기 개발 비용은 엄청납니다. 미국이 최초 1945년에 만든 핵무기 개발비용은 당시 가격으로 약 500억 달러라는 막대한 비용을 투자했습니다. 이토록 핵무기를 만들고자 했던 미국 정부의 노력은 굉장했습니다. 그러나 핵폭탄을 개발하고 사용을 결심했던 시기에 벌써 엄청난 폭발 후의 파장을 예상했다고 합니다. 태평양전쟁에서 일본의 기습공격으로 전쟁이 시작되었지만 미드웨이 해전을 기점으로 역전되어 미국이 반격을 시작했습니다. 전세가 역전된 후 미국은 얄타회담이나 카이로회담 등을 통해 일본에게 무조건적인 항복을 요구했습니다. 그러나 일본은 이를 거부하면서 강력히 저항을 했습니다. 미국은 일본의 항복을 얻어내기 위해 대규모 병력과 화력을 투입할 수밖에 없었습니다. 필리핀 전투, 유황도 전투, 이어서 오키나와 전투를 치르면서 엄청난 미군 병력이 투입되고 많은 미국 청년들이 죽어갔습니다. 이 상황을 바라보던 영국 수상

처칠이 이렇게 예측했습니다. "미국군이 일본 본토에 상륙하여 일본을 항복시키기 위해서는 약 20만의 병력이 희생될 것이다." 당시 미국의 대통령 트루먼은 어떤 고민을 했을까요? '미국의 청년 장병들 20만을 희생하여 일본을 항복시킬 것이냐, 아니면 막 개발된 핵무기를 투하할 것인가.' 많은 고민 속에 내린 결론은 핵무기였습니다. 1945년 8월 6일 히로시마에, 그리고 8월 9일 나가사키에 각각 한 발씩 터트렸습니다. 이 두 발은 종류가 다른 겁니다. 6일 히로시마에 투발한 것은 우라늄탄이고, 나가사키에 투하한 것은 플루토늄탄입니다. 즉 핵폭탄은 우라늄탄과 플루토늄탄 두 종류가 있으며, 미국은 이미 두 방식의 원자탄을 모두 개발하여 사용했다는 것을 알 수 있습니다.

앞에서 언급했듯, 우라늄은 우리에게 핵무기의 재앙을 주지만 평화적 이용을 통해 유용한 전기자원을 제공해주기도 합니다. 자연 상태에서 채취한 우라늄은 U-235가 0.7% 포함되어 있고 나머지 대부분은 U-238로 구성되어 있습니다. 이것을 저농축하여 2~4%의 U-235를 만들어냅니다. 이 농축한 물질에 중성자를 투입하여 서서히 핵분열을 일으키게 되면 이때 나오는 열로 전기에너지를 생성해내는 방식입니다.

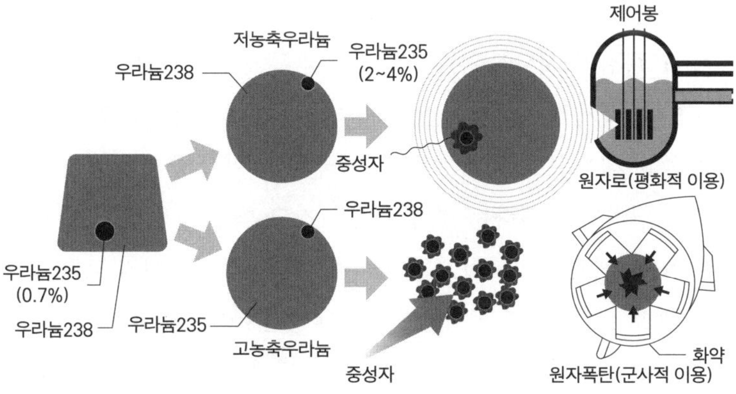

〈그림 8-1〉 우라늄의 평화적 이용과 군사적 이용

또 다른 방식은 천연 상태의 우라늄을 저농축이 아닌 고농축시키면 90% 이상의 U-235를 만들 수 있는데 여기에 중성자를 한꺼번에 집어넣어 강력한 폭발을 일으키는 것이 바로 군사적으로 사용하는 원자폭탄입니다. 즉 농축을 어떻게 하느냐, 그리고 어떤 방식으로 중성자를 투입하느냐에 따라서 평화적이냐 파괴적이냐 하는 갈림이 확연히 나뉜다는 것입니다.

❶ 핵무기 개발에 대한 국제적인 제재

핵무기의 위력이 너무나 강력한 데 놀란 미국은 다른 나라로의 핵무기의 확산을 저지하려 합니다. 먼저 핵무기 개발이나 제조 기술에 대해 극비로 붙여 전파되는 것을 막으려 했었습니다. 그러나 1949년 소련이 미국에 이어 개발했고, 뒤따라 프랑스, 영국, 중국까지 개발하여 1964년에 5개국이 핵 개발국이 되었습니다.

핵 개발국이 많아지자 핵 보유국들은 핵무기에 대한 두려움, 국제관계의 변화, 인간의 생명존중 문제, 핵 투발 이후의 방사능 오염 등 국제적인 논의를 진행했습니다. 논의 끝에 더 이상의 핵개발이나 확산을 금지하려는 국제적인 연대가 형성되어 NPT라는 국제적인 핵비확산협정을 만들었습니다.

NPT 협정이라는 매우 강력한 국제적 통제체제에 대부분의 국가가 참가했으며, 국가별로 협정을 체결하여 현재에 이어져오고 있습니다. 이 협정의 주된 내용은 기존 핵보유국 5개국은 더 이상 핵개발 기술을 미보유국에 확산하지 않겠다는 것입니다. 그리고 핵무기 및 핵물질에 관한 사항은 NPT 체계에 보고하고, 핵을 갖고 있지 않은 나머지 모든 국가는 핵무기 개발이나 보유를 금지한다는 국제적인 약속입니다.

추가하여 핵 비보유국들이 핵에 의한 피해를 극도로 두려워하자 핵 보유국들은 NPT 체제와는 별개인 핵우산 제도를 구상합니다. 미국이

동맹국을 보호하기 위해 만든 제도로 핵무기 없는 국가가 핵무기 공격을 받게 되면 핵보유국이 대신 핵으로 지원해주겠다는 정책입니다. 이러한 NPT 체제와 핵우산 제도 때문인지, 또는 핵의 균형에 의해서인지 전 세계는 1950년대 이래 지금까지 핵전쟁 없이 유지되고 있었습니다. 물론 우리나라도 미국의 핵우산 안에 포함되어 있습니다.

두 번째는 NPT 체제에 못지않은 강력한 제제조치인 핵확산방지구상입니다. 핵확산방지구상(PSI: Proliferation Security Initiative)[1]은 핵무기를 포함한 대량파괴무기가 이동하는 것을 금지하여 확산되지 못하게 하는 국제협약입니다. 핵이나 대량살상무기(WMD)와 관련 물자들의 이동을 차단하기 위해 선박이나 항공기 등을 정지시켜 수색하고 압수한다는 내용입니다. 우리나라는 최초 북한을 자극할 수 있다는 우려 때문에 가입을 주저했습니다. 그러나 북한이 제2차 핵실험을 강행하고 유엔 안보리에서 북한을 제재하는 결의안이 통과되자 한국도 동참할 수밖에 없었습니다.

그리고 핵보유국들의 핵전략입니다. 냉전시대는 핵무기 보유국가가 언제든지 핵무기를 사용할 수 있다는 가능성 때문에 전 세계는 극심한 공포 속에 살아왔습니다. 이러한 공포심에 핵보유국이 핵 사용을 못하게 하거나 결정을 주저하게 하는 여러 정책(아이디어)이 나오게 됩니다. 그중 하나가 '확증파괴전략'입니다. 이 전략은 핵보유국이 핵무기 피해를 받으면 살아남은 핵무기로 핵 공격한 나라를 초토화시킨다는 것입니다. 그러자 아이러니한 상황이 나타났습니다. 핵무기 자체는 무한한 공포를 주지만 동시에 핵 보유국 사이에 핵 균형이 이루어져 공포의 평화, 평화의 공포라는 이상한 현상이 나타난 것입니다. 대표적인 석학자 아널드 토인비(Arnold Joseph Toynbee)가 이러한 말을 했습니다.

---

1 PSI의 기본 목적은 대량살상무기 및 미사일의 이전을 중간에서 차단(Interdiction)하는 것으로서, 9·11테러 이후 미 부시 대통령에 의해 제기된 국제협약으로 국제법적·군사적 조치를 강구하기 위한 국가들간 협약이다.

"핵무기가 갖고 있는 가공할 만한 폭발력, 이 폭발력에 의해서 인류가 희생을 당할 수 있겠지만, 역설적으로 핵무기를 보유한 강대국 간에는 전쟁이 불가능했습니다. 따라서 핵무기의 등장이 세계평화에 큰 공헌을 했습니다."

이런 내용을 바탕으로 1950년대에서 1980년대까지의 국제사회는 냉전체제라는 새로운 개념에 의해서 균형을 이루었습니다. 핵무기를 보유한 국가가 핵무기를 사용할 기미가 보이면 상대국도 핵무기를 만지작거리게 되어 전쟁이 억제된다는 내용입니다. 이와 같은 맥락으로 일부 학자들은 북한도 미국으로부터 이러한 핵억제 개념을 적용받기 위해 핵무기를 만들어왔다고 주장하고 있습니다.

2 비밀리에 핵무기를 개발했거나 개발했다고 의심받는 국가

국제적인 핵 통제체제인 NPT가 비핵보유국에 대한 핵 개발을 강력하게 통제하고 있는 가운데 비밀리에 핵무기를 개발하는 나라들이 나타납니다. 이스라엘, 인도, 파키스탄 그리고 북한이 여기에 포함되는 나라들입니다.

이스라엘은 독립한 이후 주변의 아랍국들과 네 차례 전쟁을 치른 경험이 있으며, 이후에도 레바논이나 시리아 그리고 이라크와도 전쟁을 했습니다. 국제적으로 이스라엘은 특이하게도 핵을 보유하고 있다고 의심되지만 핵무기에 관한 어떠한 것도 인정도 부인도 하지 않는 국가입니다. 단지 개발하여 보유하고 있는 것으로 추정될 뿐입니다.

인도와 파키스탄 같은 경우는 핵을 개발하는 과정에서 미국의 제재를 받으면서 핵개발을 진행했습니다. 제재가 진행되던 중, 2001년 미국에 9·11 테러가 일어나면서 분위기가 확 바뀌었습니다. 9·11 테러 이후 미국이 아프가니스탄을 침공하면서 내륙국이었던 아프가니스탄에 접근하기 위해 파키스탄의 도움을 필요로 했습니다. 이러한 가운데 미국은

〈표 8-1〉 비공인 핵무기 개발국가

항목	북한	인도	파키스탄	이스라엘
핵보유 선언	○	○	○	×
핵보유 선언 방법	2005년 2월 정부 성명	1974년 핵실험 성공	1998년 핵실험 성공	NCND(긍정도 부정도 안 함)
핵실험 횟수	5회	6회	6회	비공개
핵확산금지조약(NPT) 가입	탈퇴(1985년 12월 가입비준/1993년 3월 탈퇴 선언/2003년 1월 탈퇴)	비가입	비가입	비가입
유엔 안보리 제재	○	×	×	×
미국의 개별 제재	○	○	○	×
대미 관계	적대적	우호적	우호적	우호적
미국에 대한 전략적 가치	낮음	높음 (대중국 견제)	높음 (대테러전 수행)	높음 (중동의 동맹)
미국의 핵보유국 지위 인정	부인	2001년 9 · 11 테러 직후 제재 해제 및 2006년 미 · 인도 핵협정 체결	9 · 11 테러 직후 제재 해제	처음부터 핵개발 묵인

출처: 세계일보, 2016. 9. 21일자, A10면.

파키스탄에 대한 제재를 풀어주게 되었고, 이후 파키스탄은 핵을 개발하고 보유한 것으로 인정되게 됩니다.

남아프리카공화국은 핵무기를 제조했으나 자진 폐기했고, 리비아, 시리아, 이라크, 이란은 핵 개발을 진행하다가 국제적인 압력에 의해 포기한 것으로 평가됩니다. 그러나 이란은 미국 및 유럽연합과 핵폐기 협정을 체결한 후 폐기의 수순에 들어갔다고 하나 아직도 핵무기를 포기했다는 확실한 증거가 없어 의혹을 계속 받고 있는 상황입니다. 아마도 북한 개발 방식 및 협상 방식을 따라 하는 것으로 보입니다.

북한의 핵개발에 대해 국제사회에서 인정하고 있지 않지만, 북한 스스로 핵무기를 개발했다고 공식 선언하고 또 헌법에도 반영했습니다. 그런데 왜 북한은 핵 개발국으로 인정받으려 할까요?

국제사회에서 북한의 핵을 인정하지 않는 이유는 명확합니다. 물론 안보 관련 전문가들은 핵이 국가안보에 유용하다는 주장을 하고 있지만, 북한과 같은 불량국가의 핵 개발과 보유는 국제적 반테러 정책의 연장선에서 인정하지 않고 있습니다. 따라서 국제적인 비판과 제재는 당연하다고 보는 것입니다. 더욱이 북한은 국가적 정책의 의사결정 체제가 불투명하고 예측이 불가한 국가이기 때문입니다. 북한은 1990년대부터 미사일이나 생화학무기를 수출하고 해외의 대사관을 통해 마약을 거래했고, 또한 해킹이라는 불법의 방법으로 수입을 거두는 행태가 만연했습니다. 그리고 이라크나 시리아 등에 미사일을 제공하고 핵무기 제조를 지원한 의혹을 받는 등 국제적인 반테러 활동에 해당되는 국가라는 인식이 있기 때문입니다.

국경 문제로 전쟁을 치렀던 인도와 파키스탄은 상호 전쟁의 경험이 있어 안보를 위해 핵을 개발했다는 분석입니다. 그렇다면 북한은 어떤 목적으로 핵무기를 만들었을까요? 북한은 체제의 안전을 확보하기 위해서 만들었다고 주장합니다. 호전적인 미국에 대항해서 북한을 보호하기 위한 목적이었다고 말입니다. 이러한 북한의 주장을 호응이라도 하듯 북한이 방어 목적을 위해서 어쩔 수 없이 만들었다는 편향을 가진 한국의 인사들도 있습니다. 그러나 이러한 인식은 직접적으로 핵 위협에 노출된 한국에는 엄청난 안보의 위험성을 갖고 있습니다.

국제적으로도 정식 핵보유국 다섯 개 국가들을 포함한 대부분 국가들은 정치적으로 투명하지 않은 국가, 테러 단체에게 대량살상무기를 확산했던 불량한 국가가 핵을 가지고 있다는 사실만으로도 평화가 파괴될 수 있다는 엄청난 부담감을 갖고 있습니다. 전 세계 국가들이 북한을 이러한 개념으로 인식하여 핵무기를 제조하고 핵실험을 하는 북한을 압박하면서 경제 제재를 하는 이유입니다.

핵 보유국의 의무사항은 절대적으로 핵무기에 대한 핵물질이나 기술을 이전하지 않도록 하는 것입니다. 즉 핵무기의 확산을 스스로 하지 않겠다는 것입니다. 그리고 핵 비보유국의 의무사항은 핵을 개발하지도 않고 보유도 하지 않겠다는 것입니다.

북한의 경우 1985년 NPT에 가입했지만 2003년에 탈퇴를 선언한 바 있습니다. 그러나 북핵 의혹과 관련한 북미 간의 협상을 통해 현재는 탈퇴 선언에 대한 효력을 중지했다고 하는 아주 애매한 모습으로 남아 있습니다. 이 내용은 북핵 협상 부분에서 자세히 알아보게 됩니다. 그러나 지금은 NPT 체계에서 탈퇴한 것으로 간주되고 있으며 국제원자력기구(IAEA)로부터도 떨어져나갔습니다. 대신 유엔의 안보리에 회부되어 유엔에서의 국제적인 재재를 받고 있으면서도 멋대로 핵을 개발하고 핵무기를 실험하는 모습을 보여주고 있습니다.

2. 핵무기의 종류와 제조과정

❶ 핵무기 종류

핵무기는 크게 원자탄과 수소탄, 그리고 전술핵무기의 세 가지로 분류합니다. 먼저 원자탄은 앞선 설명과 같이 핵분열을 이용하는 폭탄으로서 우라늄탄과 플루토늄탄의 두 가지가 있습니다. 수소탄은 원자탄의 우라늄이 핵분열하는 것과는 반대로 핵을 융합하여 발생하는 열과 에너지를 이용하는 폭탄입니다.

북한이 개발했다는 원자탄과 수소탄의 원리를 좀 더 자세히 알아보겠습니다. 먼저 원자탄은 핵분열로 발생한 열과 압력을 이용한 폭탄입니다. 원자탄은 폭탄 껍데기 속에 핵분열에 필요한 우라늄을 넣고 핵분열을 일으킬 수 있는 환경을 만들기 위해 고폭약을 같이 넣습니다. 이 고폭약

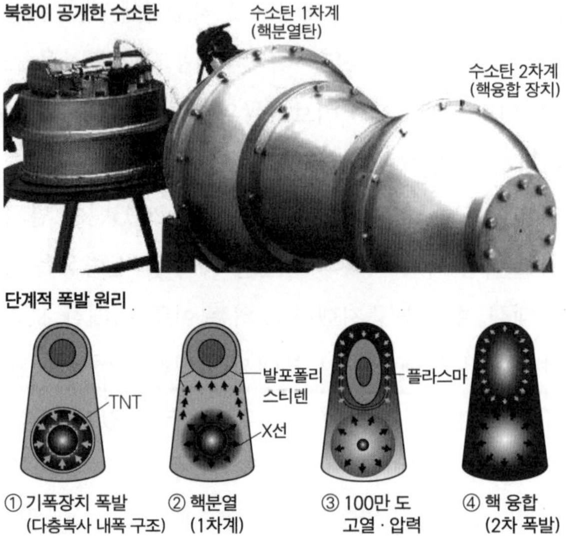

〈그림 8-2〉 북한이 발표한 수소탄 ①

출처: 중앙일보, 2022. 4. 6.

을 터뜨리면 여기에서 나오는 열과 압력에 의해 핵분열을 일으켜 핵폭탄으로서 기능을 발휘하게 됩니다. 따라서 핵분열탄을 만들기 위해서는 고폭약을 제때에 핵분열할 수 있게끔 정확하게 터뜨려야 되기 때문에 핵폭탄을 만드는 과정에서 고폭약 실험장이 꼭 필요하다고 볼 수 있습니다.

다음으로 핵융합탄이라고 하는 수소탄의 폭발원리입니다. 핵융합탄을 만들기 위해서는 핵분열탄보다 더 높은 극고온의 온도와 압력이 필요합니다. 이러한 환경을 만드는 것이 바로 핵분열입니다.

다시 말해 폭탄 껍데기 안에 핵 분열물질을 넣어 핵분열이 작용하여 만든 고온고압의 환경이 핵융합탄을 작동시켜 터지는 폭탄이 바로 수소탄입니다. 수소탄은 핵분열탄보다 방사능이 적다고는 하지만 그 치명도는 엄청납니다. 원자탄은 최소 20킬로톤 수준이지만 수소탄은 1메가톤에서 20메가톤까지 폭발력을 키울 수 있습니다. 이러한 원리로 핵을

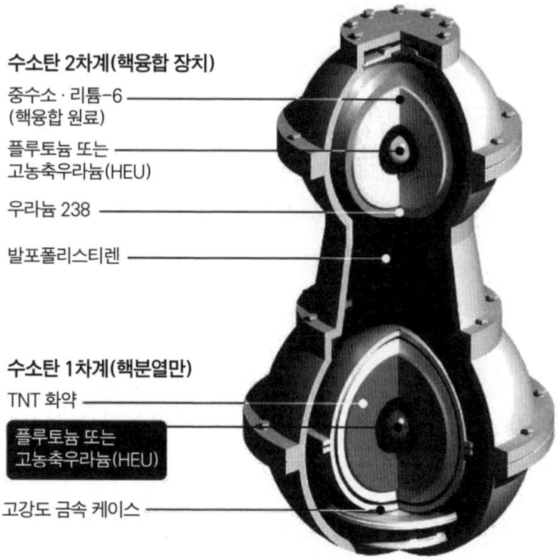

〈그림 8-3〉 북한이 발표한 수소탄 ②

출처: 중앙일보, 2022. 4. 6.

갖고 있는 5대 국가들 모두는 원자탄뿐만 아니라 수소탄까지 개발하여 보유하고 있습니다.

다음으로 전술핵무기는 원자탄이나 수소탄의 종류가 아니라 기존의 우라늄탄이나 플루토늄탄을 소형으로 만들어 전략용뿐 아니라 전술용으로도 사용할 수 있도록 만든 핵폭탄입니다. 야전에서 사용하는 재래식 대포나 미사일에 이 탄을 넣어 사격하여 소규모 지역에 사용할 수 있습니다. 그러나 이러한 전술핵무기를 만들기 위한 소형화는 한층 높은 수준의 기술이 요구됩니다.

2 핵무기 제조과정

핵무기 제조의 첫 단계는 자연상태에 있는 천연우라늄을 채굴하고 정련하는 것에서 시작합니다. 여기에서 정련한다는 말은 농축이 아니라 우라늄만 골라내는 과정입니다. 다른 광석과 우라늄이 섞여 채굴됐기 때문에 혼합되어 채굴된 광물에서 우라늄만 추출하는 것이지요. 다음 이 추출된 우라늄 광물을 저농축시키면 3~5%의 U-235을 얻을 수 있고, 이것을 막대 형태로 만들어낸 것이 연료봉입니다. 이 연료봉을 원자로에 넣어 재처리하여 Pu-239를 생산해내고 이것을 이용한 폭탄이 바로 플루토늄 핵폭탄입니다.

일본 나가사키에 터트린 탄이 바로 이 플루토늄탄입니다. 이러한 방식으로 핵폭탄을 만들기 위해서는 정련시설과 농축시설, 그리고 원자로 및 재처리공장 등의 관련시설이 필요하며, 이러한 시설은 일반적으로 규모가 크고 많은 인력과 전력을 필요로 합니다. 따라서 그 규모 때문에 인공위성이나 기타 정찰장비에 쉽게 노출되는 취약성이 내포되어 있습니다.

다음 우라늄탄 제조과정입니다. 〈그림 8-4〉처럼 정련된 저농축 우라늄을 원심분리기에서 농축시키면 90퍼센트 이상의 U-235 물질이 생성되고, 이것을 이용하여 곧바로 핵폭탄을 만들 수 있습니다. 이것이 우라늄탄으로 일본 히로시마에 터트린 원자폭탄입니다. 고농축 방식은 〈그림 8-4〉 위쪽의 플루토늄탄 제조에 사용되는 재처리시설이나 원자로가 불필요하여 시설 자체를 작게 할 수 있으며 전기도 적게 먹혀 상대국의 정찰 장비 등에 노출되지 않아 비밀리에 시설을 가동할 수 있다는

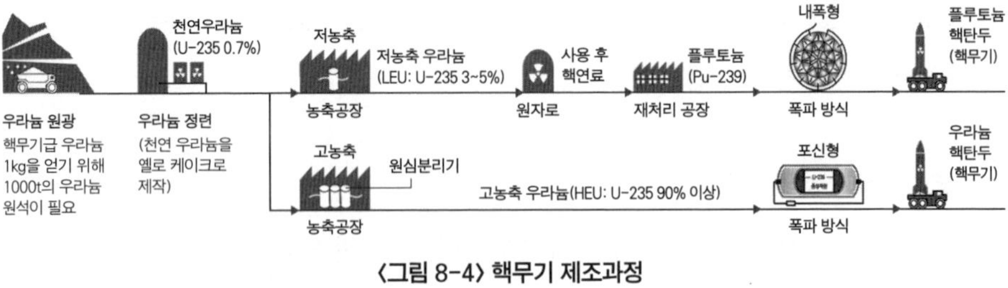

〈그림 8-4〉 핵무기 제조과정

출처: 중앙일보, 2009. 6. 1.

장점이 있습니다.

북한의 핵은 1990년대까지는 플루토늄탄 개발에 매달리다가 1990년대 후반부터 우라늄탄으로 전환하여 현재는 이 두 종류의 핵탄을 모두 제조할 수 있는 수준에 이르렀습니다. 최근의 북한은 핵 융합반응을 이용한 수소탄까지 개발하였고, 이는 2016년 1월 4차 핵실험을 통해 완성했다고 공포한 바가 있습니다. 또한 일부 전문가들은 북한의 주장처럼 수소폭탄 이후 핵폭탄을 소규모의 다탄두로 만드는 전술핵무기를 개발하는 마지막 단계만 남았다고 추정하고 있습니다.

북한은 실제로 핵실험을 실시했을 뿐만 아니라 컴퓨터로 모의실험을 많이 해봤을 것입니다. 따라서 북한이 여섯 번에 걸친 핵실험을 했다는 사실을 통해 이론상 모의실험과 실제가 일치·발전되어 이미 핵이 개발되었다고 판단되고 있습니다.

3. 북한의 핵무기 개발과정

북한의 핵은 어느 날 갑자기 개발되었나? 아니지요. 북한이 핵을 개발한다는 의혹이 발생하자마자 국제적인 제재를 받았고 이후에도 오랫동안 제재를 받아왔습니다. 그렇다면 북한 자체적으로 개발했을까요? 아니면 어느 국가가 북한을 지원했을까요?

1 소련의 협력과 연구용 원자로 설치

북한의 핵 개발의 계기는 북한의 우라늄 광산 개발에서부터 시작됩니다. 북한을 점령했었던 소련은 북한에 천연 상태의 양질의 우라늄이 매장되어 있다는 것을 알았습니다. 1945년에 미국에 의한 원자탄이 최초 제작되었지만 소련은 1949년에야 개발했습니다. 소련의 과학자들은 질 좋은 우라늄을 찾았고, 여기에 적합한 순도가 높은 우라늄 광산이 북한에 있다는 사실을 알고는 북한과 협조합니다. 소련은 북한과 협정을 맺어 평남 순천의 광산에서 우라늄을 채굴해가고 대신 북한에 핵연구소와 소형원자로를 설치해줍니다. 그리고 북한의 과학자들을 초빙하여 원자력에 대한 교육을 제공하면서 북한의 핵 개발은 시작되었습니다.

소련의 지원으로 1955년에 핵물리연구실과 1962년에는 영변에 원자력연구소를, 그리고 1965년에는 소형 연구용 원자로(2MW급, IRT-2000)를 설치했습니다. 소련은 이러한 시설을 북한에 설치해주면서 군사적 목적이 아닌 평화적 이용을 담보하는 방식으로 원자력의 평화적 이용에 대한 협정을 체결했습니다. 이렇듯 소련도 최초에는 북한의 핵을 군사적 이용하지 않도록 제한했고, 북한의 핵 연구까지 통제하려 했습니다.

북한은 연구용 원자로를 이용하여 군사적인 의도를 갖고 핵무기로의 연구를 하려 하지만 개발 기술이 없었습니다. 그래서 1949년 핵을 개발한 소련과 1964년 개발한 중국에게 핵무기 만드는 기법을 요청했으나 모두 거부당합니다. 물론 소련과 중국은 NPT 체계를 준수한다는 의미에서 거부한 것입니다.

이러한 거부에 따라 북한은 70년대 초부터 독자적인 개발 방침을 정하고 자체적으로 재처리시설을 건립하기 시작합니다. 소련에서 만들어준 2MW급 원자로를 5MW급으로 확장했고, 이어 7MW급으로 확대 설치했습니다. 그리고 고폭약실험장과 재처리시설, 그리고 50MW급 원자로를 자체적으로 건설했습니다. 1970년대에 벌써 북한은 핵을 개발한다는 의지가 있었다는 것입니다. 그렇지만 당시 북한의 통치자 김일성은 이러한 핵무기 개발을 하고 있다는 일말의 의혹도 부인했습니다. 단지 평화적으로 이용하겠노라고 말했습니다.

2 신포 원자력발전소 건설 추진과정

1980년대 북한의 경제는 급격히 취약해졌습니다. 중동전쟁에서 촉발된 오일쇼크에 의해 중국과 소련으로부터 원유 수입이 급감하면서 에너지난이 발생하기 시작했습니다. 이를 극복하기 위해 원자력에 의한 전원공급을 구상하면서 원자력발전소 건설을 추진합니다. 그러나 기술의 부족으로 자체적으로 만들지 못하자 소련에게 의뢰합니다.

당시 소련은 원자력발전소를 건설해주겠지만 평화적인 사용을 위해 북한에 대해 국제적인 핵비확산협정(NPT) 가입을 요구했고, 북한은 순순히 따르게 되어 1985년 NPT에 가입합니다. 소련이 지어주겠다는 원자력발전소는 440MW급 4기(총 1,560MW)였지만 이후에 650MW급 3기(총 1,950MW)로 바뀌었습니다. 그 원인은 1985년 소련의 체르노빌 핵발전소에서의 폭발에 영향을 받아 최초의 원자로와 다른 형으로 전환된 것으로 추정됩니다. 장소는 함경남도 동해안의 신포 지역으로 이 지역은 나중에 KEDO(한반도에너지개발기구)에서 경수로를 건설하려 했던 그 장소입니다.

뒤에 기술되지만 제네바 협상에서 북한이 주장한 평화적 이용을 위한 발전소 건설을 못 하게 되었으니 대신 원자력발전소를 지어주라는 내용이 바로 이것입니다. 따라서 북한에 설치될 경수로의 용량 2,000MW급은 방금 설명한 소련이 제공해주기로 했었던 원자력발전소의 용량을 계산해서 주장한 것입니다. 그리고 설치장소로 소련 기술자에 의해 선정되고 기반 공사를 하려던 장소인 신포가 그대로 채택된 이유이기도 합니다.

소련은 신포를 원자력발전소 부지로 선정하는 등 건설을 진행하다가 1980년대 말 건설을 중단합니다. 그 이유는 소련이 붕괴되고 러시아가 들어섰기 때문입니다. 새롭게 등장한 러시아는 소련이 약속했던 대로 무상으로 지어주는 것이 아니라 건설비용을 지불할 것을 북한에게 요구했고, 북한이 거부하자 러시아는 건설진을 철수시키면 중단되었습니다.

아이러니하게도 서쪽에 위치한 평안남도 영변에서의 핵개발 의혹과 반대편인 동쪽에 위치한 함경남도 신포 지역에서의 발전소 건설 취소가 동 시간에 벌어졌습니다.

3 북한 자체 핵개발 의혹의 시작

북한의 핵개발은 1980년대 초부터 의혹으로 치부되다가 1989년 9월 의혹이 현실이 됩니다. 프랑스의 상업위성 SPOT 2호가 촬영한 영변의 의혹시설을 공개하면서부터입니다. 이 시설이 핵무기 개발과 관련되어 있다는 추정이 제기된 것입니다.

의혹이 제기되자 북한은 이를 정면으로 부인합니다. 그러나 핵 비확산을 직접 관할하는 IAEA(국제원자력기구)는 곧 북한에 확인을 요청했습니다. 동시에 안전조치협정을 체결하고 이에 따른 사찰을 요구했습니다. 그러나 북한은 이를 거부합니다.

참고로 NPT 회원국은 가입 후 18개월 내에 IAEA와 안전조치협정을 체결하고 핵사찰을 받도록 의무화되어 있었습니다. 앞서 설명처럼 북한은 이미 1985년 IAEA에 가입했지만, 안전조치협정을 체결하지 않았고 따라서 사찰도 받지 않은 상태였습니다.

4. 남북 대화의 진행과 한반도 비핵화 회담

마침 이 시기는 남북 대화가 순조롭게 진행되고 있었던 상황이었습니다. 이때까지만 해도 남북 문제는 대한민국이 주도한다는 한반도정책을 확고하게 갖고 있었고, 북한과 관련해서는 우리 남한을 통해야 한다는 나름대로의 확고한 인식을 갖고 있었습니다. 따라서 미국이나 유럽의 국가들 대부분도 북한과 정식 대화 채널이 없었습니다.

그러나 1988년 노태우 정부에서 천명한 북방정책[2] 즉, '한국의 우방국이 북한과 수교하는 데 반대하지 않는다'라는 발표와 함께 다음과 같은 조건을 달았습니다. "남북관계 진전에 도움이 된다면." 이러한 조건을 단 이유는 북한이 한국의 우방국과 거래하기 위해서는 남북 대화에 응하리라는 희망에서 나온 정책이었습니다. 남북은 적십자회담을 이어오다 1985년 이산가족 상봉을 실현시키는 성과를 얻었고, 당국자 간의 대화는 1988년 한국 정부가 제의한 남북 고위급 회담에 북한이 긍정적으로 호응하여 회담이 진행되고 있었습니다. 1990년 이후 여덟 차례의 남북 고위급 회담이 열렸고, '남북기본합의서'를 채택하고 부수적인 합의로 '남북 사이의 화해와 불가침 교류·협력에 관한 합의서', '한반도의 비핵화에 관한 공동선언' 등이 서명·발효되는 성과가 있었습니다. 이러한 성과들을 바탕으로 남북은 1991년 9월 정식으로 유엔에 동시 가입을 하는 등 급속도의 화해·협력의 분위기가 유지되고 있었던 시기였습니다.

미국은 북한에 대한 핵 의혹에 관심을 갖고 있었지만 당시 한국의 대북정책과 남북관계에 따른 한국 정부의 노력을 지켜보고 있었습니다. 그러나 영변에 있는 핵 의혹시설이 완공되어나가자 미국은 한국에 우려를 전해왔습니다. 남북 대화 진전에 앞서 핵 문제를 우선적으로 해결해야 한다는 것이었습니다. 그러나 한국 정부는 남북관계 진전에 북한 핵 문제가 발목을 잡아 잘 진행되고 있던 대화의 끈이 끊어질 수도 있다는 우려가 있었습니다. 또한 핵 문제 때문에 미국을 한반도 문제에 개입시키는 선례를 만드는 것도 원치 않았습니다.

결국 고심 끝에 내린 결정은 남북 대화를 계속 진행하면서 북한 핵 문제를 남북 대화의 테두리 안에서 해결하겠다는 것이었습니다. 이러한 배경에서 남북한 핵협상이 시작됐습니다.

---

2 1988년 7월 7일 발표한 7·7 특별선언(민족자존과 통일 번영을 위한 대통령 특별선언).

이에 앞서 북한은 주한미군 핵무기의 철수만 확인되면 IAEA와 안전조치협정을 맺고 핵 사찰을 받겠다는 입장을 한국 정부에게 전해왔습니다. 남북 대화의 진전과 북한의 이러한 입장을 한국과 미국 정부가 받아들였습니다. 주한미군 기지에 보관하고 있던 핵무기를 전면적으로 철수하고, 이어 노태우 대통령은 1991년 11월 8일 일방적으로 비핵화선언을 하는 정책적 우를 범하게 됩니다. 이러한 배경에서 그해 12월 남북 핵 협상이 개시되어 '남북 비핵화 공동선언'을 합의하는 단계까지 이루어냅니다. 이 합의를 통해 북한은 핵 개발 포기를 약속했고, 남북한 상호 핵 사찰에도 동의했습니다. 물론 남측의 핵심 관심사인 안전조치협정 서명 문제와 북측의 관심사인 1992년 한미연합훈련인 팀스피리트 훈련[3] 중단을 맞교환하는 형식으로 협상을 타결했습니다. 이 합의에 따라 한국 정부는 이듬해인 1992년 연합훈련을 중단한다는 발표를 하고, 북한도 안전조치협정의 서명과 핵 사찰을 수용하는 성명을 발표했습니다. 이것으로 북핵 문제가 타결되는 듯 했습니다.

계속된 남북 고위급 회담에서 '남북기본합의서'와 부속 협정인 '남북 비핵화 공동선언'이 발효되었고, 남북핵통제공동위원회가 구성되어 핵사찰 이행을 위한 협상이 개시되었습니다. 남북 간의 약속에 따라 1992년 북한은 IAEA와 안전조치협정을 체결하고, 규정에 따라 5월 4일 모든 보유 핵시설과 핵물질에 관한 최초 보고서를 IAEA에 제출합니다. 즉 남북 대화와 북한-IAEA 간 접촉도 사찰에 합의했기 때문입니다. 이

3 팀스피리트(Team Spirit) 훈련은 한반도에서의 돌발사태 발발에 대비해 연례적으로 실시되었던 한미 양국군의 대규모 합동군사훈련을 말한다. 1976년부터 1992년을 제외한 1993년까지 매년 실시되었다. 유사시 미국 본토와 해외기지에 배치된 미군 병력을 신속히 한국에 투입시키고 한국군과 유기적인 협동체제하에 기동성 있게 연합작전을 수행할 수 있도록 하기 위한 훈련이다. 중단된 이후에는 'RSOI 연습'이 실시되었고, 2008년 '키리졸브'로 그 이름이 바뀌었다. 북한은 팀스피릿에 대해 북침용 핵공격 전쟁 연습이라며 비난했으며, 이에 해당 훈련 중지를 꾸준히 요구한 바 있다.

에 따라 북한이 제출한 목록에 따라 IAEA의 임시 핵 사찰이 실시되었습니다. 총 세 차례에 걸친 임시 핵 사찰이 비교적 무난하게 진행되고 있었습니다.

당시의 상황을 종합해보면 북핵과 관련된 협상과 사찰은 다음 세 가지 트랙이 동시에 진행되고 있었습니다. 첫째, 남북 고위급 회담을 통한 남북한 분야별 부속합의서 협의, 둘째, 남북 핵통제공동위원회를 통한 남북 상호 핵 사찰 협의, 그리고 셋째, 북한-IAEA 간 임시 핵 사찰 실시 및 관련 절차 협의가 정상 진행되고 있었습니다. 이때까지만 해도 북한은 세 개의 채널에서 상당히 협조적이었습니다. IAEA의 임시사찰도 별다른 의심점을 발견하지 못하고 거의 마무리 단계에 이르렀습니다.

❶ IAEA의 핵 사찰과 미국에 의한 의혹 제기

그러나 미국이 북한의 핵 신고가 명확하지 않다는 의혹을 제기합니다. 미국은 위성에서 촬영한 자료를 공개했습니다. 미국은 북한의 신고에서 빠진 재처리시설 인근의 두 개의 폐기물저장소 사진을 IAEA에 제시하면서 추가적인 사찰을 주장했습니다. 또한 IAEA도 방사화학실험실에서 채취한 샘플의 분석 결과 북한이 신고한 플루토늄 추출량과 IAEA의 추정치 간에 불일치가 있음을 확인했습니다. 북한은 1990년 방사화학실험실에서 단 1회의 재처리를 통해 80g의 플루토늄을 추출했다고 신고했으나, 샘플 분석 결과 최소 3회에 걸쳐 10~12kg의 플루토늄이 추출된 것으로 드러났습니다. 이 두 가지 문제는 곧 북한이 비밀리에 핵무기를 개발하고 있다는 정황으로 드러나게 되었고, IAEA는 추가된 의심시설과 플루토늄 추정치를 확인하기 위한 추가 사찰을 북한에 요구했습니다.

그러자 그때까지 사찰에 협조적이던 북한은 태도를 돌변하여 그 시설들이 핵시설이 아닌 군사시설이라는 이유로 사찰을 거부합니다. 이러한 북한의 태도 변화는 북한과 진행되던 모든 협의가 하루아침에 붕괴되는 결과로 돌아왔습니다.

첫째, 남북 간 정치 및 경제 등 모든 협의의 중단이었습니다. 당시 IAEA의 사찰과 남북한의 여러 협의가 동시에 진행되고 있는 가운데 북한의 태도 변화는 한국 정부로 하여금 '남북 협상을 계속 진행할 수 있는가?' 하는 문제에 봉착하게 했습니다. 고민 끝에 한국 정부는 북한 핵 문제 해결을 우선한다는 방향을 정하게 됩니다. 그리고 남북기본합의서에 의해 부속합의서가 채택되었지만 막상 이행단계에 접어들자 북한은 이를 회피하면서 협상을 지연시켰습니다.

둘째, 남북 비핵화 공동선언도 마찬가지였습니다. 북한은 합의서에 핵재처리시설을 보유하지 않겠다고 했으나 합의가 이루어진 시점에 이미 핵재처리시설을 보유하고 있었고, IAEA 임시 핵 사찰에서 재처리시설이 있음이 확인되자 북한은 이에 대한 우리 측의 요구에 아무런 설명을 하지 않았습니다. 이러한 가운데 한국이 1993년 한미연합훈련을 재개하자 북한은 계획되어 있던 남북 간 여러 회담의 취소를 통보해오면서 진행되던 모든 남북 간 협의는 단절되었습니다.

셋째, IAEA는 북한에 대해 미신고시설에 대한 추가 특별사찰을 거듭 요구했으나 북한은 한사코 거부하면서 문제가 불거지기 시작했습니다. 1993년 3월 12일 북한은 NPT 탈퇴를 선언했고, 이것이 제1차 북핵 위기의 시작이었습니다.

그간 북한 핵 문제의 협상 창구가 되어온 남북 핵 협상과 북한-IAEA 협상이 거의 같은 시기에 붕괴되고 유엔 안보리 차원의 문제로 비화되자 협상은 중지되었습니다. IAEA에 의한 사찰이 거부되자 곧바로 유엔 안보리에 북한 핵 문제가 상정되었고 이어 각종 제제조치가 결의되었습니다.

이러한 위기가 고조되는 시기에 1993년 출범한 미 클린턴 정부는 직접 미북 협상으로 북한 핵 문제를 해결한다는 방침을 세웁니다. 미국은 중국 외무성을 통해 북한과의 고위급 회담을 제의했습니다. 이는 남북 간의 협의와 IAEA를 통한 협의 두 채널이 막힌 상태에서 북한 핵 의혹을 그냥 두고 볼 수는 없다는 긴박감에서 작용한 정책으로 보입니다.

2 북핵 문제와 남북관계

북핵 문제가 불거지기 이전에는 한반도 문제는 한국민 스스로 해결한다는 우리 한국 정부의 원칙이 있었습니다. 휴전협정 이후 작전지휘권을 유엔군으로 위임하여 군사안보 문제는 미국과 협의하는 입장이었지만, 기타 북한 문제만큼은 북한에 대항하는 한국의 자존심으로 직접 협의하는 이러한 원칙이 지켜져 내려왔습니다.

북한 핵 문제가 나타나기 이전의 상황을 보면 1972년에 7·4 남북공동성명, 이어 적십자 회담에서의 이산가족 상봉이라든지 남북 고위급 회담의 순조로운 진행도 이러한 고집스런러운 한국의 원칙에 기인한 면도 있었습니다. 특히 1991년에 타결된 남북기본합의서가 이를 증명합니다. 즉 한반도 문제는 미국이나 중국 등의 외부세력인 아닌 한국이 당사자로 직접 상대했기 때문에 가능했던 것으로 인식되어왔습니다.

그런데 1989년 북핵 문제가 제기되어 국제화 문제가 되면서부터 한국이 대화의 주체에서 밀려나게 되었습니다. 한국 대신 IAEA와 유엔 안보리, 그리고 미국이 전면에 나서게 됩니다. 영변의 핵 의혹시설이 제기되자 이 문제를 직접 담당하는 IAEA가 북한에 핵 사찰을 요구했고, 북한이 이를 거부하자 유엔 안보리에서 북한을 제재하는 단계에 이르게 됩니다. 이 와중에 미국이 북한을 직접 상대해서 해결하겠다는 의지를 보이며 해결을 시도합니다. 이러한 변화는 북한의 핵 개발이 만든 상황 변화였습니다. 어찌 보면 미국과 직접 상대하겠다고 하는 북한의 의도가 먹혀 들어가지 않았나 생각됩니다.

〈그림 8-5〉 주요 핵시설 현황

출처: 연합뉴스, 2018. 5. 3.

❸ 북한의 핵무기 의혹시설

〈표 8-2〉 북한의 주요 핵시설 현황

구분	주요 시설
우라늄 광산	순천, 평산 등 2,600만 톤 매장(추정)
우라늄 정련소	박천, 평산
재처리시설	영변, 연간 200~300톤 처리 가능
원자로	- IRT-2000: 최초에서 2MW 이후 4MW로 확장 - 5MW: 자체 기술로 극비리에 건설 - 50MW(영변), 200MW(태천): 발전용으로 신고했으나 송전선 없음
고폭약실험장	- 영변 인근에 2개소 - 1993년 이후 고폭약 실험을 해왔음.

〈표 8-2〉에서 보듯이 북한은 우라늄 광산으로부터 원자로까지 플루토늄 원자탄을 만들 수 있는 모든 시설이 건설되어 가동하고 있다는

것을 알 수 있습니다. 먼저 북한은 순도가 좋은 무려 2,600만 톤이 매장된 우라늄 광산을 갖고 있습니다. 이는 앞서 설명한 것처럼 유리한 위치

〈그림 8-6〉 북한 영변 핵시설 현황

출처: 연합뉴스, 2019. 4. 17.

에서 핵 개발을 시작할 수 있다는 것을 의미합니다.

채취한 광물을 정련하는 시설과 재처리시설을 광산 근처에 설치했고, 영변에 네 개의 원자로까지 건설하여 가동하고 있습니다. 원자로의 경우 소련이 2MW급을 지어주었으나 점차 자체 기술로 4MW로, 이후 5MW급으로 증설했습니다. 그리고 발전용으로 신고한 50MW급과 200MW급을 건설하여 총 네 개의 원자로를 가동하는 등 기술을 발전시켜왔습니다.

북한은 이 시설들은 발전용으로 건설되어 문제가 없으며 평화적으로 이용한다고 신고했지만 주변에 송전시설이 없다는 사실을 확인했습니다. 그럼 이게 무엇일까요? 그리고 고폭약실험장이 영변 인근에 두 개나 있습니다. 이것은 핵무기를 실험하기 위한 초기 상태, 즉 핵 개발 의혹시설 중 하나인 핵실험장으로 분석되는 것입니다. 이 시설들 모두 북한이 핵 개발을 진행하고 있다는 증거입니다.

❹ 미사일 개발 및 시험발사

핵무기와 병행하여 개발하는 것이 또 있습니다. 핵무기 운반체계로서 미사일의 개발입니다. 태평양전쟁에서 미국이 일본에 대해 핵무기를 폭발시킬 때 핵무기를 비행기로 운반해서 떨어뜨렸습니다. 그런데 미사일이 개발되면서 미사일에 핵탄을 탑재하여 원하는 지역까지 비행기로 이동하여 공중투하 하는 방식이 아닌 미사일로 강타하는 방식으로 개발되었습니다.

북한의 경우도 마찬가지입니다. 북한도 핵 개발을 하면서 동시에 미사일 개발을 추진했습니다. 북한은 1970년대부터 미사일 개발에 들어갑니다. 북한은 이집트로부터 소련산 스커드 미사일을 수입하여 이를 역분해하는 방식으로 기술을 습득하면서 개발을 시작했습니다. 1980년대에 소련의 미사일을 모방 생산하는 수준에 이르렀으며, 이후 사거리를 향상

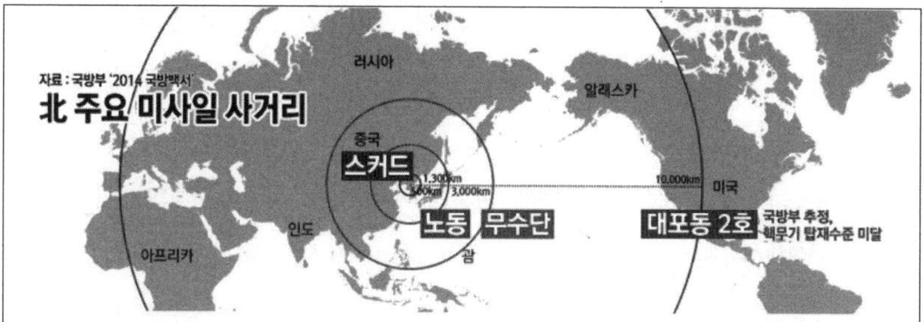

	명칭	사거리(km)	사정권
단거리	스커드 B	300	대전
단거리	스커드 C	500	한반도 전역
중거리	노동 A	1,300	일 본토
중거리	대포동 1호	2,200	일 오키나와
중거리	무수단	3,000~4,000	미국령 괌
장거리 (ICBM)	대포동 2호	6,700	미 알래스카
장거리 (ICBM)	은하 3호 (위성 발사체 주장)	13,000	미 본토
장거리 (ICBM)	KN-08 (이동식)	12,000	미 본토
기타	SLBM (잠수함 발사)	2,000(목표)	

〈그림 8-7〉 북한의 주요 미사일 및 사거리

출처: YTN, 2016. 5. 31.

시킨 스커드-B와 스커드-C를 개발하여 시리아 또는 이란 등의 중동국가에 미사일을 수출하기까지 했습니다.

북한의 의미 있는 미사일은 1993년 5월에 시험 발사한 노동미사일입니다. 노동미사일은 사거리 1,000~1,300km까지 날아가는 준중거리용으로 한반도는 물론 일본까지 사정권에 둔 미사일이었기 때문입니다. 일본은 깜짝 놀랐고 북한을 자체 제재하기도 했습니다. 충분히 이해할 만한 내용입니다. 이어 1998년 사거리 2,200km의 대포동 미사일을 시험 발사했으며, 비록 실패했지만 2017년 사거리 13,000km인 은하 3호라는 명칭의 대륙간탄도미사일인 ICBM까지 시험 발사했습니다. 이후 두 번에 걸친 실패 끝에 결국 2022년 11월 ICBM(은하 17호)의 발사를 성공시킵니다.

북한이 단거리 미사일을 개발하고 발사해도 꿈쩍하지 않던 일본이 노동미사일이 발사되자 놀란 것처럼, 미국을 비롯한 국제사회는 장거리 미사일인 대포동 2호가 발사되자 유엔 안보리를 중심으로 각종 제재를 취하기 시작합니다. 사거리 13,000km의 은하 3호 미사일은 북한에서 발사되면 한반도와 일본을 넘어 알래스카와 미국 본토까지 사정거리에 들어옵니다.

또한 북한은 미사일 개발에 추가해서 SLBM 즉, 잠수함에 미사일을 장착해서 발사하는 미사일까지 개발합니다. 이 SLBM 또한 굉장한 위협이 됩니다. 원하는 지역까지 몰래 들어가서 후방 깊숙한 목표 지점을 타격할 수 있는 어마어마한 전략적 무기입니다. 북한은 이러한 무기까지 시험발사에 성공했다는 것은 국제적으로 위협을 주기에 충분하기 때문입니다. 이제 북한의 핵은 플루토늄 원자탄에 이어 우라늄 원자탄, 그리고 수소탄까지 완성했으며, 미사일도 중장거리를 넘어 대륙간탄도미사일을 거의 완성 수준으로 개발했다고 주장하고 있습니다.

이와 같은 북한의 핵과 미사일은 결코 무시할 수 없는 전략적 무기입니다. 이러한 무기는 대한민국을 위협하고 있다는 일명 '머리맡에 북한의 핵과 미사일을 두고 살아가야 하는 형국'입니다. 우리 국민들은 언제나 북한의 핵 위협이라는 불안을 갖고 살아가야 하는 위기의 시대에 살고 있다는 것입니다.

북한은 핵 개발을 시작한 이래 국제적 압박에 당면해왔습니다. 미국을 위시한 국제사회는 북한의 핵개발을 막지는 못했지만 다양한 조치로 북한을 압박해왔습니다. 이러한 제제는 북한 국민들을 고통 속에 몰아넣는 한 요인이 되었습니다. 그럼에도 불구하고 북한 정권이 핵무기를 개발하는 이유가 무엇인지 알아보겠습니다.

첫째, 북한은 체제 안보를 위해 핵무기를 개발했다고 합니다. 핵무기 보유국가는 다른 나라의 군사적인 공격을 능히 억지할 수 있다는 주장입니다. 둘째, 북한은 남한에 비해 우위에 있던 재래식 군사력이 역전되어 열세로 바뀌었습니다. 특히 경제 파탄으로 값비싼 현대식 군사장비를 구매할 수 없고 재래식 무기를 현대화할 수도 없는 실정입니다. 이러한 상황에서 값싼 대안이 바로 핵무기입니다. 핵무기는 파괴력에 비례하여 상대적으로 값이 저렴한 무기이기 때문입니다.

셋째, 북한의 정책 지향이 핵 개발을 포기할 수 없게 되었다는 것입니다. 1994년 이후 북한의 전략목표는 강성대국이고 이를 실행하는 정책 대안이 선군정치였습니다. 강성대국 선군정치의 구호는 핵 개발을 정당화시키고 필요하게 만드는 이념적 요인이 되었을 것입니다. 북한은 경제 발전보다 군사력 강화를 더 우위에 놓은 정책을 시행해왔기 때문입니다.

5. 북한 핵문제 및 국제사회와의 핵협상(개요)

국제사회에서 북한 핵을 어떻게 처리하려 했는지, 그리고 북한은 이에 대해 어떻게 대처했는지에 대한 내용입니다. 북핵 협상과 관련된 내용으로 최근의 북한 이해에 꼭 필요한, 즉 북한의 정체성이나 정치 그리고 외교 등을 이해하는 핵심적인 내용입니다.

북핵 문제와 남북관계, 그리고 세 차례에 걸친 핵 위기와 이 위기를 어떻게 돌파했는가에 대해 위기의 발생과 소통과 회담으로 연결되는 과정을 알아보겠습니다.

〈그림 8-8〉은 북한의 핵개발 과정에서 발생한 세 차례의 위기와 이를 해소하는 과정을 간략히 정리한 것입니다. 시간별·상황별 북한의 도발이나 각종 사건, 그리고 협상의 흐름을 정리했습니다.

제1차 위기는 1989년 9월 북한 핵시설로 추정되는 시설들에 대한 위성사진이 공개되면서 시작됐고, 이러한 위기가 1994년에 개최된 제네바 합의로 봉합됐습니다. 이 제네바 합의에 의해서 북핵 관련 우려가 가시고 이후 쭉 진행되다가 2002년 10월에 북한의 강석주 제1부부장이 HEU, 즉 고농축우라늄탄 프로그램이 있다는 것을 밝히면서 제2차 위기

'89. 9. 프, 위성 북핵위혹시설 공개
~ '92 초. 북-IAEA 간 사찰공방
'92. 5~6. IAEA 임시사찰(3회)
'92. 9. 미, 북핵 은폐시설 공개
'93 초. 북, IAEA 사찰 거부
'93. 3. NPT 탈퇴 선언
'93. 6~7. 미 · 북 접촉(2회)
미, IAEA 사찰 요구 → 북 거부
남북 대화 재개: 서울 불바다
'94. 3. 미, 북핵문제 안보리 회부
'94. 6. 북 IAEA 탈퇴 선언
'94. 6. 카터 전 미 대통령 방북
'94. 7. 미 · 북 회담(세 차례)
'94. 10. 제네바 합의

'02. 10. 북, HEU 프로그램 시인
'02. 12. 북, 핵동결 해제/ 핵시설 재가동 선언
'03. 4. 미-북-중 3자회담
'03. 8. 1차 6자회담
'05. 9. 9 · 19 공동성명(4차 회담)
'05. 9. BDA 문제
'06. 10. 9. 1차 핵실험
'07. 2. 2 · 13 합의(5차 회담)
'07. 10. 10 · 3 합의(6차 회담) 이후, 신고 검증 문제 대두
'09.04. 북, 핵 협상 결렬 선언 (동결과 불능화 원상복구)
'09.5. 25. 2차 핵실험

'16. 1. 4차 핵실험
'16. 4. 23. SLBM 발사
'16. 9. 9. 5차 핵실험
'17. 7. 화성 14호(ICBM) 발사
'17. 8. 8. 트럼프, 북에 '화염과 분노'
'17. 11. 29. 화성 15호(ICBM) 발사
'17. 9. 3. 6차 핵실험
'17. 11. 29. 김정은 '국가핵무력 완성'
'18. 2. 평창 동계올림픽 고위층 참석
'18. 4. 5. 9월. 남북 정상회담(3회)
'18. 6. 12. 미북 정상회담(싱가포르)
'19. 2. 27. 미북 정상회담(하노이)
'19. 6. 30. 남북미 정상회담(판문점)

〈그림 8-8〉 세 차례의 핵 위기와 관련 사건(종합)

가 시작되었고 이 위기는 6자회담이 개최될 때까지 이어졌습니다. 그리고 미국의 트럼프 대통령이 등장한 이후 북한의 ICBM 발사가 이루어지자 미국과 북한 간의 말폭탄이 쏟아지면서 위기가 시작되어 미북 정상회담이 열릴 때까지의 시기를 제3차 위기라고 합니다. 물론 그 이전에 북한은 5차 및 6차 핵실험을 수행하여 안보리 차원에서 북한의 제재가 있었고, 북한이 이에 반발하여 독한 말들을 쏟아내기도 하는 소규모 위기는 몇 차례 있긴 했습니다.

그러나 고조된 위기 상황은 북한이 2017년 7월 미국의 독립기념일에 ICBM을 발사하면서부터였습니다. 그때까지 가만히 있었던 미 대통령 트럼프가 북한을 응징하겠다고 하면서 미북 간에는 험한 말들이 오고 갔습니다. 미국과 북한 지도자 간에 말폭탄을 마구 쏟아내면서 위기 상황으로 발전했습니다. 그러나 이러한 위기는 앞의 사례처럼 대화로 연결되는 계기가 되었습니다.

참으로 아이러니합니다. 위기가 고조되면 될수록 협상하라는 의견이 나오고, 우여곡절 끝에 회담이 열리면 회담에서 합의문이 만들어지고 위기는 온데간데없이 사라지는 과정이 반복되었다는 것입니다. 이러한 위기와 협상의 역사는 벌써 과거 얘기가 되었지만, 우리의 상황에 직접적인 영향을 주었고 또 현재의 북한핵을 중심으로 한 한국과 북한, 그리고 미국과의 관계이기 때문에 현 시대를 살아가는 우리는 반드시 알아야 할 내용입니다.

6. 제1차 북핵 위기와 제네바 합의

❶ 영변 핵시설에 대한 의혹 제기

제1차 핵 위기의 발단이 된 것은 1999년 9월 프랑스 상업위성이 영변에 있는 의혹시설을 발견하고 위성사진을 공개하면서부터였습니다. 즉각 핵 통제를 담당하는 IAEA가 북한에게 의혹시설에 대한 핵 사찰을 요구했고, 북한이 거부하면서 위기가 시작되었습니다. IAEA의 규정상 NPT 가입국은 협정을 체결한 후에 핵사찰을 의무화하도록 되어 있는데, 이 규정에 의해 북한에게 사찰을 요구한 것입니다. 북한은 의혹이 불거진 이후 2년 동안 사찰을 계속 거부하다 국제적인 압력에 못 이겨 결국 사찰을 허용하게 됩니다.

1992년 1월 협정을 체결하고 이어 5월부터 사찰이 개시되었습니다. 북한은 IAEA의 사찰을 받는 것 외에도 한국과의 관계에서 엉뚱한 요구를 합니다. 북한이 IAEA의 핵 사찰을 받는 결정을 했으니 남쪽도 같이 받으라는 생떼를 씁니다. 남한 내에 주한미군이 보유하고 있는 핵무기가 있기 때문에 한반도에서 핵무기를 철수해야 북한도 협정을 체결하고 사찰을 받겠다는 식의 주장을 했고, 이러한 협상을 진행하면서 시간을 끌다가 결국 북한은 사찰을 받게 되었습니다.

2 당시의 남북관계

1992년 초까지 남북 간에는 훈훈한 관계가 형성되고 있었습니다. 1990년 소련이 붕괴되고 동유럽에서 소련 중심의 동맹관계가 해체되면서 냉전이 풀어지기 시작했습니다. 이 상황에서 북한은 외교적 고립을 벗어나기 위해 한국에 호의적인 공세를 펼치며 남북관계에 화해 분위기가 형성되었습니다. 이러한 분위기에 남북회담이 개최되었고, 1990년 9월에는 남북 고위급 회담(남북 총리 회담)에서 남북기본합의서에 합의하고 이어 남북의 유엔 동시 가입을 결정했으며, 남북 비핵화 공동선언까지 합의에 이르렀습니다. 이러한 남북 간에 굉장히 활발한 활동과 성과가 나타나고 있는 상황에서 IAEA가 북한에게 핵 사찰을 요구하고 북한은 거부하는 상황에 맞닥뜨린 것입니다.

당시 남북 간 합의가 이루어지는 상황에서 한국은 북핵 문제만큼은 국제적인 방식의 접근을 취해 북한과 거리를 두게 되었습니다. 그리고 한국의 전통적인 입장은 미국이 북한 문제에 직접 개입하지 않게 한다는 것이었고, 이에 따라 최초에 미국도 북한의 핵 문제에 거의 방관하는 상태에서 벌어진 위기가 제1차 위기입니다.

3 북한의 사찰 거부와 위기 시작

IAEA에 의한 합의된 사찰이 정상적으로 진행되고 있었습니다. 두 차례에 걸친 사찰이 거의 마무리되어가는 중에 문제점이 나타났습니다. 미국은 북한이 신고된 시설 외에 감춰둔 시설이 있다는 의혹을 제기했습니다. 미국은 영변에 대한 정찰위성에 찍힌 사진을 공개하면서 의심시설 두 개를 지목하고, 이 시설에 대한 추가 사찰을 요구했습니다. 또한

IAEA 사찰 결과 원자로에서 생산된 플루토늄 추출량과 추정치 간에 심각한 차이가 보이면서 이에 대한 답변을 북한에 요구했습니다. 그러나 북한은 이에 대한 답변도 거부했고, 또한 추가 사찰을 강력히 거부하면서 한 발 더 나아가 1993년 3월에는 NPT를 탈퇴하겠다는 선언까지 하게 됩니다.

이러한 북한의 입장 변화에 미국은 북한 핵 문제를 유엔 안보리에 회부했고 안보리에서 북한을 제재하면서 위기가 발생하게 되었습니다. 위기가 격화되어가고 있는 동안에도 동시에 이 문제를 어떻게 해결할 것인가 하는 여지를 남겨두었으며, 결국 1993년 2월 미북 간 접촉이 이루어지게 됩니다. 이전까지는 미국은 북한과 절대 접촉하지 말라는 한국 정부의 요청이 있어 관여하지 않았지만 이러한 상황을 더 이상 방관할 수 없다고 판단한 듯합니다. 미국과 북한의 직접 접촉이 이루어진 이후 한국은 북한 핵 문제에 대해서는 완전한 들러리, 또는 보조자의 역할로 전락하게 됩니다. 이것이 1993년 한국 외교의 모습이며, 이러한 위상의 변화는 30년이 지난 지금도 크게 바뀌지 않았습니다.

북미 접촉에서 미국의 주목적은 북한의 NPT 탈퇴를 막고 IAEA 사찰을 받게 하는 것이었습니다. 그러나 북한은 사찰을 거부했고, 동시에 한창 진행되던 남북관계 협상도 거부하면서 그동안 남북이 합의했던 한반도 비핵화 사찰도 전면 거부합니다.

미국과의 협상 간 북한은 배짱을 부리게 됩니다. 이른바 '벼랑끝 전술'이라는 협상전략입니다. IAEA와 미국의 압력에 북한은 5MW 원자로의 연료봉을 꺼내고 연료봉을 교체하겠다고 선언합니다. IAEA와 미국은 시설 봉인 해제에 대한 경고가 있었지만 북한은 이를 모두 무시하고 연료봉을 인출했습니다. 결국 유엔 안보리에 이러한 내용이 보고되었고 안보리가 대북 제재조치를 결의하자 북한은 즉각 IAEA에서 탈퇴하겠다고 응수했습니다. 북한은 유엔의 제재조치를 추진할 경우 이를 선전포고로 간주하고 무력 대응을 하겠다고 경고하면서 스스로 위기를 초래했습니다.

이러한 변화에 한반도에서 전면전이 발발할 위기 상황이 발생하면서 남북 간 군사적 긴장이 높아졌습니다. 미국이나 중국도 제재 방향으로 나아가고 한국은 군사적 대비태세를 갖추는 등 위기가 고조되었습니다. 이때 남북 대화에서 북한 대표단의 '서울 불바다'[4] 발언이 있었고, 이에 남북 협상은 완전히 정지되어 얼어붙었습니다. 당시 미국이 한국과 협의 없이 영변 핵시설 폭격이나 대북한 선제공격을 준비하고 있다는 확인되지 않은 주장이 전파되기도 했습니다. 그러나 실제 군사작전이 계획되거나 준비된 바는 없던 것으로 밝혀졌습니다. 어쨌든 미국도 더 이상 북한과의 외교적 협상이 불가능하다는 결론을 내리고 북한 핵 문제를 유엔 안보리에 회부하기로 했습니다.

4 위기에서 대화로

이렇게 군사 대결의 위기에서 갑자기 화해로 바뀌는 사태가 나타납니다. 그것은 미국의 전 대통령 카터(James Carter)가 개인 자격으로 북한을 방문하면서 시작됩니다. 미국이나 한국이 반대하는 가운데 북한을 방문한 카터는 김일성과 만나 단독회담을 했습니다. 이 회담에서 김일성은 북한이 핵무기를 개발할 의사도 능력도 필요도 없음을 강조하면서 핵시설을 동결할 것이며, IAEA 사찰요원의 잔류도 허용한다는 의사를 밝혔습니다. 또한 경수로를 지어주면 현재의 원자로까지 해체할 용의가 있다는 표현하면서 NPT에도 복귀하겠다는 약속까지 했다고 합니다.

---

4 1994년 3월 19일 남북특사 교환을 위한 실무대표 8차 접촉에서 북측 수석대표 박영수는 "여기서 서울이 그렇게 멀지 않다. 미국과 남조선이 압박을 계속하여 전쟁이 벌어지면 서울은 불바다가 될 것"이라는 요지의 폭언을 했다. 이 발언이 방송을 통해 우리 국민에게 대대적으로 보도되어 '전쟁 위기'에 대한 공포감과 북한에 대한 적대감 내지 혐오감이 크게 증폭되었다(출처: 국립통일교육원).

회담 후 카터는 자신이 모든 것을 해결했다는 의기양양한 자세로 쇼를 합니다. 미 CNN 방송을 불러들여서 생방송으로 소식을 전했습니다. "김일성은 원전을 개발하지 않겠다, 연료봉을 재장전하지 않겠다는 조건으로 미북 회담을 시작하겠다, 그리고 남쪽에 대해 남북 정상회담을 할 용의가 있다"는 내용입니다.

이러한 소식에 갑자기 상황이 바뀌었습니다. 당시 한국의 김영삼 대통령은 남북 정상회담을 한다고 하니 갑자기 북한을 끌어안는 입장으로 바뀝니다. 미국도 처음에는 당황했지만 김일성의 제안을 수용하고 협상으로 전환합니다. 이전의 유엔의 제재와 군사적 대결을 고려하던 모습에서 급격하게 외교적 교섭으로 전환됩니다. 결국 모든 상황은 북한이 의도한 대로 돌아가게 되었습니다.

이에 따라 미국과 북한은 제네바에서 두 차례의 실무 접촉에 이어 본회담이 제네바에서 개최되었습니다. 이후 3단계의 회담을 통해 1994년 10월 제네바 합의라고 불리는 북한 핵 문제에 대한 합의를 이끌어냈다.

5 제네바 합의와 분석

제네바 합의의 결과에 대해 미국과 한국은 대체적으로 실망합니다. 합의문에서 북핵을 제거한다는 원론적인 문구 외에는 구체적인 방안이 없으며, 다만 그 경수로를 제공해주겠다고 하는 내용만 덩그러니 담겨 있었기 때문입니다. 미국은 북한의 핵을 동결했다고 설명했지만, 결론적으로는 북한이 요구했던 내용이 모두 반영되어 북한이 의도한 방향으로 합의되었다는 분석입니다.

〈그림 8-9〉에서 보는 바와 같이 기본 뼈대는 북한이 원자로를 포기하게 하는 대신, 아니 정확히 하면 핵시설을 동결하게 하는 대신 경수로 2기를 제공해준다는 것입니다.

합의 내용을 자세히 살펴보겠습니다. "북한이 흑연감속원자로를 포

■ 3단계 미북회담: 94. 7~10. / 제네바

항목	제네바 합의(1994. 10. 21.)
합의문	기본합의
항목	북-미 양자합의
기본 뼈대	북한의 흑연감속원자로 포기 대신 경수로 2기 제공
안전보장	핵무기 위협이나 사용 않는다
북-미 관계	연락사무소 교환 설치, 향후 대사급으로 격상
에너지 지원	미국, 경수로 건설까지 대체 에너지 50만t 제공

• **기타 부속 합의내용**
- 북은 남북대화에 호응한다.
- 북은 NPT에 잔류, 안전조치 협정을 이행한다.
- 북은 경수로의 중요부분 완공 후 핵심부품이 도착 이전에 IAEA와의 안전조치 협정을 전면 이행한다.

〈그림 8-9〉 제네바 합의 주요내용

기하는 대신 경수로 2기를 제공하겠다, 미국은 북한에 대해 핵 위협을 하지 않겠다, 북미 관계를 정상으로 돌리는 과정을 시작한다, 경수로 개발을 완성하기 전까지는 대체에너지 중유 50만 톤을 매년 제공하겠다"는 약속 등 북한이 요구한 문구가 담긴 합의안이기 때문입니다. 객관적으로 분석해도 북한은 진행 중인 핵시설을 동결만 하면 미국으로부터 많은 것을 획득한다는 합의, 맞지 않습니까? 기타 부속 합의내용에서 북한은 선심이라도 쓰는 것처럼 "미국이 북한의 요구를 들어주면 남북대화에 응한다, 그리고 NPT에 잔류한다, 경수로의 핵심부품이 오기 전에 안전조치협정을 이행한다"는 내용을 포함시켰습니다.

그래도 미국은 이 정도에도 만족한 듯합니다. 아마도 북한 핵시설 동결에 방점을 둔 듯했습니다. 경수로가 어느 정도 완성되어 핵심부품이 들어오기 전에 IAEA와의 안전조치협정을 이행하기 때문에 북한이 약속을 이행한다면 북한 핵은 해결됐다는 식으로 안심을 한 듯합니다. 그러니 매년 중유 50만 톤을 지원하는 합의문을 만들지 않았겠습니까? 북한의 꾐에 빠진 미국 협상팀이라고 볼 수 있습니다. 결국 경수로 건설이 시작되어 기초공사와 중간공사까지 완성된 후 핵심부품이 들어오기 직전까지인 약 10여 년간 북한은 외부 간섭 없이 핵 개발할 시간을 부여받은 셈이 된 것입니다.

한편, 남북 정상회담을 하자는 김일성의 제안에 남쪽이 열심히 정상회담을 준비하던 1975년 7월 8일, 갑자기 북한 김일성이 사망하는 바람에 정상회담은 물 건너가버리고 맙니다. 당시 남쪽에서는 김일성의 조문을 허용해야 한다와 하지 말아야 한다는 주장이 대립했습니다. 결국은 조문을 거부하는 것으로 결정되자 북한은 한국을 극렬하게 비난하는 과정에서 남북관계는 악화되었습니다.

제네바 합의 내용을 좀 더 자세히 분석해보겠습니다. 〈그림 8-10〉[5]은 경수로 건설과정과 소요되는 기간을 연계하여 그린 도표입니다.

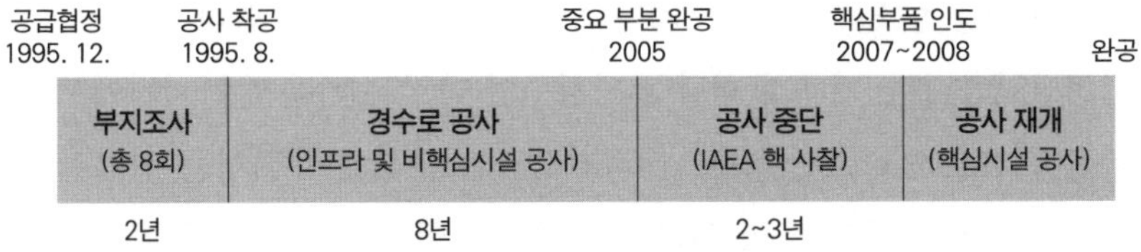

〈그림 8-10〉 경수로 건설 일정 계획도

경수로를 완성하기 위해서는 여러 단계의 공정이 있는데 크게 나누어보면 부지조사와 인프라 및 비핵심시설 공사가 있고 이어 핵심시설 공사로 구분할 수 있습니다. 그러면 그림에서 보듯이 경수로 공사까지의 10여 년 동안 북한의 의무사항은 단순히 핵시설 동결입니다. 그리고 핵심부품이 들어오기 전에 공사를 중단하고 이 기간에 IAEA의 핵 사찰을 받아 처리, 즉 해체하겠다는 것입니다. 그러니까 그 이전까지는 중유를 매년 계속 받으면서 기존의 핵시설은 그대로 두겠다는 개념입니다.

5 이용준, 『북핵 30년의 허상과 진실』(서울: 한울 아카데미), 2018, p. 155.

6 한반도에너지개발기구(KEDO)

제네바 협상 후 미국은 후속 조치를 시행하기 위해 관련 당사국인 한국이나 일본, 기타 우방국들을 모아 회담을 합니다. 합의문의 경수로를 북한에 만들어주기 위해 국제적인 컨소시엄을 구성하여 추진하겠다는 것입니다. 여기에 한국을 비롯하여 일본, EU, 캐나다 등 국가가 참가했고, 경수로 건설을 위한 한반도에너지개발기구(KEDO: Korean peninsula Energy Development Organization)라는 국제기구를 1995년 3월 9일 설립했습니다.

아이러니한 것은 건설비용 대부분을 한국이 댔다는 사실입니다. 당시 한국이 한국형 원전을 개발했다고 선전하고 있던 차에 한국은 한국형 원전 채택을 주장했고, 대신 건설비용의 70%를 투입하기로 했습니다. 나머지 비용 중 일본은 20%, 기타는 호주와 EU 등이 분담하는 내용으로 결정되었습니다. 제네바 회담을 담당했던 미국은 비용지출 국가에서 쏙 빠졌습니다. 왜 그랬을까요? 테러지정국인 북한에 대해서는 어떠한 원조도 해주지 않겠다는 미 의회의 결정 때문이었습니다. 결국 한국형 원전을 밀어붙인 한국이 대부분의 건설비용을 대고 대신 한국산 자재와 한국인 및 한국 기술을 투자하는 것으로 결정되었습니다.

잠깐 여기에서 경수로 건설의 대부분을 한국 건설회사가 설치하는 과정에서 기술적인 제한사항을 먼저 짚고 넘어가겠습니다. 한국형 경수로라는 개념은 경수로 건설의 대부분 자재와 부품은 한국 건설회사에서 조달하지만 핵심부품만큼은 미국에서 들여와야 한다는 사실입니다. 즉 한국형 경수로를 건설할지라도 완성하여 가동하기 위한 핵심부품은 미국이 쥐고 있다는 것입니다. 당시 경수로 건설의 핵심부품이 몇 퍼센트까지 국산화되어 있는지는 모르겠지만 이때는 이렇다는 것입니다.

정리해보겠습니다. 제네바 합의에 대해 미국에서조차 불신을 보이고 있었고, 미 의회에서는 의혹을 갖고 북한을 주시하게 됩니다. 이 제네바 합의의 문제점은 다음과 같이 분석됩니다. 첫째, 북한과 미국의 합의는 상호 불신 상태에서 그냥 봉합하기 위해서 나오는 정치적인 합의였습니다. 그래서 어느 한쪽이 이행하지 않는다면 누구도 강요할 만한 어떠한 권한이나 수단이 없다는 것입니다. 둘째는 최종적인 핵 해결의 합의가 아니라, 이미 만들어져 운용되던 핵시설과 핵을 IAEA의 사찰이 이루어질 때까지 그 기간 동안 동결하는 수준이라는 것입니다. 이것도 7년 이상 10년 이상 기간이 소요되는 데에도, 이런 허점으로 인해 결국 합의 후 7년이 지나 신고하고 검증하는 단계에서 문제가 발생하게 됩니다. 여기서 북한은 동결 단계에서 한 발짝도 다음 단계로 나가지 않으면서 시간만 번 셈입니다.

결국 제네바 합의는 북한의 핵 개발을 봉쇄하겠다기보다는 미래에 해결하겠다는 수준의 합의였습니다. 즉 현재는 그대로 두겠다, 이러한 허점 투성이의 제네바 합의는 이후 2007년 제2차 핵 위기를 겪은 후에 북한이 핵 사찰의 핵심 단계인 검증 단계를 거부하면서 결국은 1994년 초의 1차 위기로 다시 회귀할 수밖에 없었던 것입니다.

7. 제2차 북핵 위기와 6자회담

1994년 제네바 합의에서 북한 핵시설을 동결하기로 했기 때문에 그 약속을 믿고 기존의 봉인만 있었을 뿐 별도의 사찰 없이 시간은 지나갔습니다. 그러다 갑자기 위기가 닥칩니다. 북한의 고농축우라늄(HEU) 프로그램 문제가 드러났기 때문입니다.

❶ 고농축우라늄 프로그램 문제

2002년 10월 4일 미국의 동아시아·태평양 부차관보 케리가 북한을 방문했고, 북한 회담대표 강석주가 회담 중 고농축우라늄(HEU) 프로그램을 시인합니다. 그때까지 미국은 북한의 플루토늄 핵 개발을 우려하고 있었는데, 우라늄 핵탄 개발까지 의혹이 드러난 것입니다. 미국이 강력히 그 실체를 밝힐 것을 요구하자 북한은 이를 거부하면서 반발했습니다. 강석주의 HEU에 대한 언급 이후 단 3개월 만에 제네바 합의는 물거품이 됐습니다.

이 상황에 미국의 반응은 단호하고 신속했습니다. 먼저 KEDO 집행이사회를 소집하여 HEU 프로그램의 해체를 위한 북한 측의 구체적이고 신빙성 있는 행동이 있을 때까지 대북한 중유 공급을 중단한다고 발표합니다. 그러나 북한은 제네바 합의가 미국에 의해 파기되었기 때문에 핵동결을 전면 해제하겠다고 선언하면서 12월 21일부터 핵시설에 설치된 IAEA 봉인을 제거합니다. 이어 2003년 1월 10일 NPT 탈퇴를 선언했고, 5MW 원자료를 재가동한다는 발표를 했습니다.

북한에게 중유 공급 중단은 대단한 타격이었습니다. 연간 중유 50만 톤은 2002년 시세로 거의 1억 달러였으며 이 액수는 북한의 연간 외화수입의 약 10%에 달하는 것이었으며, 쌀 20만 톤에 해당하는 액수였습니다.

미국은 이번엔 북한 핵 의혹에 전례 없이 강력하게 대처했습니다. 2001년 미국 본토가 직접 외부의 침략을 받은 9·11 테러에 대한 보복과 전 세계를 향해 테러를 뿌리 뽑겠다는 명목으로 아프가니스탄 전쟁을 치렀기 때문입니다. 당시 부시 대통령은 악의 축에 북한을 포함시키면서 북한에 대해 강하게 압박하고 있었던 시기였던 것도 한몫했습니다.

당시 북한의 핵 의혹시설에 대한 족집게 타격(일명, Pin-Point 타격) 계획이 있다는 소문이 돌았고, 그렇게 되면 한반도에서 전면전이 발발할 수 있다는 우려와 공포가 한동안 암울하게 퍼졌습니다. 물론 경수로 사업도 중단되었고, 주한 미군의 가족들을 철수시킨다는 소식이 들렸으며,

한국군도 군사대비태세를 점검하는 등의 상황이 발생했습니다. 이를 제 2차 핵 위기라고 합니다.

❷ 중국의 중재와 6자회담

위기가 고조되는 상황에서 중국이 물밑에서 협상에 나서게 됩니다. 중국은 한반도의 위기 상황을 두고 볼 수가 없어 중재자로 나서 북미 회동을 주선하는 노력 끝에 미-북-중 3자가 베이징에서 만나게 됩니다.

먼저 실무회담을 개최했지만, 북한은 미국에 의해 제기된 HEU 프로그램 계획을 부인하면서 핵동결을 거부했고 미국은 사찰을 주장하는 등 회담은 강대강으로 지지부진하게 되었습니다. 북한의 생떼 쓰기가 먹혀들어가지 않자 북한은 미국을 더욱 압박하기 시작합니다. "연료봉을 추출하겠다", "추출된 연료를 무기화하겠다"등 어거지를 쓰기도 했고, 지루한 실무회담이 지속되었습니다. 그러나 결국 6자회담이라는 다자회담의 틀이 만들어졌고, 2003년 8월 베이징에서 제1차 6자회담이 개최되었습니다.

다자회담은 미국의 주장에 의한 회담틀입니다. 미국은 앞서 경험한 것처럼 미국 단독으로 북한과 회담을 하지 않겠다는 정책을 갖고 나왔습니다.[6] 왜? 북한은 회담장에서 한 약속을 지키지 않는다는 것을 잘 알고 있기 때문입니다. 북한이 약속을 지키지 않는 현상이 반복되지 않도록 다른 국가를 포함시키겠다는 것입니다. 특히 북한의 지지자인 중국을 포함하고, 중국만 참가하게 하려다 보니 우방인 한국과 일본이 소외되어 이들 국가도 포함하고, 쌍방 수를 맞추기 위해 러시아를 불러들여 미-북-중-한-일-러 6자가 회담 당사자가 되었습니다.

---

6 조선일보 칼럼, "미(美) 왜 양자회담 거부하나"(2005. 5. 5), https://www.chosun.com/site/data/html_dir/2005/05/05/2005050570307.html

새로 등장한 미국의 부시 대통령은 '완전하고 검증 가능'이라는 용어까지 써가면서까지 이번만큼은 북한에 속지 않고 완벽하게 해결한다는 정책을 갖고 회담을 시작했습니다. 이러한 가운데 북경에서 제1차 6자회담이 개최된 것입니다. 중국도 북핵은 용인하지 않겠다고 하는 기본적인 자세를 가졌기 때문에 처음에는 회담이 잘 진행되었습니다.

새롭게 구성된 6자회담 틀 속에서 북한을 대하는 미국의 태도는 명확했습니다. 이번엔 북한의 입을 절대 믿지 않을 것이며, 만약에 북한이 핵 동결이나 해체라는 제안을 제기했더라도 검증할 수 있도록 명확하게 하겠다는 자세를 갖고 있었습니다. 미국이 들고 나온 CVID(Complete, Verifiable, Irreversible Dismantlement의 약자로 완전하고 검증 가능하며 돌이킬 수 없는 폐기를 의미)라는 용어입니다. 그리고 북핵 폐기에 상응한 협상을 하되 경수로는 제공하지 않을 것이며 대신 다른 에너지를 제공하겠다는 입장입니다. 채택되지는 않았지만 한국은 DMZ를 통해 북으로 전기를 송전해주겠다는 제안을 제시하기도 했습니다. 다행인 것은 6자회담을 주선한 중국이 북핵을 용인하지 않겠다는 입장에서 북한에 편들기보다는 객관적인 입장에서 협상이 진행되도록 도와주는 모습이었습니다.

협상 간 핵 폐기 방식에 대한 논쟁도 있었습니다. 당시 핵폐기를 실행했던 사례들을 참고하여 북한에 대한 적용을 제시했는데 그 방식은 몇 가지가 있었습니다. 남아프리카 방식[7], 리비아 방식[8], 우크라이나 방식 등이 있었는데 미국은 리비아 방식을 요구했지만 북한은 절대 반대했습

7 남아프리카공화국은 1989년 스스로 핵 프로그램을 포기하고 6기의 핵무기를 폐기했다. 핵무기를 보유하면 국제적으로 고립될 수 있다는 판단에서였다. IAEA에 핵무기 관련 프로그램 일체를 넘겼다. 모든 핵무기·HEU 관련 시설 해체, NPT 가입, IAEA 사찰 등의 절차로 이어졌다.

8 리비아 방식은 핵포기의 보상으로 제재 해제와 대미관계 개선이라는 성과를 얻어낸 사례다. 당시 리비아의 카다피 정권은 국제사회의 제재와 안보 위협 등에 따라 2003년 핵을 포함한 대량파괴무기 포기를 선언했다. 그리고 핵포기 선언 이후 1년 내에 관련 시설·장비의 미국 이전과 IAEA의 핵 사찰을 받았다.

니다. 리비아 방식이란 '선(先) 핵 폐기, 후(後) 보상, 이후 관계 정상화'라는 원칙에 따른 것이었지만 북한은 최초 주장대로 일단 동결한 이후 향후 폐기의 순으로 처리할 것을 주장하면서 북한이 필요로 하는 것을 제안하여 얻어내려는 자세로 나왔습니다. 그러나 미국은 먼저 퍼주면 안되고 핵 폐기를 보고 나서 무엇이든 보상한다는 것이고, 북한은 핵을 끝까지 들고있다가 다 받은 다음에 그 이후의 조치를 하겠다는 입장에서 한 치의 물러섬도 없었습니다. 회담 기간 중 북한은 '에너지 지원을 해달라', '테러지원국에서 해제해달라', '경제제재를 풀어달라' 등의 요구를 합니다. 이렇듯 6자회담은 양측의 주장이 충돌하면서 협상이 원활히 진행되지 못하고 지지부진했습니다. 이러한 회담 진행과정을 통해 보면 북한이 핵을 개발하려는 의도가 바로 핵을 이용하여 미국으로부터 많은 것을 얻어내려는 담보로 활용하는 것이 아닌가 하는 것입니다.

그러나 미국이 북한의 요구를 호락호락 쉽게 들어주지 않자 북한은 강력한 회담전술을 구사합니다. 많이 들어본 말일 것입니다. 바로 '벼랑 끝 전술[9]'입니다. 북한은 보상 없이 핵 폐기는 결코 없을 것이며, 계속 핵무기를 보유하겠다고 압박했습니다. 이를 보여준 행동이 바로 2005년 2월의 핵무기 보유선언과 2006년 7월의 대포동 2호 미사일 발사, 그리고 10월 9일의 제1차 핵실험 등입니다.

그런데 2005년에 갑자기 튀어나온 사건이 BDA 문제입니다. 이 문제는 마카오에 있는 방콕델타은행이라는 조그만 은행에서 불거진 사건입니다. 당시 미국은 이라크 전쟁 이후 국제적인 테러단체들에게 공급되는 자금줄을 확인하는 차에 BDA라는 은행에서 북한으로 자금이 흘러들어가는 창구를 발견하고 미국 재무부가 이를 차단한 것입니다. 이에

---

9 1950년대 미·소 냉전 당시, 마치 당장이라도 핵전쟁을 할 것처럼 상대를 밀어붙여서 적국의 양보를 얻어내려는 외교적 협상 전술을 말한다. 당장이라도 판을 엎어버릴 기세로 상대를 공갈협박하여 상대의 양보를 얻어내려는 목적으로 사용한다.

북한은 돈줄이 끊기자 크게 반발했는데 그 볼멘소리를 낸 곳이 6자회담장이었습니다. 북한은 BDA 북한 자금을 풀어라, 그렇지 않으면 회담을 하지 않겠다는 강압적인 전술을 구사했습니다. 미국이 거부하자 북한은 곧 대포동 2호 미사일을 발사하고 이어 제1차 핵실험을 단행했습니다.

이러한 우여곡절 속에서 미국이 북한을 다독여서 합의한 것이 제4차 회담에서 합의한 9·19 공동성명과 그 이후의 2·13 합의 그리고 10·3 합의의 세 가지 합의문입니다.

3 6자회담과 합의문

9·19 공동성명

9·19 합의는 핵 문제 해결의 기본방향과 기본원칙을 규정한 합의입니다. 그러나 이 선언은 북한 핵 동결 및 폐기와 관련된 구체적인 내용이 없었기 때문에 9·19 선언을 이행하기 위해 또 다른 이행 합의를 이끌어 내야 했습니다. 9·19 합의가 얼마나 미약했으면 이것을 이행하기 위한 두 개의 합의, 즉 2·13 합의와 10·3 합의를 별도로 했을까요?

북핵 6자회담 공동성명

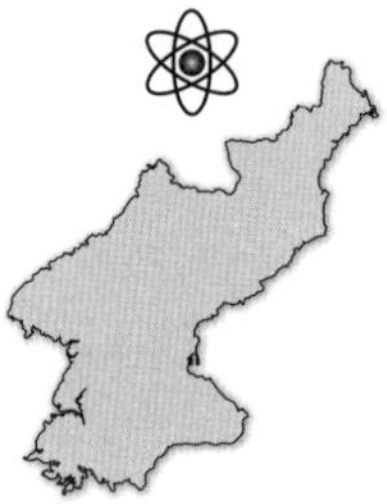

① 6자회담 목표는 평화적 방식으로 검증 가능한 비핵화
② 북한은 모든 핵무기와 현존하는 핵 프로그램을 포기
③ 북한은 빠른 시일 내 NPT와 IAEA에 복귀
④ 미, 핵·재래식 무기로 북한 공격할 의사 없음 확인
⑤ 한국은 핵무기 반입·배치하지 않기로 한 약속 재확인
⑥ 한·미는 한반도에 핵무기가 없다고 확인
⑦ 적당한 시점에 북한에 경수로를 제공하는 문제를 논의
⑧ 북·미, 북·일 관계 정상화 조치
⑨ 중·일·한·러·미는 북한에 에너지를 제공
⑩ 한국은 대북 200만kW의 전력 제공한 재확인
⑪ 한반도 평화체제 다룰 당사자간 포럼 발족

〈그림 8-11〉 9·19 공동성명 주요내용

출처: 조선일보, 2005. 9. 19.

먼저 9·19 공동성명을 신문에서 보도한 내용으로 설명하겠습니다. 〈그림 8-11〉은 9·19 합의를 요약하여 정리한 것입니다. 합의 내용은 크게 11가지 내용으로 구성되어 있지만 중요한 합의 몇 가지만 설명하겠습니다.

두 번째, 모든 핵무기와 현존하는 핵무기 프로그램을 포기한다. 세 번째, 빠른 시일 내에 NPT와 IAEA에 복귀한다. 그리고 여섯 번째, 한미는 한반도에 핵무기가 없다고 확인한다. 일곱 번째, 적당한 시기에 경수로를 제공하는 문제를 논의한다. 처음엔 경수로를 뺀다고 했는데 북한의 끈질긴 주장을 반영하여 마지못한 문구를 넣었습니다. 마지막에 한반도 평화체제를 다룰 포럼을 발족한다는 내용들이 반영되었습니다. 물론 미국이 강력하게 주장한 CVID를 반영한 내용이 바로 "공약 대 공약, 행동 대 행동" 원칙이었으며 이를 부칙에 담았습니다.

2·13 합의와 10·3 합의

앞선 9·19 공동성명이 원칙적인 내용밖에 없었기 때문에 이 합의를 어느 시기에, 어떤 절차로 이행하겠다는 것을 논의하여 합의한 것이 2·13 합의라고 했습니다. 이때는 북한의 요구에 의해서 핵 포기 과정을 동결, 불능화, 신고, 폐기의 네 단계로 분류하여 반영했습니다. 이 네 단계 중에서 1단계인 '동결' 부분만 이행하는 단계가 바로 2·13 합의라고 이해하면 됩니다.

〈그림 8-12〉와 같이 2·13 합의의 주요 내용은 "북한은 영변 핵시설을 60일 이내에 폐쇄·봉인하고 보상으로 미국은 북한의 테러지원국 해제를 한다. 에너지를 지원한다."를 반영했습니다. 그리고 기타 포럼을 설치한다는 내용이 포함되었습니다. 이런 것들은 해도 되고 안 해도 되는 내용까지 반영해서 엄청 큰 내용을 합의한 것처럼 포장되어 있습니다.

그리고 이 2·13 합의를 하기 위해서는 〈그림 8-12〉의 오른쪽 표처

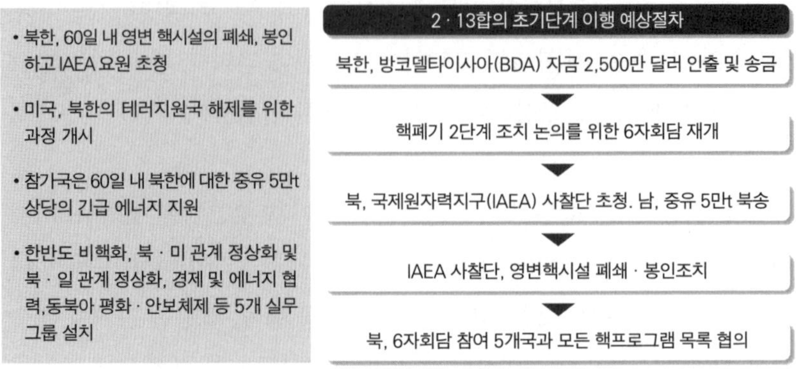

〈그림 8-12〉 2 · 13 합의 주요내용

출처: 연합뉴스, 2007. 4. 14.

럼 이전에 있었던 과정을 밟을 것을 합의하게 됩니다. 먼저 합의를 이행하는 첫 단계로 앞서 말했던 BDA 자금을 풀어야 된다고 못 박았고, 미국은 금방 풀어줬습니다. 이렇게 자금을 풀어주자 북한은 6자회담에 참가하여 회담을 재개했고, 다음에 북한에서는 IAEA에게 일부 시설을 사찰, 그것도 정식 사찰이 아닌 관찰 수준의 사찰을 허용하고 폐쇄와 봉인 절차를 시행했습니다.

그러나 곧 다음 절차에서 문제가 발생하고 진행이 중단되는 상황에 봉착합니다. 〈그림 8-12〉 오른쪽 그림의 맨 아래 내용처럼 모든 핵프로그램 목록 협의 과정입니다. 이 과정을 또다시 합의를 봐야 했고, 이 합의가 바로 2단계 10·3 합의입니다.

10·3 합의에서는 9·19 합의와 마찬가지 북핵 폐기를 위한 시간 계획을 수립하여 신고하고 그 보상으로 북한에 중유를 제공한다는 내용입니다. 그런데 그 다음 단계에 하는 검증 문제를 불분명하게 합의를 해버린 것이 문제가 되었습니다. 크게 세 가지의 문제점이 발견되었는데, 첫째는 핵프로그램 신고의 대상과 방식이 분명하지 않았다는 것이고, 둘째는 신고와 경제·에너지 지원의 시간적 상관관계가 미규정되어 있으며,

10 · 3합의

2007년 10월 3일
6자 9 · 19공동성명 이행 2단계 조치
• 북한, 9 · 19공동성명과 2 · 13합의에 따라 모든 현존하는 핵시설 불능화 • 영변 5MW 실험용 원자로 · 재처리시설(방사화학실험실) · 핵연료봉 제조시설 불능화 2007년 12월 31일까지 완료 • 북한, 2 · 13합의에 따라 핵프로그램 2007년 12월 31일까지 신고 • 북 · 미 양자관계 개선 및 전면적 외교관계 진전, 양자 교류 증대 • 미국 북한에 대한 테러지원국 · 대적성국 교역법 적용 종료 개시 • 북한에 중유 100만t 상당의 경제 · 에너지 · 인도적 지원

〈그림 8-13〉 10 · 3 합의 주요내용

출처: 세계일보, 2018. 4. 18.

마지막 세 번째는 '검증'이 언급되지 않았다는 것입니다. 이러한 허점은 곧 회담을 다시 처음으로 되돌리는 결과로 귀결되었다는 것입니다.

이렇게 6자회담에서 상호 합의가 되었다고 하는 세 가지의 합의(9·19 합의, 2·13 합의 및 10·3 합의)를 했음에도 불구하고 북한은 합의를 따르지 않았고 회담도 지지부진하게 진행되었습니다. 회담을 거부하다가 회담이 개최되면 시간 끌기로 가는 등 이후 아직까지 제대로 된 6자회담이 열리지 않고 있습니다. 이것이 현재까지의 다자간 협의체인 6자회담의 진행과정입니다.

6자회담의 허점 분석

핵폐기 과정이 네 개 단계로 구분했다고 했죠. 〈그림 8-14〉에서 보는 바와 같이 동결, 불능화, 신고/검증 과정을 거친 이후에 해체하게 됩니다.

그런데 〈그림 8-14〉에서 보듯 문제가 곳곳에 잠재되어 있었습니다. 해체 이전의 세 개 단계에서 핵시설이나 핵물질을 어떤 것들을 신고하고 검증할 것인지, HEU가 포함이 됐는지, 그리고 현재 보유하고 있는 즉

〈그림 8-14〉 북핵 폐기 과정 개념도

핵시설 ➡	동결	불능화	신고/검증	영변 핵시설 해체 또는 파괴
핵물질 ➡	동결/불능화에 미포함		신고/검증	핵물질 국외 반출
HEU ➡	동결/불능화/신고에 미포함			우라늄 농축시설 해체 또는 파괴
핵무기 ➡	동결/불능화/신고에 미포함			핵물질 국외 반출
	← 가역적 단계 →			← 불가역적 단계 →

출처: 이용준, 앞의 책, p. 240

이미 만들어진(추정되는) 핵무기에 대한 신고와 검증 문제가 아예 빠져 있다는 것입니다.

이러다 보니 미국에서는 가만히 있지 않습니다. '신고가 제대로 안 됐다', 또 '검증을 어떻게 할 것이냐', 이러한 논쟁이 계속 제기되고 있고, 이런 문제들이 미국과 북한 간, 북한과 IAEA 간 논의와 대결하는 듯한 지지부진한 회담이 시작된 2002년부터 2007년까지도 한 발짝도 나가지 못하는 상태에서 시간만 흘러가게 됩니다.

단순한 핵시설 문제가 아니었습니다. 그래서 이때 "과거 핵, 현재 핵, 미래 핵"이란 용어까지 나왔습니다. 즉 현재의 핵도 어찌하지 못하고 과거 만들어 갖고 있는 핵, 그리고 미래의 핵까지 협상해야 할 것이냐 하는 것이 당시의 논의였습니다.

6자회담이 제대로 이루어지지 않죠. 회담 날짜도 제대로 못 잡아 북한은 핵협상 결렬을 선언하게 되고 이후에 핵실험, 미사일 시험을 지속적으로 하게 됩니다. 2006년 이후 북한의 이러한 위협이 있을 때마다 북한을 유엔 안보리를 통해 제재하고 있지만 북한은 이러한 제재를 비웃기라도 하듯이 핵실험을 하고 미사일을 쏘는 행태가 반복되었습니다.

당시 미국 대통령 오바마의 정책은 전략적 인내였습니다. 북한이 어떠한 위협이나 어떤 위험한 행동을 하더라도 '정면으로 상대하지 않겠다', '아예 무시하겠다'는 정책이었기 때문에 어떠한 제스처도 취하지 않았습니다. 당시 한국은 박근혜와 이명박 대통령 시절이었고, 미국의 전략적 인내 정책과 같은 정책을 유지했기 때문에 북한은 이 시기 핵실험과 미사일 실험을 계속해 결국은 핵을 완성했다고 평가됩니다.

〈그림 8-15〉는 시기별 북한의 장거리 미사일 발사 현황입니다. 이렇게 북한의 미사일이 장거리화되고 고도화되면서 우리 한국과 미국에서는 미사일 대응체계를 어떻게 갖출 것이냐 하는 논의를 하게 됩니다. 한국은 미사일 방어체제에 대한 논의 결과 북한 미사일에 대한 한국형 3축 체계[10]를 만들어 추진하기 시작했습니다.

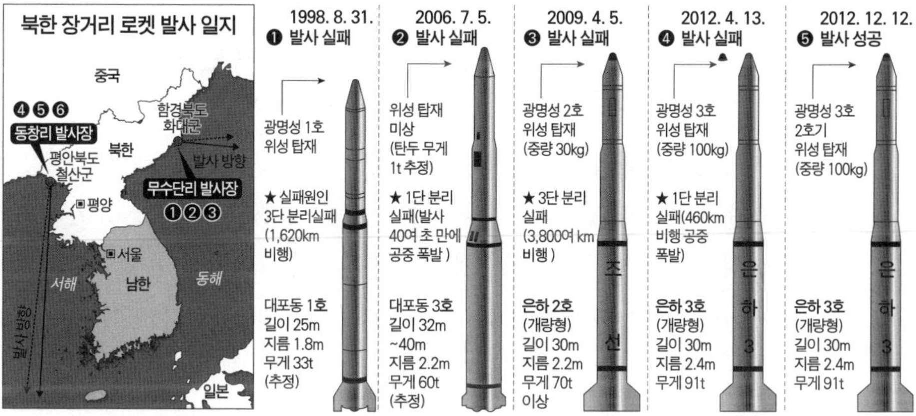

※ 추진체 모두 3단(1, 2단 액체연료, 3단 고체연료), 北은 과거 발사 중 2012. 4. 13 발사만 실패, 나머지는 성공했다고 주장, 위성탑재 내용 또한 北 주장

〈그림 8-15〉 북한의 장거리 미사일

출처: 연합뉴스, 2016. 2. 7.

---

10 '한국형 3축 체계'는 북한의 핵과 미사일에 대한 대응책으로 수립한 정책입니다. 크게 3단계로 구성됩니다. 1단계는 북한이 핵을 탑재한 미사일 등을 발사하려는 임박한 공격의 징후가 있을 경우 미사일 발사 원점을 타격하여 위협을 선제적으로 제거하는 '킬체인(Kill Chain)', 2단계는 우리나라를 향해 발사된 미사일 등을 다층적 미사일 방어체계를 이용하여 공중에서 요격하는 '한국형 미사일 방어체계(KAMD: Korea Air and Missile Defense)', 3단계는 북한의 핵과 미사일이 우리나라에 물리적 피해를 야기했을 경우 이에 대한 보복

8. 제3차 북핵 위기와 미북 정상회담

1 김정은의 도발(핵실험과 미사일 발사)

북한은 김정일 시기에 2016년 9월까지 세 차례의 핵실험을 했고, 김정일 사후 권력을 이어받은 김정은은 미국이나 국제사회의 눈치를 보지 않고 추가적으로 핵실험을 세 차례 더 했습니다. 추가하여 미사일도 펑펑 쏘면서 성능을 급격히 발전시켰습니다. 광명성과 SLBM, 즉 잠수함에서 발사하는 미사일, 그리고 중거리 미사일인 ILBM, 다음에 대륙간탄도미사일(ICBM)까지 발사하면서 당시 새로 당선된 미국의 새로운 대통령 트럼프를 건듭니다.

미 본토까지 다다를 수 있는 ICBM인 화성 미사일을 2017년 7월 4일 발사를 성공시키자 당시 미 대통령 트럼프는 가만히 있지 않았습니다. 위협을 느낀 트럼프는 북한에 대해서 '화염과 분노', '로켓맨'과 같은 용어를 써가면서 북한을 비난하자 북한의 김정은도 트럼프에 대해서 '늙다리', '미치광이', '노망난 늙은이' 등 험한 용어를 써가면서 공격했고, 일촉즉발의 사태가 벌어지려는 시기에 미국에서 족집게 타격을 하겠다는 뉴스가 워싱턴 일각에서 나오기 시작했습니다. 전쟁 위기라는 분석이 나올 정도인 위급한 상황이 나타났습니다.

김정은은 제6차 핵실험이 끝난 이후 2017년 말에 국가 핵무력을 완성했다고 하는 자신감 넘치는 선언을 했고, 이제는 미국과 상대할 때 핵개발 및 의혹 국가가 아니라 핵 보유국으로서 당당하게 미국과 회담하겠다고 주장했습니다. 그런데 이번에도 상황이 변화됩니다. 핵 위기가 갑작스럽게 협상의 국면으로 들어가는 아이러니한 상황으로 말입니다.

으로 김정은을 포함한 북한군 수뇌부를 제거하고 주요 시설을 파괴·제압하는 '한국형 대량 응징보복(Korea Massive Punishment and Retaliation, KMPR)'으로 구성한다.

2 문재인 대통령의 중재와 미북 정상회담

북한에서 2018년 2월에 개최된 평창 올림픽에 김여정을 보내면서 남북 화해와 이어서 미북 정상회담, 남북 정상회담을 연속으로 하면서 갑자기 위기에서 화해 분위기로 바뀌었습니다.

잠시였지만, 왜 남북과 북미가 화해하고 회담을 했을까요? 김정은은 트럼프와 세 번을 만났고 한국의 문재인 대통령과도 네 번이나 만나면서 친한 것처럼 포옹하고 대화하기도 했습니다. 그러다 회담이 결렬되자 아예 안 본 것처럼 냉랭한 자세를 취하고 서로를 비난하는 것이 무엇을 말해줍니까? 이러한 관계는 이제 우리들이 판단해야 할 내용이며, 앞으로 우리가 받아서 해결해야 할 당면문제입니다.

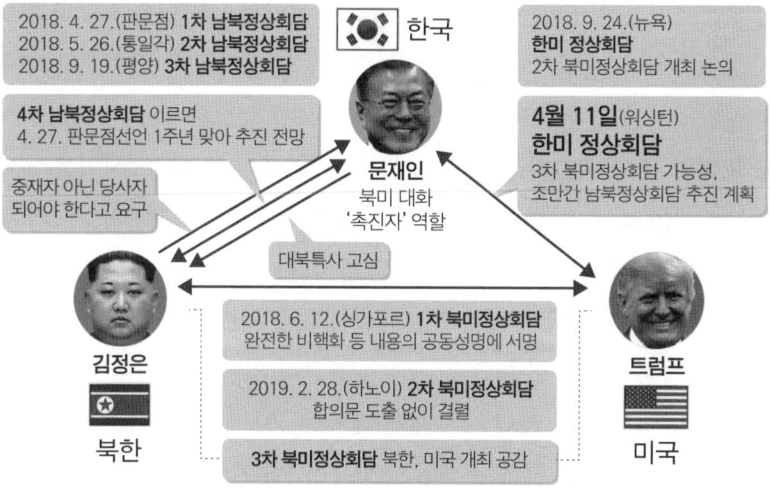

〈그림 8-16〉 남북미 정상회담 일지

출처: 연합뉴스, 2019. 4. 14.

3 두 차례의 북미 정상회담 분석

1차는 물론 2차 북미 정상회담에서도 합의문 채택이라는 성과를 거두지 못했습니다. '빅딜' 안의 미국과 단계적 접근법의 북한 간 입장 차이가 뚜렷했습니다. 그러나 미국이나 북한에서 발표한 어떠한 설명도 두 개국의 견해차와 합의 결렬 이유를 충분히 설명하지는 않았습니다.

다만 분석에 의하면 이번 회담에서 양자의 입장 차는 명확했습니다. 이름하여 '빅딜 vs. 단계적 접근'이란 용어로 대표할 수 있습니다. 회담에서 북한 비핵화에 관련한 미국의 요구는 매우 포괄적이었습니다. 트럼프 대통령은 "더 많은 비핵화가 필요하다"고 밝혔습니다. 즉, 미국은 영변은 물론이고 영변 이외 핵시설 폐기, 핵무기급 프로그램(미사일, 핵탄두, 핵물질)과 생·화학무기 시설에 대한 포괄적 신고, 폐기, 검증까지 매우 광범위하고 구체적인 조치들의 이행을 한 번에 공약하는 빅딜을 요구한 것으로 보였습니다. 반면 북한은 양국 공동으로 영변의 모든 핵시설을 영구적으로 폐기할 것이고 핵실험과 장거리 미사일 실험의 영구 중단을 문서로 확약할 것이라는 의사를 표명했다고 합니다. 그러나 그 시기를 단계적으로 하자고, 즉 신뢰조성 단계를 거치면서 향후 비핵화 과정을 더 빨리 진전할 수 있을 것이라고 밝혔다고 합니다.

이렇듯 회담에서 미국은 일괄타결 거래를 제안한 반면 북한은 단계적 접근 방식을 고수했습니다. 미국은 북한이 영변 이외의 비핵화에 대한 준비가 아직 되지 않았으며 제재 해제는 과도한 수준으로 판단했고, 반면 북한은 신뢰가 아직 충분히 조성되지 않은 상태에서 미국의 모든 요구를 수용하는 것은 체제 안전 보장이 없는 위험한 선택이라 인식한 것으로 보입니다.

결론은 여러분이 잘 알듯이 타결은 이루어지지 않았습니다. 험난한 길을 뚫고 나가기 위해 한국의 역할이 더욱 중요해졌습니다. 더욱이 북미 양국은 회담 직후 기자회견에서 이견 표출에도 불구하고 향후 협상

〈그림 8-17〉 1차 북미 정상회담(2018. 6. 12.)

〈그림 8-18〉 판문점 회담(2019. 6. 30.)

재개를 염두에 둔 태도를 뚜렷하게 보여주었습니다.

하노이 회담에서의 합의 실패에도 불구하고, 중요한 진전을 동반했다는 평가입니다. 우선, 이번 회담 준비 과정에서 북미 양자는 종전선언과 연락사무소 설치 필요성에 공감한 것으로 보입니다. 또 한 가지는 북한의 진전된 비핵화 조치에 따른 제재의 일부 완화 가능성입니다. 즉, 미국은 북한의 완전한 비핵화 완료 이전에도 북한이 진전된 비핵화 조치를 취한다면 대북제재를 일부 완화할 의사가 있음을 드러낸 것으로 볼 수 있습니다. 이 점은 추후 금강산 관광과 개성공단 재개 그리고 철도 및 도로 연결 등과 관련한 남북 경제협력 사업추진 측면에서 중요한 의미가 있다고 볼 수 있습니다. 또한 정상회담 기간 두 정상은 시종일관 서로에 대한 신뢰와 존중을 표했으며, 회담 직후 기자회견에서도 양측은 협상 결렬의 책임을 논하면서도 서로를 자극하는 격한 비난을 하지 않았습니다.

앞으로 북미 협상 재개 가능성은 있지만, 타결을 낙관하기는 어렵습니다. 협상 재개 시점도 미지수이며, 일정한 기간 동안 교착상태가 지속될 수 있습니다.

9장

북한의 교육 및 문화예술: 정말 북한 인민을 위한 교육과 문화예술정책인가?

북한을 알아보기 위해서는 정치나 권력구조, 군사력 등을 알아보는 것도 중요하지만 내부 실상을 깊숙이 알아볼 수 있는 부문이 바로 교육과 문화예술 분야입니다.

북한 소학교 학생들의 모습은 우리와 별반 다르지 않습니다. 교실에서 친구와 떠들고 속닥거리는 모습이 같습니다. 단지 북한 학생들은 교복을 입고 있고 소년단의 표식인 붉은 머플러를 착용하고 있는 것이 다를 뿐이죠. 그러나 교과서의 내용을 보면 우리와 확연히 다르다는 것을 한눈에 알 수 있습니다.

1. 북한 교육의 지향 방향과 딜레마

북한의 교육 목적은 한마디로 공산주의적 혁명 인재로 키우는 것입니다. 즉 주체사상에 기초한 사회주의 교육입니다. 북한의 교육목표[1]는 공산주의적 인간, 사상으로 무장된 인간, 적극적으로 노동하는 인간, 그리고 공산주의 건설을 위한 혁명적·낙관주의적 인간을 양성하는 데 있습니다.

이러한 교육목표는 오로지 김일성주의와 혁명주의, 그리고 사회주의를 위한 끊임없는 혁명, 북한식 사회주의 체제 건설에 매진할 수 있는 구성원의 양성에 초점을 둔 것으로 보입니다. 우리 한국의 인격을 향상시킨다든지, 자유민주주의 체제의 자율을 강조한다든지, 개인의 행복을 추구하는 개념이 아니라는 것입니다. 북한이 한국 체제와 가장 큰 괴리감을 만드는 것이 교육목표이기에 현재보다도 앞으로가 무섭다는 것입니다. 통일을 이루고 통합을 이루려 할 때 참으로 어려운 과정을 겪을 수밖에 없다고 예상되기 때문입니다.

다음으로, 혁명사상 교육의 강조입니다. 주체사상과 당 정책 또는 혁명전통을 고양하는 교육입니다. 이는 앞서 설명한 것과 같은 공산주의 신념과 혁명적 낙관주의를 심어주기 위한 것입니다. 추가하여 1990~2000년대에 새롭게 강조하는 분야가 과학기술 교육과 체육 교육입니다. 북한이 그렇게 빨리 핵과 미사일을 만들어낼 수 있었던 기반은 바로 과학기술이 꽤나 높은 수준에 이르렀다는 것에 대한 반증이 아닌가 하는 생각입니다. 그리고 혁명과 노동을 위한 체육 교육의 강조입니다.

1970~1980년대만 하더라도 북한은 탁아소에서부터 인민학교, 중·

1 "사회주의 교육에 관한 테제", 조선로동당 중앙위원회 제5기 제14차전원회의 발표(1977. 9. 5)(평양: 조선로동당출판사, 2019).

고등학교 심지어 일부는 대학까지 모든 교육을 무상교육[2]을 하고 있다고 선전했습니다. 우리 대한민국은 법률상 중학교까지가 무상교육이지만 실제의 모습은 고등학교까지 무상교육을 실시하여 북한과 유사하다고 볼 수 있습니다.

북한은 '교육 천국으로 12년 무상교육'이라고 선전하지만, 문제는 국가가 돈이 없어 제대로 된 의무교육이 이루어지지 않는 데 있습니다. 예산 부족에 의해 교육시설이 낙후되어 교육환경이 날로 악화되면서 전체적으로 출석률이 저하되고 수업의 질이 하락하는 등 여러 문제가 제기되고 있습니다. 교육에 필요한 교구나 문구 등을 지급하지 못하면서 학교 운영이 어렵자 학생 개인에게 준비하게 하고 또 학부모에게 손을 벌리는 등 일탈행위가 나타나고 있습니다.

북한에도 일류대학이 있습니다. 예를 들어 김일성종합대학은 수재 중 수재가 입학하게 되는데 경쟁이 심하다 보니 부정입학이나 성적조작 등이 나타나고 있는 현실입니다. 이러한 문제는 북한이 잘살면 해소될 수 있겠지만 당분간 이런 문제는 해소되기 어려울 것이며 특히 교권을 중심으로 한 부정부패, 일탈행위는 갈수록 더 가속화될 것으로 예상됩니다.

2. 북한의 학제

북한의 학제는 우리와 비교하면 쉽게 이해됩니다. 북한의 학제는 〈그림 9-1〉과 같이 5-6-4(6)년제를 근간으로 하고 있습니다. 즉, 소학교

2 북한은 1956년 4년제 초등 의무교육을 실시했고, 1958년 인민학교 4년과 중학교 3년을 합한 7년제 의무교육을, 1967년 9년제, 그리고 1972년 10년제, 1975년 유치원 높은 반 1년, 인민학교 4년, 고등중학교 6년을 포함한 11년제 의무교육을 실시했다. 2002년 김정은 시대에 소학교를 기존의 4년에서 5년으로 늘린 12년제 의무교육으로 전환했다.

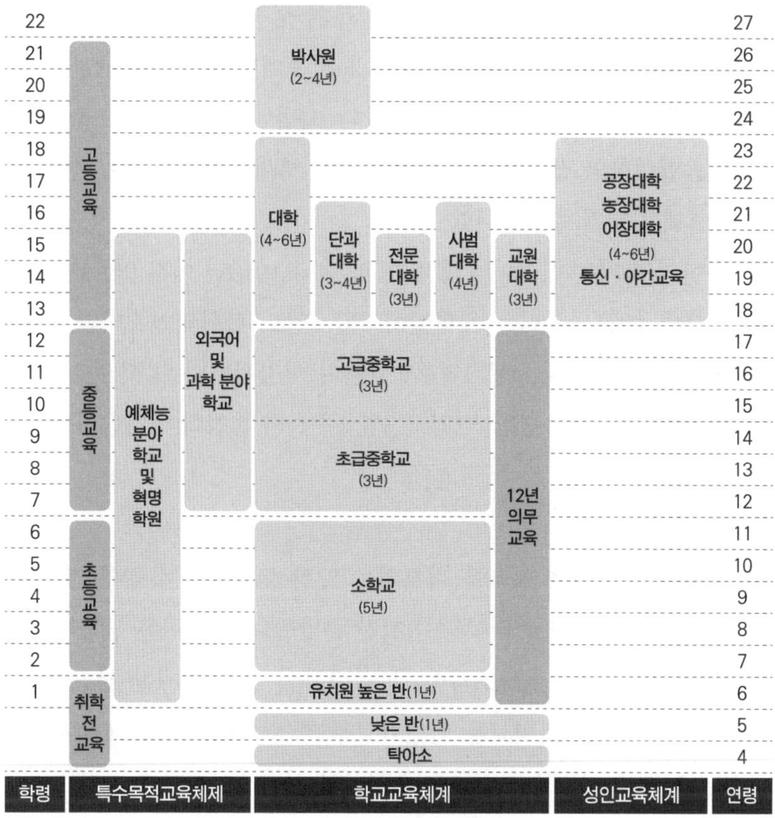

〈그림 9-1〉 북한의 학제

출처: 김계동 외, 『북한의 체제와 정책』(서울: 명인문화사), p. 371.

5년, 중학교 6년, 대학교 4~6년으로 구성됩니다. 김정은 이전 북한의 학제는 11년제 의무교육을 실시해왔으나 2012년에 '전반적 12년제 의무교육을 실시함에 대하여'를 발표하여 2017년부터 전면적으로 실시하고 있습니다. 소학교에 입학하기 전 유치원 교육은 낮은 반 1년, 높은 반 1년이며, 이 중 높은 반부터 의무교육을 시행하고 있습니다. 기타는 우리와 유사하게 대학까지 학제를 유지하고 있습니다.

고등교육과 특수교육은 학교나 학부의 성격에 따라 다양한 학제를 채택하고 있습니다. 예컨대 교원대학과 전문대학은 3년제, 단과대학과 종합대학은 학부에 따라 4~6년제입니다. 사범대학은 4년제로 운영되며 김일성종합대학의 경우 인문과 학부는 4년, 사회과학부는 5년, 자연과학부는 6년제로 알려져 있습니다.

북한의 학기는 미국이나 유럽 등과 같이 1969년 이후 9월 1일에 시작되었으나 1996년부터는 개학일이 4월 1일로 환원되었습니다. 3월에 학년말 시험을 치르고, 4월 1일 새 학년이 시작됩니다. 방학으로는 8월 여름방학과 12월 겨울방학, 그리고 3월 1주간의 봄방학이 있습니다.

❶ 보통교육

보통교육은 기초 지식을 가르치는 일반 교육으로서 취학 전 교육, 초등교육, 중등교육으로 의무교육 기간을 말합니다. 북한은 광복과 더불어 「북조선학교 교육실시조치법」을 제정하여 일제 잔재를 청산한다는 명분에서 종래의 국민학교를 인민학교로 개칭하고, 예비반 1년 과정을 포함한 6년제 인민학교를 시작으로 교육을 실시해왔습니다.

이러한 의무교육을 통해 공산주의적 인간으로 양성하기 위한 전인적 교육을 실시하도록 했습니다. 이는 어릴 때부터 공산주의적 사고방식과 주체사상 교육을 주입시켜 공산주의적 인간 개조 효과를 극대화하기 위함입니다. 즉, 북한의 의무교육은 사회의 모든 구성원을 지도사(수령)와 당에게 충성을 다하는 인간형으로 키우기 위한 수단으로서 '혁명적 수령관' 등을 체계적으로 학습합니다.

한편 북한은 모든 시설과 자원이 국가 소유이며 생산물 역시 정부가 소유하여 계획에 따라 분배하는 사회주의 체제입니다. 따라서 무상 의무교육은 당연한 권리로 인식되고 있습니다. 이러한 인식 때문인지 학생들을 교육과 생산노동을 결합시켜 각종 근로지원 활동에 동원함으로써 무상교육을 무색하게 하고 있습니다. 이러한 북한 학생들을 근로지원 활동에 동원하는 특징은 학교생활에서 중요한 부분을 차지하고 있으며, 정규교과 과정으로도 채택되어 있습니다.

소학교 학생의 경우 학교에서 노동할 뿐만 아니라 농사철에 농장에 나가 일손을 돕기도 합니다. 중학교 학생들은 농번기에 연간 4주(1~4학년) 내지 10주(5~6학년) 동안 농사 지원이나 건설현장 지원을 나가야 합니다. 특히 5월의 모내기를 하는 '봄전투'와 7월의 '김매기 전투', 그리고 9월의 '가을 전투'는 각각 20~30일씩 지속된다고 합니다.

그리고 앞의 설명처럼 교육예산의 부족으로 교육에 필요한 교재와 기자재 구입 및 학교 시설 개·보수 등 학교 운영을 위한 제반 비용 등의 부담이 학생들에게 전가되며, 이에 대한 부담이 경제난 이후 더욱 가중되면서 가정형편이 어려운 학생들은 제도권 교육으로부터 소외되고 있습니다. 이로 인해 학생들의 결석률 증가와 취학률 급감과 함께 학생들의 학습 수준 전반도 저하되고 있는 현실입니다.

평등주의 원칙으로 운영되던 북한의 교육은 1990년 이후 사회주의권 붕괴와 경제난에 따라 변화가 있었습니다. 첫 번째는 소학교에서 컴퓨터와 외국어 교육이 채택되었습니다. 두 번째는 지역별 특성에 따라 도시와 공업지역 내에 위치한 중학교는 수학과 물리 분야를, 농촌지역 중학교는 생물과 화학 분야의 과목에 각각 중점을 두어 학교 교육 이후 즉각 노동일에 적응토록 했습니다. 세 번째는 세계화, 정보화의 흐름에 영향을 받아 정보·기술 분야의 인재 양성을 위한 엘리트 교육기관을 설립했습니다. 이러한 학교는 1980년대 중반부터 설치되기 시작하여 1990년대 시와 군 지역에까지 확대합니다. 이 같은 조치는 경제난으로 부족한 자원을 선택 투자할 수밖에 없는 상황에서 우수한 전문 인재에 대한 엘리트 교육기관을 설치하여 북한 당국이 주창하는 강성대국 건설에 이바지하도록 했습니다.

그러나 이러한 조치는 교육의 양극화 현상을 심화시키는 부작용이 나타나고 있습니다. 외국어와 컴퓨터 교육 등 특수교육은 우수 인재 양성이라는 목적 아래 일부 지역의 특수 계층에게만 기회가 부여될 뿐, 일반 학생은 열악한 교육환경과 부실한 교육 운영 속에 각종 노력 동원과 가중된 세외 부담 등으로 제도권 교육으로부터 소외되는 실정입니다.

2 고등교육

북한은 공산주의 이념에 의해 국가를 수립했고, 이념교육의 확장을 위해 교육에 공을 많이 들였습니다. 그 증거는 광복하자마자 김일성종합대학을 설치했고, 이어 의무교육의 확대와 자립적 경제체제, 이어 과학기술 인재를 양성하는 방향으로 고등교육기관을 확장·발전시켰습니다.

북한의 고등교육은 1946년 9월 1일 '북조선임시인민위원회'가 김일성종합대학을 평양에 설립할 것을 결정함으로써 시작되었습니다. 6·25 전쟁 후 복구건설기(1954~1956)에는 정치·경제 분야의 대학들이 신설되었고, 의무교육 확대를 위한 교원 양성을 위해 1957년 교원대와 사범대를 확장했습니다. 또한 경제발전에 따른 인재의 확보를 위해 소규모 공장대학이나 통신대학, 전문대학 등을 설치하는 등 국가적으로 교육에 많은 투자를 쏟아부었습니다.

1990년 후반은 자립경제체제의 기반을 다지기 위해 과학기술의 발전을 강조했고, 이에 따라 컴퓨터 및 정보과학 분야에 중점을 두고 인재 선발이나 교육에 국가적인 관심을 집중시켰습니다. 이러한 정책에 따라 1999년에는 김일성종합대학에 컴퓨터 과학대학을 신설했고, 2001년 김책공업종합대학에 정보과학 기술대학과 기계과학 기술대학을 신설했습니다. 현재 북한의 고등교육기관으로 김일성종합대학, 김책공업종합대학, 고려성균관 등 세 개의 종합대학 및 일반 단과대학과 함께 농장대학, 어장대학, 공장대학 등 산업체 부설 현장대학이 설립되었고, 추가하여 평북종합대학, 한덕수평양경공업대학, 장철구광양상업대학, 평양기계종합대학 등 종합대학을 증설하고 있습니다.

이와 같은 교육정책 결과 현재 북한은 경제적으로 낙후되었다 하더라도 과학기술 수준은 높은 수준이라고 평가되고 있습니다. 최근 북한이 디지털 자산(일명 '코인') 관련 인터넷 사이트를 해킹하여 수억의 돈을 도둑질했다는 뉴스가 북한의 과학기술과 컴퓨터 다루는 기술의 수준을 간접적으로 말해주는 증거입니다.

3 대학 입학 절차

대학은 고급중학교 과정 졸업 후 예비시험을 거쳐 선발된 인원에 대해 본시험을 거쳐 입학을 허가하게 됩니다. 대학 자체가 우리보다 적으며 대학생이 되기 위한 대입 방식이 어려워 대학 가기가 더 힘듭니다. 또한 우리와 같이 북한도 자녀들에 대한 부모들의 열의가 매우 높습니다.

대학을 어떻게 입학하는지 대학생 선발 절차에 대해 알아보겠습니다. 먼저 교육당국에서 평양시나 평남 등 시군별로 입학 인원을 할당합니다. 그러면 이 할당에 맞게 시군에서 1차적으로 예비 학생을 선발하고, 이어서 2차로 대학에서 시험을 치러 최종 합격자를 선발하는 절차를 적용합니다.

예를 들어 김일성종합대학을 기준으로 설명하면 평안북도에 할당 인원이 50명이라면 평안북도는 할당 인원의 200%인 100명을 도 자체에서 선발합니다. 이렇게 1차로 선발된 학생을 대상으로 대학교에서 본시험을 치루어 최종적으로 대학에서 선발합니다. 이때 예비시험에서 성적 우수자가 제일 우선적이지만 성분이 우수함과 가정환경을 고려하여 선발합니다. 전체적으로 보면 고급중학교 졸업생의 약 20% 정도 예비시험에 통과하고 예비시험에 통과했어도 이 중 10%만이 대학에 진학하는 현실입니다. 그러니 대학생이 되었다는 것으로도 무척 우쭐댄다고 합니다.

그리고 시험에 통과하지 못하면 즉 대학에 가지 못하는 90%의 고급중학교 졸업자 중 남자는 곧바로 군대 입대하게 되고, 여성은 직장에 배치되게 됩니다. 따라서 공식적으로는 재수, 삼수가 없다는 얘기죠. 그러나 대학을 갈 수 있는 기회는 있다고 합니다. 군이나 직장에 가서 열심히 하면서 우수하게 평가되면 그곳에서 추천을 받아 대학시험에 응시할 수 있습니다. 그리고 고급중학교를 졸업하면서 곧바로 대학에 진학하는 학생들이 있는데 이들은 성적뿐 아니라 출신성분이 우수한 학생들로서 '직통생'또는 '직발생'으로 불립니다.

북한 고급중학생들도 우리와 비슷하게 대학 입시 공부를 많이 하는 모습을 볼 수 있으며, 한편으로는 한국보다 대학생 되는 과정이 더 힘들어보입니다.

4 특수교육

1980년부터 재능을 가진 인재를 어릴 때부터 선발하여 교육시키는 제도로 텔리비전에서 너무나 어린아이들이 춤추며 노래하는 모습을 본 일이 있을 겁니다. 북한은 기본 학제와는 별도로 엘리트를 양성하는 영재학교, 외국어학교 등 각종 특수학교가 설치되어 있고 예체능 분야의 특기자 교육과 혁명학원 같은 출신성분에 따른 특수교육도 별도로 실시하고 있습니다.

북한은 교육의 평등을 강조하면서도 일반교육과는 별도로 '수재교육체계'를 일찍이 정책을 수립하여 운영해왔습니다. 이러한 수재교육에 대해 북한은 '우리식의 주체교육'의 일환이라고 하면서, 수재교육을 실시하는 제도를 강조하며 자랑했습니다. 이처럼 북한은 과학기술, 외국어, 컴퓨터, 예술 등의 특수교육을 국가적으로 지원하는 영재교육을 일반교육과 병행하여 실시하고 있습니다.

특수교육기관으로는 수재 양성을 위한 제1중학교, 평양외국어학원,

만경대혁명학원을 대표로 들 수 있습니다. 이 밖에도 금성학원, 평양음악학원, 남포 중앙체육학원, 김정일 예술학원 등 예·체능계 학교가 있습니다. 이들 학교에서는 무용, 음악, 조형예술, 교예 등에 소질이 있는 특기자들을 어릴 때부터 선발하여 육성합니다.

또한 북한은 과학기술 인재 양성에도 힘을 쏟는데, 대표적인 학교가 제1중학교 설립입니다. "뛰어난 소질과 재능을 가진 학생들을 옳게 선발, 체계적인 교육을 시키라"는 김정일의 지시에 따라 1984년 평양에 처음 설립된 후 이듬해 남포, 개성, 청진, 혜산 등 각도 소재지와 특별시로 확대되었습니다. 교육은 과학, 수학, 물리 등 이과 계통의 과학사 양성을 위주로 하고 있어서 제1중학교에 입학하려면 출신 성분만이 아니라 과학 및 수학 성적이 우수해야 합니다. 그리고 일반 중학교와 다른 특수 교재(전문대 수준)로 자연과학, 컴퓨터, 영어 등을 배웁니다. 졸업 후에는 김일성종합대학과 김책공업종합대학에서 1대1 교육을 받으면서 농촌지원 활동과 군 입대 면제 등 혜택을 받고 과학기술 분야의 중요 사업에 종사하게 합니다.

이처럼 북한이 경제난 이후 학교 운영이 어려워지는 가운데에서도 과학기술·정보 분야의 인재 양성을 하는 것은 과학기술 발전을 통한 경제 활로를 찾으려는 목적이었고, 이와 함께 부족한 교육 예산을 선택적으로 투자하기 위한 것으로 분석됩니다.

외국어를 전문으로 하는 특수교육기관으로는 평양외국어학원과 각 시·도에 설치·운영되고 있는 외국어학원이 있습니다. 평양외국어학원은 6년제 과정으로 영어, 중국어, 일어, 러시아어 등 8개 외국어를 교육합니다. 이 학원의 입학 자격은 소학교 졸업자로서 혁명 유자녀 영웅 칭호 수여자 및 영예인 자녀들 가운데 외국어에 소질이 있는 학생으로 알려져 있습니다.

이러한 수재교육의 강조에 따라 많은 국가적인 컴퓨터 수재나 기초

과학 전문가를 양성했으며, 최근에는 수학이나 물리 등 국제올림피아드 경기에 참여하여 좋은 성적을 거두는 북한 학생들을 발견할 수 있습니다.

다음은 국가에 공이 있거나 충성도가 높은 인물들의 자녀를 양성하는 혁명학원으로 만경대혁명학원, 강반석유자녀대학, 남포혁명학원 등이 있습니다. 우리에게 잘 알려진 만경대혁명학원은 1947년에 인민무력부 산하 교육기관으로 설립되어 소학교 졸업 후 입학시켜 8년간 교육하는 기관입니다. 입학할 수 있는 학생들은 국가에 공이 있는 혁명 유가족과 당정의 고위 간부 자녀들로 선택된 자들입니다. 이들은 기숙사에서 집단 생활하면서 최고의 환경 속에서 최고의 대우를 받아가며 교육받고 있습니다. 실제 현재 김정은 주변에서 권력을 쥐고 있는 측근들이 대부분 이 만경대혁명학원 출신들입니다.

〈그림 9-2〉 김정은, '김정일 모교' 만경대혁명학원 방문

출처: 연합뉴스, 2022. 10. 13.

3. 교육내용 및 교육방법

북한 교과교육에서는 오랫동안 정치사상, 과학기술, 체육 등이 중시되어왔습니다. 김정은 시기 교육제도 개편 이후에도 영어 교육과 컴퓨터 교육을 강조하고 있지만, 여전히 정치사상 교육이 우선적으로 강조되고 있습니다.

1 북한의 의무교육

북한의 의무교육은 사회의 모든 구성원을 지도자(수령)와 당에게 충성을 다하는 인간형으로 키우기 위한 수단으로 기능하고 있습니다.[3] 따라서 정치사상 교육의 주된 내용은 김일성, 김정일의 혁명 역사와 혁명 활동과 관련된 내용으로 학년별로 나누어 점차 심화되는 내용으로 교육하고 있습니다.

또한 지정된 교과목뿐 아니라 학교에서 이루어지는 모든 활동을 통해 집단주의 가치관을 내면화하고 당과 수령을 향한 충실성 등 정치사상 교양을 실시합니다. 기타 과학기술교육은 일반 과학과 전문기술로 나누어 가르치고 체육교육은 노동과 국방에 필요한 체력을 향상시킬 목적으로 강조하고 있습니다.

교과외 교육은 '과외활동'으로 불리며, 정규 수업시수에 포함되지 않고 따로 실시합니다. 주요 활동은 정치사상 교육을 위한 과외학습이나 소조활동, 생산활동으로 구분됩니다.

과외활동은 학생이 학교에 오면 수업을 시작하기 전에 노동신문 사

---

3 북한의 '제1차 12년제 의무교육 강령'에 명시된 교육 목표는 "백두산 절세위인(김일성과 김정은)의 사상이론의 위대성, 영도의 위대성, 풍모의 위대성에 대한 원리적인 인식과 인간적인 매혹에 기초하여 투철한 혁명적 수령관을 지니고 당과 수령에 대한 끝없는 충실성을 제일생명으로 간직하며 …"입니다.

설이나 논설 등을 읽는 사상교육을 하고, 정규 수업이 끝나면 하루를 돌아보는 이른바 '총화'를 실시하고 이후 과외 학습을 하게 됩니다. 과외학습은 보통 자율학습을 하거나 담임교원을 통한 과외복습 또는 예습을 1~2시간 하게 합니다.

다음 소조활동으로 북한은 학교뿐 아니라 다양한 사회관계 속에서 교육하도록 하고 있습니다. 일반적으로 매일 방과 후 2~3시간 동안 소수의 학생을 대상으로 소조를 만들어 분야별로 교원의 지도를 받아 학습하는데, 주로 교과, 음악, 미술, 체육 등 다양하게 편성합니다. 또한 학교 이외에 학생소년궁전, 학생소년회관, 도서관, 소년단야영소 등 거점별로 '과외 교양기지'를 활용하기도 합니다.

그리고 북한 교육의 특징은 생산활동의 일환인 근로지원 활동입니다. 우리 한국도 1970~1980년대까지 시행했던 벼베기라든지 하천 정비 작업 등을 한 적이 있었습니다. 즉 학생들의 노동을 동원하는 것이 제도화되어 있습니다. 북한의 학생들은 모내기, 김매기 등 다양한 생산 노동에 의무적으로 참여해야 하며, 상급 학교로 올라갈수록 동원하는 기간이 길어지고 동원되는 부문도 다양해집니다. 특히 '나무 심기' 사업을 국가적 사업으로 강조하면서 나무 심기 활동을 교육강령에 명시하고 매년 봄, 가을에 일정 기간 나무 심기와 열매 따기도 진행합니다. 이와 같은 북한의 과외활동은 다양한 체험활동을 강조하여 가정이나 학교를 넘어 지역사회에 관심을 갖게 하나, 개인의 흥미나 관심, 자율성보다는 집단주의적 가치관과 공동체 활동, 사상이나 교양학습 등을 우선시하는 교육 방향이라고 할 수 있습니다.

2 소학교 교육내용

〈표 9-1〉은 북한의 소학교 교육과정입니다. 우리와 다른 것은 앞서 설명한 것과 같이 정치사상 교육이 3~4시간 할당되어 있습니다. 어릴

때부터 정치사상 교육을 하여 공산주의 체제에 적합한 인민으로 만들려는 모습을 볼 수 있습니다.

그리고 2008년 9월부터 소학교 3학년 이상 학생들에게 영어 및 컴퓨터 교육을 실시하고 2012년 학제 개편 이후 소학교 4학년부터 교육하고 있으며 시간도 확대했습니다. 또한 2013년부터 경애하는 김정은 원수님 어린 시절 과목도 추가되어 정치사상 교과시간이 확대되었습니다.

〈표 9-1〉 북한의 소학교 교육과정

구분	과목	1학년	2학년	3학년	4학년	5학년
1	경애하는 수령 김일성 대원수님 어린 시절	1	1	1	1	1
2	위대한 지도자 김정일 원수님 어린 시절	1	1	1	1	1
3	항일의 녀성 영웅 김정숙 어머님 어린 시절	1				
4	경애하는 김정은 원수님 어린 시절	1	1	1	1	1
5	사회주의 도덕	1	1	1	1	1
6	수학	4	5	5	5	5
7	국어	7	7	7	7	7
8	자연	1주	1주	2	2	2
9	음악무용	2	2	2	2	2
10	체육	2	2	2	2	2
11	도화 공작	2	2	2	2	2
12	영어				2	2
13	정보기술(컴퓨터)				1주	1주
북한의 교육과정은 주당 교육시간과 집중교수(주 단위 시간)을 명시						

교육 내용은 크게 정치사상, 과학기술, 체육, 예능, 국방, 외국어 등 여섯 가지 분야입니다. 주당 수업 시간은 국어, 수학, 자연, 체육, 음악의 순이며, 국어가 전체 수업시간의 3분의 1, 수학이 4분의 1 등 이 두 과목의 시간 배당이 전체의 57%를 차지하고 있습니다.

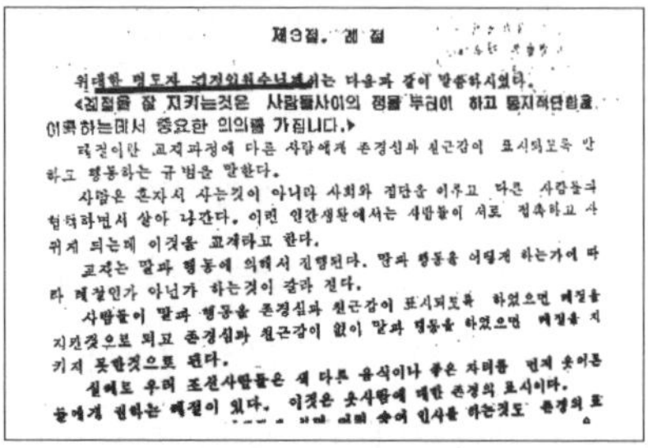

제3절. 례절

위대한 령도자 김정일원수님께서는 다음과 같이 말씀하시였다.

《례절을 잘 지키는것은 사람들사이의 정을 두터이 하고 동지적단합을 이룩하는데서 중요한 의의를 가집니다.》

례절이란 교제과정에 다른 사람에게 존경심과 친근감이 표시되도록 말하고 행동하는 규범을 말한다.

사람은 혼자서 사는것이 아니라 사회와 집단을 이루고 다른 사람들과 협력하면서 살아 나간다. 이런 인간생활에서는 사람들이 서로 접촉하고 사귀게 되는데 이것을 교제라고 한다.

교제는 말과 행동에 의해서 진행된다. 말과 행동을 어떻게 하는가에 따라 례절인가 아닌가 하는것이 갈라 진다.

사람들이 말과 행동을 존경심과 친근감이 표시되도록 하였으면 례절을 지킨것으로 되고 존경심과 친근감이 없이 말과 행동을 하였으면 례절을 지키지 못한것으로 된다.

실례로 우리 조선사람들은 새 다른 음식이나 좋은 자리를 먼저 웃어른들에게 권하는 례절이 있다. 이것은 웃사람에 대한 존경의 표시이다.

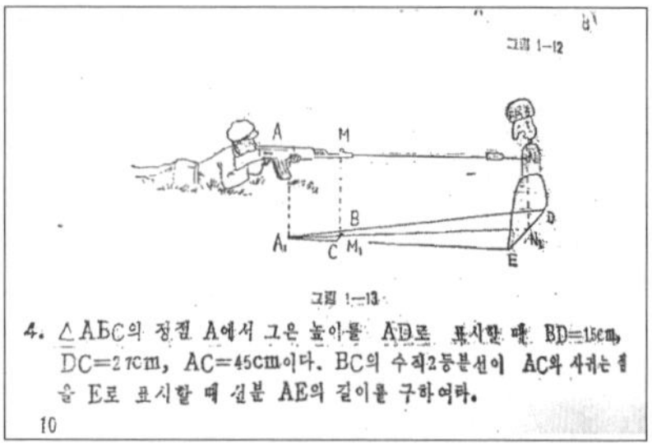

4. △ABC의 정점 A에서 그은 높이를 AD로 표시할 때 BD=15cm, DC=27cm, AC=45cm이다. BC의 수직2등분선이 AC와 사귀는 점을 E로 표시할 때 선분 AE의 길이를 구하여라.

10

〈그림 9-3〉 북한의 소학교 교과서(1)

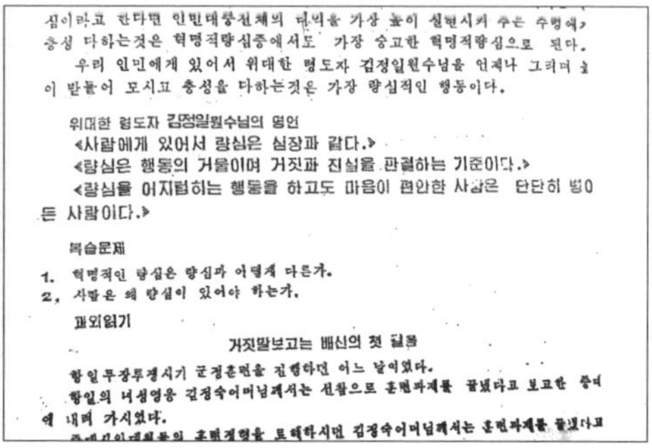

심이라고 한다면 인민대중전체의 리익을 가장 높이 실현시키 수는 수령에 충성 다하는것은 혁명적량심중에서도 가장 숭고한 혁명적량심으로 된다.

우리 인민에게 있어서 위대한 령도자 김정일원수님을 언제나 그리며 높이 받들어 모시고 충성을 다하는것은 가장 량심적인 행동이다.

위대한 령도자 김정일원수님의 명언

《사람에게 있어서 량심은 심장과 같다.》

《량심은 행동의 거울이며 거짓과 진실을 판결하는 기준이다.》

《량심을 어지럽히는 행동을 하고도 마음이 편안한 사람은 단단히 병이 든 사람이다.》

복습문제

1. 혁명적인 량심은 량심과 어떻게 다른가.
2. 사람은 왜 량심이 있어야 하는가.

과외읽기

거짓말보고는 배신의 첫 걸음

항일무장투쟁시기 군정훈련을 진행하던 어느 날이였다.

항일의 녀성영웅 김정숙어머님께서는 선참으로 훈련과제를 끝냈다고 보고한 중대에 내려 가시였다.

〈그림 9-4〉 북한의 소학교 교과서(2)

3 중등교육 내용

중등교육의 경우 기본 6년제로 진행되다 2012년 학제 개편에 따라 초급중학교 3년과 고급중학교 3년으로 분리 운영되고 있습니다. 중등학교의 교육과정은 '지식경제 강국'을 이끌 과학기술 인재 양성을 위한 '기초과학, 컴퓨터 기술, 외국어 교육'과 자립적인 학습 능력과 창조적 능력의 배양, 실험실습 교육을 강조하는 방향으로 개편되었습니다. '지식경제 강국'은 김정은 정권의 국가적 슬로건인 사회주의 문명국건설의 핵심과제 가운데 하나로서 이의 실현을 위해 12년제 의무교육기간 연장과 과학기술을 강조하고 있습니다.

〈표 9-2〉 북한 초급중학교 교육과정

과목수	교과명	1학년	2학년	3학년
1	위대한 수령 김일성 대원수님 혁명 활동	2	2	
2	위대한 령도자 김정일 원수님 혁명 활동		2	2
3	항일의 녀성 영웅 김정숙 어머님 혁명 활동	1		
4	경애하는 김정은 원수님 혁명 활동	1	1	1
5	사회주의 도덕	1	1	1
6	국어	5	5	5
7	영어	4	4	4
8	조선 력사	1	1	2
9	조선 지리	1	1	1
10	수학	6	5	6
11	자연과학	5	5	5
12	정보기술	2주	2주	2주
13	기초기술	1	1	1
14	체육	2(1주)	2(1주)	2(1주)
15	음악무용	1	1	1
16	미술	1	1	1

〈표 9-3〉 북한 고급중학교 교육과정

과목수	교과명	1학년	2학년	3학년
1	위대한 수령 김일성 대원수님 혁명 력사	3	2	
2	위대한 령도자 김정일 원수님 혁명 력사		2	4
3	항일의 녀성 영웅 김정숙 어머님 혁명 력사		1/2	
4	경애하는 김정은 원수님 혁명 력사	1	1	1
5	당정책	1주	1주	1주
6	사회주의 도덕과 법	1	1	1
7	심리와 론리			1주
8	국어문학	3	2	3
9/10	한문/영어	1/3	1/3	1/3

과목수	교과명	1학년	2학년	3학년
11/12	력사/지리	1/1	1/1	2/1
13/14	수학/물리	5/5	5(4)/4	4/3
15/16	화학/생물	3/3	4/3	2/2
17/18	정보기술/기초기술	2/2주	1/3주	1/3주
19	공업(농업)기초			4
20	군사활동 초보		1주	1주
21/22	체육/예술	1/1	1/1	1/1

초급중학교

2013년 개정된 초급중학교의 경우 주당 수업시간이 32시간이며 교육과정은 정규 수업시간 이외 과외학습, 소년단 생활, 과외체육 등으로 편성되어 있습니다. 개정 이전에는 중학교 재학 6년 동안 23개 과목을 교육했으나 개정된 이후 초급중학교와 고급중학교의 교과목이 각각 16개와 22개로 분리 증대되었습니다.

초급중학교의 교육 시간은 정치사상 교육이 확대되고 과학기술의 초급 내용이 포함되어 노동과 과학기술의 기초 내용을 교육하고 있음을 알 수 있습니다.

초급중학교 교과목의 경우는 고급중학교에 비해 통합형의 교육과정으로서 '김정은 혁명 활동' 관련 교과목과 함께 '자연과학', '음악무용' 등의 통합교과목이 도입되었습니다. 이외 개정 이전의 제도, 실습 등의 과목이 '기초기술' 과목으로, 컴퓨터 과목이 컴퓨터 이외 기본지식, 통계, 그림파일의 기초 및 응용에 관한 부분을 포함하여 정보기술 과목으로 새롭게 편성되어 도입되었습니다.

교과목과 시간은 과학기술과 외국어 교육을 강조하는 교육과정 개정 방향에 따라 수학에 이어 자연과학과 외국어 교과 시간이 가장 많이 편성되어 있습니다. 외국어 교과의 경우 영어 교과로만 한정하여 수업

시간이 확대되었습니다.

고급중학교

고급중학교의 경우 주당 수업시간이 34시간으로 정규 수업시간 이외 과외학습과 청년동맹 생활과 과외체육 등으로 편성되었습니다. 개정 이전에 비해 '경애하는 김정은 원수님 혁명 력사' 과목이 신설됐고, 세분화된 분과형의 교과목이 편성되어 초급중학교의 '자연과학'이 물리, 화학, 생물로 세분화되었습니다.

또한 초급중학교에서는 없던 '당정책', '심리와 론리', '한문', '공업(농업)의 기초', '군사활동초보' 등의 과목이 추가되었습니다. 교과 영역 중 가장 비중이 큰 것은 초급중학교와 같이 수학과 물리, 화학 등 자연과학 교과이며 영어 교과의 비중도 높은 특징이 있습니다.

북한의 고급중학교는 대부분의 학생들이 대학 진학보다는 졸업 후 직업을 갖기 위한 교과 구조라는 점이 특징입니다. 당정책이 포함되고 과학기술은 바로 사용할 수 있는 기술과 지역적 특색에 맞는 농업이나 공업, 그리고 군사활동의 기초되는 내용을 포함하여 집단활동과 동원에 적합한 내용을 포함하여 교육하고 있다는 것을 볼 수 있습니다.

북한에서는 외국어 교육의 경우 영어만 배우며, 제2외국어 과목은 따로 가르치지 않습니다. 그리고 모든 학생들이 정보기술, 기초기술, 공업(농업) 기초 교과를 필수적으로 배워야 합니다. 또한 북한에서의 '군사활동 초보' 과목은 대부분의 고교 졸업생이 장기적인 군 생활을 하는 데 대한 준비 과목의 역할을 하도록 준비시키고 있습니다. 북한의 교육강령에 교과수업 이외에도 견학 1주 '붉은 청년근위대' 훈련 1주, 나무 심기 3주, 생산노동 9주 등의 활동이 포함되어 있습니다.

〈그림 9-5〉는 북한 고등중학교 교재인 『공산주의 도덕』의 목차입니다. 이러한 북한 교육과정은 크게 사상교육을 사상혁명의 수단으로 간

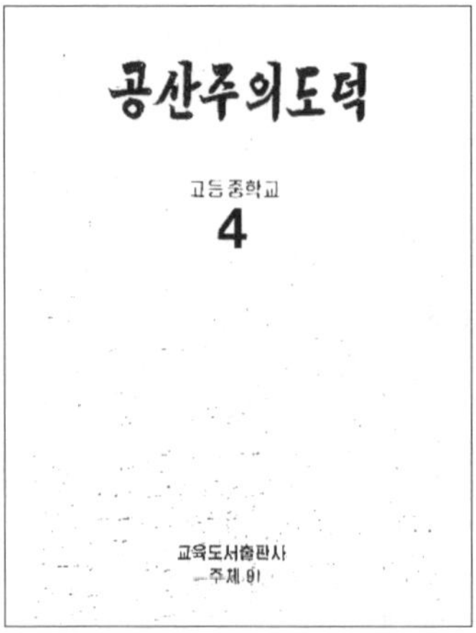

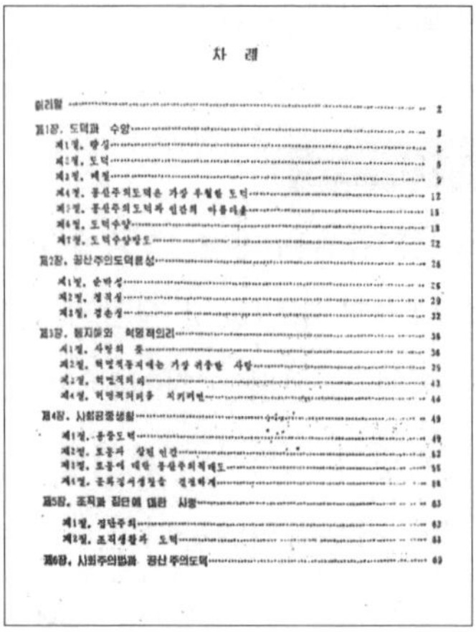

차 례

머리말 …… 2
제1장. 도덕과 수양 …… 3
제1절. 량심 …… 3
제2절. 도덕 …… 6
제3절. 례절 …… 9
제4절. 공산주의도덕은 가장 우월한 도덕 …… 12
제5절. 공산주의도덕과 인간의 아름다움 …… 15
제6절. 도덕수양 …… 18
제7절. 도덕수양방도 …… 22
제2장. 공산주의도덕품성 …… 26
제1절. 순박성 …… 26
제2절. 정직성 …… 29
제3절. 겸손성 …… 32
제3장. 동지애와 혁명적의리 …… 36
제1절. 사랑의 폭 …… 36
제2절. 혁명적동지애는 가장 귀중한 사랑 …… 39
제3절. 혁명적의리 …… 43
제4절. 혁명적의리를 지키려면 …… 46
제4장. 사회공중생활 …… 49
제1절. 공중도덕 …… 49
제2절. 로동과 참된 인간 …… 52
제3절. 로동에 대한 공산주의적태도 …… 55
제4절. 공화국사회질서를 철저하게 …… 58
제5장. 조직과 집단에 대한 사랑 …… 63
제1절. 집단주의 …… 63
제2절. 조직생활과 도덕 …… 66
제6장. 사회주의법과 공산주의도덕 …… 69

〈그림 9-5〉 고등중학교 교과서

주한 교육과 정치의 결합을 보이고 있고, 생산활동과 직접 결합시키는 교육으로 소학교부터 중학교까지의 교육내용은 기초 기술교육과 실습 및 생산 노동을 결합하여 즉각 이용할 노동자를 양성하는 데 있다고 분석됩니다.

구체적으로 알아보면 첫 번째는 정치사상 교육으로 김일성부터 내려오는 3대 세습을 당연시하고 이들에 대한 충성심을 유도하는 교육입니다. 소·중학교에서 김일성 가계 우상화교육을, 대학에서는 주체철학과 주체정치 경제학을 이수토록 하고 있습니다. 이들 교육을 통해 개혁·개방에 따른 자본주의 요소의 유입에 대한 경계와 핵 관련 북미관계 등을 고려한 까닭으로 보고 있습니다.

두 번째는 2001년부터 지역별·지대별 특성에 맞는 선택과목제를 중등교육에 도입했다는 점입니다. 즉 농촌에서는 농업교육을, 산간에는 임업교육을 선택하게 했고, 마찬가지 산업시설이 많은 지역에서는 공업 관련 교육을 하게 하여 졸업 후 노동인력화하는 교육의 모습을 볼 수 있습니다.

❹ 대학 교육 내용

대학의 교육과정은 학교와 전공별로 다르나 대체로 정치사상 교과, 일반 교과, 일반기초, 전공기초, 전공 등 다섯 가지 영역으로 구분되어 있습니다. 정치사상 교과와 외국어, 체육 등 일반 교과는 전공과 무관하게 모두 이수해야 합니다. 그러나 일반기초 과정은 전공 학과의 특성에 맞게 지정한 과목과 전 대학에 규정된 공통과목으로 구성됩니다. 전공기초는 전공에 필요한 준비 과목으로 강좌별로 결정되고, 전공은 지정 과목과 선택 과목이 있는 것은 우리와 별반 다르지 않습니다.

교과영역별 수업시간 비중을 보면 대학의 설립 목적이나 성격에 따라 교과 영역 비중이 다르지만 보통 정치사상 교과 25%, 일반 교과(외국어, 체육) 10~15%, 일반기초 10~40%, 전공기초 10~40%, 전공 10~15% 등입니다.

최근 북한은 정보화 추세에 부응하여 실용주의 교육정책을 추진하면서 정보통신 및 컴퓨터 교육 강화를 목적으로 대학에 컴퓨터공학부, 정보공학 강좌, 정보공학과를 설치하여 IT 중심 학부로 대학 제도 개편을 시도했습니다. 또한 대학에서 정보교육, 생명과학, 나노 과학기술 교육의 강화를 위해 여러 학과 및 학과목을 통폐합하여 새로운 학과와 학과목을 신설하고 이에 따른 교육과정안을 개편하고 있습니다.

❺ 북한의 교육방법

북한의 교육방법은 우리 한국과 큰 차이는 없지만 몇 가지 특이한 방법이 있습니다. 먼저 긍정 감화 교육입니다. 앞서 북한 교육의 목표 중 하나가 혁명적 낙관주의적 인간을 양성한다는 것을 상기하면 맥이 같다는 것을 알 수 있습니다. 두 번째는 방법적으로 토론과 논쟁을 중요시 여기고 문답과 실습교육을 강조합니다. 또한 이론과 실천의 결합을 중요시하여 혁명전적지나 혁명사적지를 답사하게 하고 교육과 생산노동을 결합하여 직접 생산에 참여하는 방식을 이용하기도 합니다. 세 번째는 학교생활부터 조직생활을 습득하게 하는 방식을 이용합니다. 소학교 3학년이 되면 학생소년단에 가입하고 이어 청년동맹 등에 가입하여 조직이라는 환경에 적응하게 하며 사회주의 건설지원 운동에 참여하기도 합니다.

이처럼 북한의 교육은 학교 전 교육부터 학교 교육에 이어 성인교육까지 이어지는 평생교육 체제를 갖추어 공산주의형 인간 양성이라는 목표를 향해 모든 조직과 과정, 그리고 방법까지 일체화되어 있음을 확인할 수 있습니다.

4. 학교생활

❶ 수업과 과외활동

북한의 교육시간은 학교별로 다르지만 대체적으로 소학교의 수업시간은 하루 평균 5시간으로, 과목당 40분 수업에 10분 휴식을 원칙으로 합니다. 중학교 수업시간은 45분 수업에 초급중학교가 6시간, 고급중학교가 7시간이며, 대학은 하루 네 강좌를 기준으로 하며, 50분 단위로 수업을 진행합니다.

대학생은 등교 후 30분간 독보[4]를 하고 8시 반부터 오전 강의가 시작됩니다. 오전에 세 강좌를 마치고 오후 1시 30분부터 점심시간이며, 오후 강의는 4시에 시작하여 한 강좌를 하고 5시 반에 정규 강의가 종료됩니다. 그러나 농촌지원이나 노력지원 등으로 수업에 결손이 있는 경우는 강좌를 더 하여 7시까지 강의를 하기도 합니다.

4 학생들이 등교를 하면 교원에 의한 출석 체크 후 이어 10~20분 정도 시간을 내어 김일성과 김정일의 말씀을 읽는 시간을 말한다.

북한에서는 우리와 같은 과외는 실시되지 않음이 원칙입니다. 일부 예체능 과목 위주로 교원들에게 불법 과외를 받기도 하지만 과외받는 학생의 비율은 지역·계층별 격차가 큽니다. 우리의 과외에 가장 근접한 성격을 가진 활동이 소조활동입니다. 소조활동이란 특정 과목을 중심으로 방과 후에 교원의 지도를 받는 보충 수업입니다. 소조의 종류로는 수학 소조, 외국어 소조, 예체능 소조 등이 있습니다. 매일 방과 후 2~3시간 실시됩니다.

북한 학생들의 과외 활동 대부분은 노력 동원과 조직생활입니다. 앞에서 언급된 바와 같이 북한의 교육은 생산활동과 결합되어 있어서 모든 학생은 생산활동에 참여해야 합니다. 학생의 사회의무 노동은 1959년부터 정규 교육의 일환으로 실시되어왔습니다. 소학생은 연간 2~4주, 중학생은 연간 4~10주, 고등 전문 학생은 연간 10주, 대학생은 연간 12~14주로, 상급 학교로 올라갈수록 기간이 길어집니다.

북한 주민은 모두 조직생활을 해야 하기 때문에 만 7세가 되면 누구나 소년단에 가입합니다. 만 14세가 되면 소년단 생활을 끝내고 김일성-김정일주의 사회주의청년동맹에 가입하고 소년단 일원의 상징인 붉은 머플러 대신 왼쪽 가슴에 청년동맹 휘장을 달게 됩니다. 또한 청년동맹 가입 후 곧바로 교내 군사조직인 붉은청년근위대에 가입합니다.

군사교육 훈련은 남녀 학생 모두에게 해당됩니다. 대학생이 되면 준군사조직인 대학교 교도대에서 6개월간 군사훈련을 받게 되며, 교도대 복무 졸업증이 없으면 대학을 졸업하지 못합니다. 더욱이 북한의 학교는 그 자체가 군대식 대열로 편성되어 있습니다. 예를 들면 규모에 따라 차이가 있기는 하지만 학교는 연대, 학부는 대대, 학과는 중대, 학급은 소대로 각각 편성됩니다.

2 학생의 일탈과 처벌

북한 학생들은 학교 규칙과 조직생활(소년단, 청년동맹 등)에 의해 규율 통제를 받지만 다양한 형태의 저항과 일탈 행위가 나타나기도 합니다. 북한 학생의 일탈 행위는 주로 결석을 비롯한 각종 학교 규율 위반과 용의·복장 불량, 흡연과 음주, 이성교제 등의 생활규율 위반입니다.

경제난 이후의 규율위반 행위는 절도와 마약(빙두) 거래·복용 등 불법 행위를 비롯해 장발, 대바지(바지), 외국어가 쓰인 옷 등 '자유주의'나 '황색바람' 등으로 불리는 자본주의 문화 유입에 따른 모방 행위 등의 특징을 보이고 있습니다. 이 같은 학교 규율 위반 현상은 특히 1990년대 경제 위기 이후 심각해지고 있습니다. 이는 경제난 이후 가족 해체와 북한 사회 전반의 통제 이완에 따른 것이라 할 수 있습니다.

학교 규율 위반 학생에 대한 처벌 권한은 청년동맹에 주어집니다. 물론 교원들도 수업 중에 떠드는 학생이나 숙제를 하지 않은 학생 등에게 처벌을 하지만 교실 밖에서는 소년단이나 청년동맹에서 벌을 줍니다. 예전 한국에서 선생님과 함께 학교 규율을 지도했던 규율반과 비슷한 성격입니다. 수업을 받으면서 방과 후 교양을 받기도 하며, 수업에 참여하지 못하고 교양만을 받는 경우도 있다고 합니다. 심한 경우는 시·군·구역별로 문제 학생을 모아 놓고 집단 교양을 시키기도 합니다.

3 교원

북한에서는 교사, 교수를 통칭하여 교원이라고 부릅니다. 물론 선생님이라는 호칭도 사용하며, 대학 교원의 경우 교수라고도 합니다. 일반 교원의 경우 임금은 노동자의 상급 수준을 받고 대학 교원은 거의 장성급에 해당하는 월급을 받으며, 학부모와 학생들로부터 존경과 우대를 받는 등 북한에서 교원의 사회 지위는 일반적으로 높은 편입니다. 그러나 경제난 이후 국가 혜택이 줄어들고 학교 관리와 운영비용의 상당 부분이 학부모에게 전가되면서 교원의 처우와 인식이 나빠졌습니다.

교원들도 끊임없는 업무와 배급 중단에 따른 생활고로 교직을 선호하지 않는 것으로 알려져 있습니다. 교원들은 직업 혁명가라고 하여 마음대로 조직생활에 빠질 수 없고 장사에 나서거나 퇴직할 수도 없는 사회 책임과 도덕성이 요구되는 신분입니다. 따라서 생계비에 턱없이 부족한 월급만으로 생활을 유지하기 힘들어지면서 경제난 이후 교원은 인기 없는 직업으로 전락되고 있다고 합니다.

도시 지역의 남성 교원들은 대부분 아내들이 장사해서 생계를 유지하고, 농촌에서는 뙈기밭 농사로 연명하기도 합니다. 미혼 여성 교원들은 병이나 결혼 등을 빙자하여 휴직한 후 장사에 나서고, 기혼 여성 교원들도 직접 장사에 나서기 위해 결근하기도 하는 등 수업의 파행 운영도 일쑤라고 합니다.

한편 몇몇 교원들은 성적 조작과 입시 부정과 같은 불법 행위나 비밀 과외 학습지도 등으로 생계비를 충당하기도 합니다. 이런 사정으로 인해 사범대 출신 가운데 성분이 좋은 집 자녀들은 학교 졸업 후 보위부나 안전부 또는 시·군 교육기관이나 군 당 지도원으로 빠져나가고 교원직은 주로 성분 나쁜 학생들이 수행하는 것으로 전해집니다.

교원이 되기 위해서는 교원양성 대학을 졸업해야 합니다. 교원양성 대학은 사범대학과 교원대학으로 구분되고, 각 도에 1~2개가 설치되어 있습니다. 사범대학은 4년제로 중학교 교원, 교원대학은 3년제로 소학교 교원과 유치원 교양원을 각각 양성합니다. 이들 대학에서는 교원 충당을 위해 주간의 정규 교육 이외에 통신·야간 교육이나 교원 재교육도 실시합니다. 북한의 주요 교원 양성기관으로는 김형직사범대학, 김정숙사범대학 등이 있습니다.

5. 북한의 문화예술

북한의 문화예술 정책은 '당성, 인민성, 계급성'을 고양시키는 수단일 뿐입니다. 그리고 전통문화를 사회주의 현실에 맞게 변화시키는 '사회주의적 민족문화'를 문화의 본질적 특성으로 보고 있습니다.

북한은 목적주의 문예관에 기초하여 문학예술을 "근로대중을 정치사상적으로 교화하는 수단이자 "온 사회를 혁명화·노동계급화하는 데 복무하는 수단으로 규정하고 있습니다. 이에 따라 북한의 문예정책은 예술성보다 당국이 지향하는 이념 전달 수단으로서의 역할이 강조됩니다. 즉, 북한의 문학과 예술은 개인의 자유로운 의지가 발현된 창작보다 정권 유지를 위한 홍보와 선전 기능을 중시하고 있습니다. 따라서 자유주의 국가에서 개인의 창의를 중시하는 예술 가치는 배제되고 단순히 정치 도구로 전락시켰습니다.

북한 당국이 문학예술을 통해 달성하고자 하는 목표는 사회주의 체제의 정당성 확보 및 사회주의 건설, 사회주의 혁명과 건설의 참여 동기 부여, 지도자에 대한 정당성과 충성심 확보, 북한에 의한 통일의 정당성 확보입니다.

최근 김정은 시대는 김일성-김정일주의, 김정일애국주의가 대두되면서 문예정책은 김일성, 김정일, 김정은 우상화로 확대되었습니다. 동시에 사회주의 문명국으로의 발전을 촉구하며 우리식 문예방침을 관철시키고, 군중예술 활동의 활성화 등을 제시했습니다. 최근 제7차 당대회에서는 다시 '우리식 사회주의'와 속도전을 강조하기 시작했습니다.

1 북한의 문예정책

북한은 문예정책을 철저하게 프롤레타리아 혁명이념을 위한 정책에서 시작하여 이어 국가사회주의 건설 및 남조선 혁명에 목표를 두고 실시되고 있습니다. 이러한 목표를 위한 근로대중을 정치사상적으로 교화하는 수단, 그리고 전 사회를 혁명화하고 노동계급화·혁명화하는 수단으로 활용하고 있습니다. 다시 말해 예술성보다는 당국이 지향하는 이념을 전달하는 수단으로서의 역할, 개인의 자유로운 창작보다는 정권 유지 홍보와 선전 기능으로서 역할을 담당하는 객체로 전락했다고 평가할 수 있습니다.

해방 직후 북한은 사회주의적 사실주의와 카프(KAPF)[5]를 계승하여 1950년대 이후까지 "민족적 형식에 사회주의적 내용을 담은" 문예정책을 전개했습니다. 이러한 문예정책은 1960년대 중반 "모든 문예창작을 항일혁명 문학을 중심으로 하라"는 김일성의 교시를 기점으로 변화되었습니다. 항일혁명 문예관의 핵심은 김일성이 1930년대 중국에서 항일혁명의 수단으로 이용한 연극, 가요 등의 전통을 이어받자는 것입니다. 북한의 유일사상이 문예정책에 반영되어 문학예술을 통한 김일성 우상화 작업이 추진된 것입니다.

1990년대는 김정일이 주체 문예이론을 정립한 시기입니다. 김정일은 『무용예술론』, 『주체문학론』 등을 출판하여 주체 문예이론이 완성되어 현재까지도 북한의 공식 문예관으로 정립되었습니다. 주체 문예이론에 기초한 실천강령은 '종자론'과 '군중예술론'이라고 합니다. 종자론이란 북한에서 작품의 핵을 이루는 것이 종자이며, 종자는 그 작품의 가치를 규정하는 근본으로 보고 있습니다. 따라서 창작자는 종자를 똑바로 잡아야 자기의 사상, 미학적 의도를 정확히 전달할 수 있고 작품의 철학성을 보장할 수 있다고 주장합니다. 이후 여기에 '선군혁명문화'가 추가

---

5 카프는 1925년 결성된 조선프롤레타리아예술가동맹(KAPF: Korea Artista Proleta Federacio)의 약자로 노동자와 무산자 계급을 의미하는 프롤레타리아의 계급을 대변하면서 그런 세상을 추구한 예술가 모임이다. 이들은 사회주의적 경향을 추구하고 이들의 문학을 경향 문학이라고 불렀다. 카프에 소속된 작가들은 조명희, 김남천, 한설야, 이기영과 같은 작가들이 있었다.

되어 '군중예술론'이 대두되었습니다.

김정은 시대 문예정책은 '사회주의 문명강국'으로 불립니다. 사회주의 문명강국이란 전체 인민이 높은 문화지식과 사회주의 문화생활을 누려 건전한 생활기풍이 넘치는 나라라는 것입니다. 또한 기존과 다른 새로운 형식이나 과학화, 현대화를 강조하여 모란봉 악단의 새로운 모습을 선보이기도 했습니다.

2017년 이후 '우리 국가 제일주의'를 내세우며 이를 토대로 한 교양사업을 강조하면서 이를 문화예술 작품으로 제작하는 것을 독려하고 있습니다. 이와 같이 북한은 '국가'와 관련한 상징 교양사업을 통해 세계 속의 보편국가로서의 이미지를 부각시키려 했습니다. 이를 토대로 민족적 자부심과 애국심을 고취시켜 자력갱생을 위한 내부적 단결을 도모하기 위한 의도로도 분석됩니다.

2 문학

문학은 모든 예술의 기본으로 인식되어 북한에서는 매우 중요한 분야입니다. 최초 북한의 문학은 프롤레타리아 문학의 비판적 계승에서 시작되었으나 곧 사회주의적 사실주의 작품 창작에 초점을 두었고, 1967년 이후 주체문학으로 방향이 바뀌게 됩니다.

주체문학은 1930년대 김일성의 항일운동을 중심으로 한 내용으로 『피바다』, 『꽃 파는 처녀』 등 장편소설이 발표되었고, 이후 1990년대 고난의 행군을 거치면서 당성을 강조하고 김정일의 업적을 형상화하는 방향으로 나아갔습니다. 이 당시 발표된 작품은 『불멸의 향도』, 『총대』 등이 있습니다.

다음으로 김정은이 등장하면서 김정일을 흠모하는 추모문학이 주를 이루다가 핵실험과 미사일 발사 이후에는 '과학기술 중시사상'과 관련된 작품들이 발표되기 시작했습니다.

3 음악과 미술

음악과 미술은 인민들의 계급의식과 공산혁명 의식을 고양시키고 선전선동을 위한 수단으로 활용되고 있습니다. 북한의 음악은 서사적이며 사실적 음악을 발표하고 연주하면서 많은 음악 천재들이 나타나 각국에서 연주하는 모습을 간간이 볼 수 있습니다. 또한 특이한 것은 주체를 고양하기 위해 민속음악을 강조하고 이러한 풍조의 음악이 주류를 이루고 있습니다.

김정은 등장 후 초기에는 기존과는 달리 서구적인 음악단이 북한 매체에서 방영되는 모습을 보였습니다. 대표적인 것이 모란봉악단으로 2012년 시범 공연에서 〈아리랑〉을 경쾌한 리듬으로 연주하고 미국 영화 〈록키〉의 주제곡을 소개하는 등 이전과 차별되는 무대로 관심을 받기도 했습니다. 그리고 국제교류음악회와 북한의 유명 작곡가를 기념하는 기념음악회, 평양국제 성악콩쿠르대회를 개최하기도 하는 등 활발한 활동을 보여주었습니다.

그러나 북한의 핵실험과 국제사회의 대북제재 속에서 중국에서 예정되었던 모란봉악단 공연이 취소된 뉴스가 있었고, 이후 자취를 감추고 보이지 않는 실태입니다. 무용은 음악과 함께 집단체조와 결합하여 집체예술로 연출되고 있습니다.

〈그림 9-6〉 아리랑 공연 모습

〈그림 9-7〉 나치 독일과 북한의 포스터 비교

북한은 김일성이 직접 창조했다는 집단체조(매스게임)를 1950년대 후반 '군중체육'의 개념으로 도입하여 점차 대중화를 진행하여 1960년대에는 평양에서 수만 명이 출연하는 집단체조가 본격화되었습니다. 1982년 김일성 경기장이 건설되면서 수만 명이 동원되는 화려한 공연예술 형식으로 연출하여 국가기념일이나 국빈 환영식에서 보여주었습니다.

대표적 작품이 〈아리랑〉으로 10만여 명의 공연단이 참여하여 세계적으로 가장 큰 집단체조와 예술공연으로 기네스북에 등재되기도 했습니다. 여러분도 여러 매체에서 한 번쯤 봤을 만한 〈아리랑〉이라는 대규모 공연을 통해 위대한 조국을 내세우며 체제를 선전하는 내부적 결속은 물론 외화 획득도 한 수단으로 활용되었습니다.

미술 분야도 사회주의 혁명 투쟁과 건설 사업이 가장 중요한 주제가 되어 작품활동이 이루어집니다. 체제의 홍보물로서 포스터나 동상 등을 보면 작품이 말하고자 하는 의도를 엿볼 수 있습니다. 마치 독일 나치가 전 국민을 전쟁에 동원할 때 쓰이던 방식 그대로가 아닌가 생각됩니다. 집단 동원에 활용되는 동상도 마찬가지입니다. 근육질의 육체파 남성상과 미모보다는 건강미 넘치는 여성상을 그대로 담아 긍정적으로 동상이 주는 이미지를 따라오게끔 하는 의도로 만들어지고 설치되었음을 알 수 있습니다.

❹ 영화, 텔레비전 드라마

이 분야 역시 당의 정책을 홍보하는 최대의 선전수단으로 활용됩니다. 1967년 이전 북한 영화는 사회주의 건설을 위한 새로운 인간형과 천리마 시대 영웅들의 재현에 초점을 두었지만 1967년 이후 항일혁명 문예로 전환하게 됩니다. 이 시기에 3대 혁명영화로 불리는 〈피바다〉, 〈꽃파는 처녀〉, 〈한 자위단원의 운명〉이 제작되었습니다.

1990년대 사회주의 국가들이 해체되자 영화계는 체제 유지를 위해 자주성을 강조하면서 자본주의 사회의 부패상을 부각시킨 작품들이 창작되었습니다. 이후 선군영화가 보편화되면서 〈그는 대좌였다〉 등과 같이 모범군인의 삶을 그린 작품이 상영되었습니다.

북한 텔레비전 드라마는 주로 지도자 가계의 업적과 지도자와 함께 투쟁에 참여한 인물들이 성장하는 이야기가 주류를 이룹니다. 또한 가정과 학교에서 조직생활을 통해 수령관과 집단주의적 의식을 고취하는 〈2학년생들〉이 대표작입니다.

북한 텔레비전 방영은 전체적으로 선전 선동의 성격이 강하지만 최근에는 작품의 소재와 내용에서 이전과는 많이 다른 모습을 보여주고 있습니다. 부부간 갈등이나 세대 간의 갈등을 다루는 등 다양화되고 있다고 합니다.

10장

통일:
남북한 통일정책과
통일에 대한 비전

통일은 일차적으로 분단 극복을 의미하지만 단순히 분단 이전의 상태로 돌아가는 것만을 의미하지 않습니다. 그것은 국토를 분단 이전의 상태로 회복하는 동시에 서로 다른 두 체제를 자유민주주의와 시장경제의 기반 위에 하나로 통합해 새로운 민족공동체를 건설하는 것입니다. 이러한 측면에서 통일은 과거로의 회귀가 아니라 앞을 향한 새로운 역사의 창조 작업입니다.

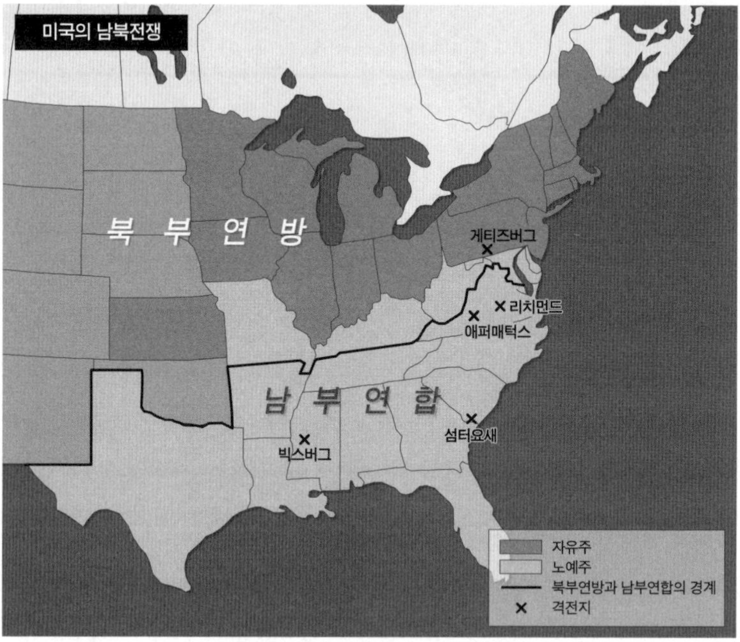

〈그림 10-1〉 미국 남북전쟁 시 북부와 남부

<그림 10-1>은 남북전쟁이 발발하기 직전 남부와 북부가 나누어진 지도입니다. 남부의 몇 개 주가 연방정부에 대항해서 남부연합을 만들어 막 떨어져나가려 할 때의 모습입니다. 여러분이 당시의 미국인이라 여기고 다음을 보기 바랍니다.

희생을 두려워해서 분리하려는 남부의 움직임을 그대로 두어 독립하게 내버려두었다면 현재의 미국은 어떤 모습일까? 현재의 미국이 갖는 크고 넓은 땅덩이와 많은 인구가 주는 풍요로움은 없었을 것입니다. 전쟁의 과정을 거쳤지만 통합 결과 북부의 산업시설과 남부의 비옥한 곡창을 연결하는 조화된 통합이 성장을 이루어내 두 번의 세계대전에서 승리를 이끌어낸 강력한 국가를 만들어낸 배경이 아니었을까요?

당시 합치는 것이 어렵다고 해서 또는 많은 인원이 희생된다고 해서 그대로 두었거나, 여론이 나뉘었다고 갈라지자고 했다면? 이런 가정을 생각해 보면서 한반도의 분단을 이대로 둘 것인가를 되돌아보고 우리 한민족의 통일에 대해 알아보겠습니다.

현재를 살아가는 독자들은 <그림 10-2>의 두 지도의 차이가 무엇인지 생각해봅시다. 어떤 지도가 우리나라의 영역인가요? 독자들이 보자마자 떠오른 그 생각이 통일에 대한 우리의 인식입니다.

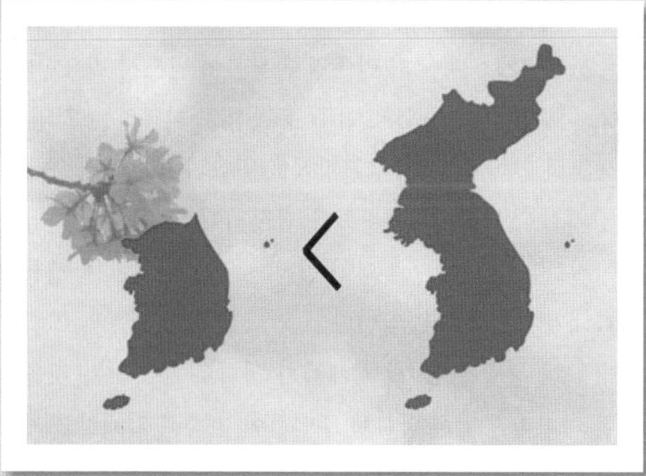

〈그림 10-2〉 어느 것이 우리나라의 지도입니까?

1. 통일의 의미와 필요성

❶ 통일의 의미

통일의 의미를 여러 측면에서 살펴보면 다음과 같습니다. 첫째, 지리적 측면에서의 통일입니다. 우리 민족은 오랫동안 한반도라는 지리적 공간 속에서 하나의 생활권을 이루면서 살아왔습니다. 따라서 국토의 통일은 단순히 국토 면적이 합쳐지는 것뿐만 아니라 생활권의 통합도 이루어내는 것입니다.

둘째, 정치적 면에서의 통일입니다. 통일은 남북한에 세워진 두 개의 정치체제를 통합해 하나의 국가로 만드는 것입니다. 단일 헌법, 단일 정부, 단일 국가를 수립하는 것을 의미합니다. 이때 분명한 것은 자유민주주의에 의한 통일입니다.

셋째, 경제적 면에서의 통일입니다. 남과 북은 분단과 함께 자유민주주의 시장경제 체제와 사회주의적 계획경제체제로 나누어졌고, 경제생활권 또한 남북으로 단절되었습니다. 풍요로운 복지국가를 건설하기 위해서는 시장경제 체제로의 민족경제 통합이 반드시 필요합니다.

넷째, 사회문화적 면으로 민족 동질성을 회복하는 것입니다. 우리 민족은 동일한 언어와 문화, 생활방식을 공유하며 살아왔습니다. 그러나 분단의 장기화로 남북 간 이질화가 심화되어 있습니다. 진정한 의미의 통일은 이질화된 남북 주민들의 내면적인 의식과 가치관, 생활방식을 하나로 동화해가야 한다는 것입니다.

이와 같이 통일은 두 개의 체제가 하나로 통합되는 것을 의미하지만 진정한 의미의 통일은 남북한 주민들이 민족적 일체감을 가지고 하나의 국가에서 공유하는 것입니다. 즉 통일은 분단된 국토가 하나로 통합되는 것은 물론 정치적으로 대립됐던 체제를 하나로 만드는 것이고, 경제적으로 서로 다른 제도를 하나로 거듭나게 하는 것이며 남북 주민 사이에 내면화된 이질적인 문화를 하나로 다시 만들어나가는 것입니다. 이런 점에서 통일은 새로운 역사를 만들어나가는 창조적인 작업이라고 할 수 있습니다.

2 통일의 필요성

많은 국민들은 통일의 필요성과 당위성에 대해서는 긍정적이나 통일의 혜택보다는 비용이 더 클 것이라는 우려 때문에 주저하고 있는 것이 사실입니다. 이러한 우려가 있더라도 반드시 통일이 필요하다고 주장합니다.

첫째, 분단의 불안정성을 극복하고 지속 가능한 발전을 하기 위함입니다. 6·25전쟁 이후 지속된 분단구조로 인해 긴장이 유지되고 있으며, 또한 항상 전쟁 가능성이 상존하고 있습니다. 이러한 분단구조는 남북 모두 소모적인 경쟁과 대결로 인해 엄청난 자원을 낭비할 뿐 아니라 구성원의 고통과 손실 등 상당한 비용으로 발전을 저해하고 있습니다.

둘째, 남북한 주민이 모두 같은 민족이라는 정체성을 되찾기 위함입니다. 남북한이 공동의 언어, 문화, 역사 등을 가진 하나의 민족공동체를 찾아 고유의 정체성을 되찾아야 한다는 점입니다. 이러한 상호 이질감을 극복하고 민족의 동질성을 회복하는 것입니다.

셋째, 통일은 전쟁 위협을 없애고 평화를 가져와야 함은 물론 이념적 대립을 종결하여 사회통합을 가능하게 합니다. 이를 바탕으로 통일에 의한 국토의 확장과 인구 증가로 인한 내수시장의 확대로 탄탄한 경제를 뒷받침할 수 있습니다. 남한의 자본과 기술이 북한의 노동력·자원과 결합해 새로운 성장 동력을 확보할 수 있게 됩니다. 한 예로 일본이나 중국이 세계 경제의 하락에도 불구하고 잘 버티면서 성장해나갈 수 있었던 요인은 자국 내수시장이 받쳐줘서 가능한 것으로 평가됩니다. 일본 인구가 1억을 넘기면서 일본 경제가 성장가도를 밟았던 1960년대가 이를 증명합니다. 이렇듯 통일은 내수시장의 확대와 대륙으로의 진출 등을 통해 기업에는 새로운 성장을 이루어낼 수 있는 경제적인, 그야말로 '통일 대박'이 될 것입니다.

넷째, 남북 구성원 모두에게 자유와 인권, 행복한 삶을 보장하기 위해 통일이 필요합니다. 특히 이산가족과 북한이탈주민들이 분단으로 인해 겪고 있는 고통을 해소하고 북한 주민들의 삶을 개선하는 차원에서도 통일이 필요합니다.

2. 분단국 사례를 통해 본 통일

제2차 세계대전 이후 분단되었다가 통일을 이룬 유형별로 대표적인 독일, 베트남, 예멘의 세 개 국가 사례를 들어 설명하겠습니다. 이들 국가들은 국내외적 상황과 통일방식은 서로 달랐지만 통일을 이루어냈다는 점에서 큰 의의가 있습니다.

독일은 동독이 자발적으로 서독에 편입한 평화적 흡수통일이었고, 베트남은 무력에 의한 강제적 통일 사례이며, 예멘은 합의에 의한 통일을 이룬 후에 남북간 갈등이 돌출되어 무력에 의한 재통일의 사례입니다. 이러한 통일 사례들을 알아보는 것은 우리의 통일에 반면교사로서 의미가 있으며, 통일을 준비하는 데 큰 도움이 될 것입니다.

1 독일

독일은 동독이 서독 체제로의 편입을 스스로 결정하고 서독이 이를 받아들임으로써 평화적으로 통일을 이룩한 사례에 속합니다. 최초 독일은 우리와 같이 외세에 의해 분단되었습니다. 제2차 세계대전을 일으킨 장본인인 히틀러와 나치당이 패배하면서, 즉 전쟁을 일으켰고 패배한 결과로서 연합국에 의해 분단이 강제화된 국가입니다.

당시 독일로의 반격을 실행했던 연합국은 크게 미국, 소련, 영국, 프랑스 4개국이었습니다. 동쪽에서 소련이, 그리고 미국을 비롯한 3개국이 서쪽으로부터 수도 베를린을 향해 공격하여 독일의 영토를 4개국이 분할 점령했습니다. 전쟁을 종결하면서 미국과 영국, 프랑스군이 점령한 지역을 합쳐 서독, 소련군이 점령한 지역을 동독으로 각각 독립시켜 분리되었습니다. 자연히 〈그림 10-3〉에서 보듯 두 개 국가로 나눠진 이후 서독과 동독은 각각 영토나 국민 모두 대략 3 대 1의 수준으로 나뉘었습니다. 이후 서독은 급격한 경제성장을 이룬 데 반해 동독은 성장을 이루지 못해 동서독은 엄청난 경제적 격차가 벌어지게 됩니다.

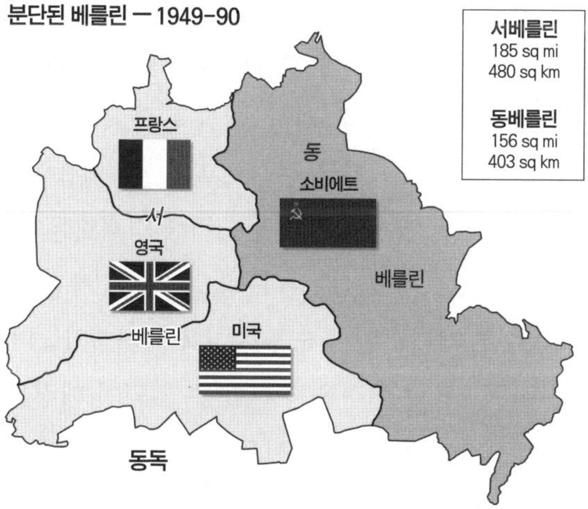

〈그림 10-3〉 분단 시 동독과 서독

이러한 상황에서 통일을 향한 두 개국의 관심과 의지가 마침내 통일을 이룰 수 있게 됩니다. 1980년대 후반 소련의 마지막 지도자였던 고르바초프의 개혁·개방정책 결과 동서 냉전체제가 와해되었고, 동유럽권 국가들도 변화를 모색함에 따라 동독 주민들도 개혁을 요구했습니다. 당시 동독을 철권 통치하던 공산당 서기장 호네커(Erich Ernst Paul Honecker)가 실각했지만 개혁과 통일을 염원하는 동독 주민들의 시위는 확산되었고, 급기야 1989년 11월 9일 동서 분단의 상징이었던 베를린 장벽이 붕괴되었습니다.

동독에 새로운 정치세력이 들어서고 1990년 3월 동독에서 자유 총선거를 실시했습니다. 선거 결과 새로운 연립정부는 서독 정부와 협상을 전개해 1990년 10월 3일 공식적으로 통일을 이루게 되었습니다. 동독 의회는 서독으로의 편입을 가결했습니다. 이에 따라 서독의 법체계가 동독 지역에 확대되었으며 서독의 기본법을 준수하기로 합의하면서 서독이 동독을 편입하는 형태로 통일을 이루어냈습니다.

물론 훨씬 이전인 1969년 서독 브란트(Willy Brandt) 수상이 '신동방정책'을 추진하면서부터 동독과의 교류협력을 추진했습니다. 1972년에는 동서 기본조약을 체결해 경제, 과학·기술 문화, 통신, 스포츠, 환경보호 분야의 교류에 합의하고 각각 상주대표부를 설치했습니다. 서독 정부의 동서독 간 교류협력의 활성화를 위한 노력에 경제교류의 활성화와 함께 사회문화적 교류도 진행되었습니다. 방문협정, 교통협정, 우편 및 통신협정을 순차적으로 체결하면서 교류는 더욱 확대되었습니다.

서독이 동독과 교류와 협력을 추진할 수 있었던 배경은 다음 두 가지의 영향이 지대했습니다. 첫째는 서독의 경제력이 동독에 비해 훨씬 우위에 서 있었기 때문입니다. 두 번째는 북대서양조약기구(NATO) 등 집단안보 체제가 확립되면서 안보 불안요소가 감소했기 때문입니다. 통일의 결정적 계기는 제2차 세계대전 후 분할 점령했던 미국, 소련, 영국, 프랑스의 동의를 이끌어낸 것입니다. 미국을 제외한 승전국들은 베를린 장벽이 무너지는 순간에도 통일된 독일의 국제적 위상이 강화될 것을 경계하면서 독일의 통일에 반대했습니다. 특히 소련은 독일이 통일될 경우

NATO의 병력이 동쪽으로 진출하면서 자국의 안보를 저해할 것으로 판단했습니다. 그러나 서독은 미국과의 협력을 강화하면서, 점차 다른 국가들을 설득하는 데 성공했습니다. 1990년 9월 동서독과 승전 4개국 외상이 참여한 '2+4회담'에서 '독일문제의 최종 해결에 관한 조약'에 합의함으로써 통일의 국제적 장애를 완전히 제거했습니다.

독일의 통일에 있어서는 서독의 내부적인 통일의식도 한몫했습니다. 서독은 교육을 통해 민주주의 체제의 우수성에 대한 인식을 심어줬고, 시민들의 관심을 독일 중심에서 유럽의 평화와 안보 등 국제적 차원으로 확대했습니다. 또한 서독은 동독에 대한 이해를 증진하고 통일의식을 고취함으로써 독일 통일의 내적 기반을 축적했습니다.

물론 독일 통일은 통일에 대한 체계적인 준비가 부족한 상태에서 갑자기 이루어졌기 때문에 통일 후 통합과정에서 여러 가지 시행착오와 갈등을 겪기도 했습니다. 이 때문에 불법행위 청산 작업, 재산권 문제, 동독 경제를 재건하기 위한 통일비용 문제, 동서독 주민 간 갈등과 같은 여러 문제가 발생했습니다. 그러나 이러한 문제들은 연방정부의 노력에 의해 통합과정에서 점차 해소해나가고 있습니다.

2 베트남

베트남은 외세에 의해 국토가 분단됐다는 점에서 우리 한반도와 유사합니다. 분단된 두 국가는 치열한 대결을 하다가 결국 북베트남의 남베트남에 대한 무력 침략으로, 즉 군사적 수단에 의한 통일이 이루어진 사례입니다.

베트남은 19세기 중반 이후 프랑스의 지배를 받아왔지만 베트남 민족의 끈질긴 저항으로 이를 물리칩니다. 1954년 '제네바 협정'으로 프랑스가 철수했지만 베트남은 남북으로 분할됩니다. 북에는 마르크스-레닌주의에 입각한 베트남민주공화국(북베트남, 일명 월맹)이 세워졌고, 남쪽은

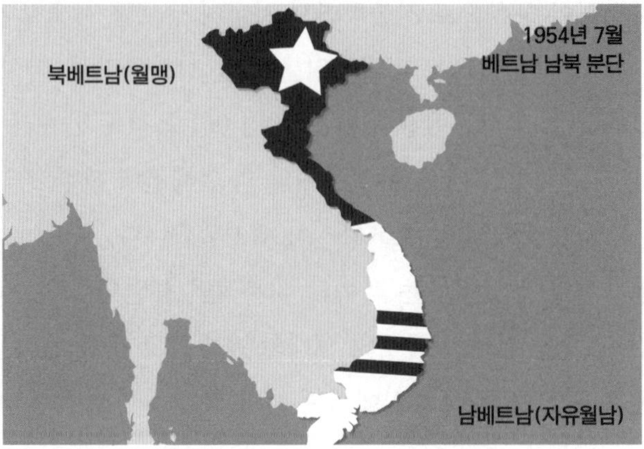

〈그림 10-4〉 분단 시의 남북베트남

자유민주주의를 표방하는 베트남공화국(남베트남, 일명 자유월남)이 수립되었습니다.

북베트남은 남베트남을 적화통일하기 위한 전략을 구사했습니다. 공산주의 혁명사상으로 무장한 인원을 남베트남으로 보내 공산주의자들을 조직하고 지도하면서 테러·파괴 및 게릴라 활동을 전개하게 했습니다. 이들은 군사적 침략을 야기함은 물론 북베트남의 통일전선전술로 남베트남 정부에 대한 저항과 국론 분열을 유도했습니다.

한편 남베트남에서 정치적 혼란이 극심해지면서 민주화를 요구하는 대규모 군중집회와 파업 등 반정부활동이 격렬하게 진행되었습니다. 이런 상황에서 반체제 인사들과 사회주의 세력이 규합하여 '남베트남민족해방전선(NLF)과 베트콩(V.C.)'이 결성되었습니다.

남베트남의 정치·경제·사회적 혼란 속에서 베트콩의 게릴라 전술로 남베트남의 전 지역은 전쟁터로 변했습니다. 남베트남은 미국의 막대한 지원을 받으면서 전쟁을 수행했지만, 오히려 북베트남과 베트콩의 조직적 공세로 인해 많은 피해만 입고 반정부세력도 약화시키지 못했습니다.

미국을 비롯한 동맹국들의 막대한 군사적 지원이 있었지만 결국 1973년 파리평화협정[1]을 통해 미국을 비롯한 외국군의 철수가 결정되어 북베트남과 남베트남만 남게 되었습니다. 미군이 철수하면서 남베트남의 전쟁 수행능력은 현저히 떨어지고, 남베트남 정부의 혼란은 계속되면서 주민들의 안보의식은 약화되었으며 사회 혼란이 만연했습니다. 이후 남베트남의 분열과 미흡한 안보의식을 확인한 북베트남은 1974년 전면적인 공격을 개시하여 단지 5개월 만인 1975년 4월 남베트남 정부를 붕괴시키고 전 베트남을 통일했습니다.

베트남 전 지역이 공산화되자 사회주의 체제를 급격히 도입했습니다. 생산수단을 국유화·집단화시키고 경제활동을 강력히 통제하기 시작했습니다. 주요 당조직과 행정조직을 북부 공산당 통제하에 두었고 주민들의 이동이나 종교 활동을 제한했습니다. 가장 먼저 실시한 것은 남부 주민들을 '사회주의적 인간형'으로 만들기 위해 시행한 대대적인 사상교육입니다. 과거 남베트남 정부의 부당성을 비판하고 사회주의 체제의 합리성을 주입하는 교육으로 우선 정치인, 군인, 관료, 교사 등 이른바 '특수계층'들을 수용소에 구금해 새 교육을 했습니다. 사회와 격리된 재교육 캠프에서는 비위생적 환경, 공포심 조성, 배고픔, 의료보호의 박탈, 고문, 처형 등 심각한 인권유린이 만연했습니다. 그 결과 '보트피플(Boat People)'이라 부르는 90만여 명의 베트남인들이 조국을 버리고 자유를 찾아 탈출했습니다.

베트남의 통일은 전쟁이라는 방식으로 이루어졌다는 점에서 통일 이후 사회통합에 어려움을 초래했습니다. 또한 공산주의 경제체제의 강제 추진으로 경제 발전에 한계를 드러냈고, 1980년대 중반까지 다양한

---

1 파리 평화협정은 1973년 1월 27일 미국을 포함한 베트남민주공화국(북베트남), 베트남공화국(남베트남), 그리고 남베트남공화국(PRG: NLF가 수립한 남베트남 내부의 공산주의자들의 국가)의 4자가 체결한 협정이다.

사회문제와 대규모 난민 발생, 자연재해와 급격한 인플레이션 등으로 많은 어려움을 겪게 되었습니다.

❸ 예멘

예멘도 외세에 의해 공산주의 국가와 민주주의 국가로 분단되었습니다. 새로 독립한 두 국가는 정치지도자들의 협상에 의한 평화적인 통일을 이루었지만 통일국가 내부의 여러 갈등 끝에 내전이 폭발해 결국은 전쟁을 통해 통일을 달성한 사례입니다.

예멘은 아라비아반도 남쪽에 위치한 국가로서 유럽-아시아-아프리카를 연결하는 지정학적으로 중요한 위치에 있습니다. 오랫동안 외세의 지배를 받았던 예멘은 1960년대에 남북으로 분단된 상태에서 각각 독립했습니다. 북예멘에는 이슬람교를 중심으로 하는 자본주의 체제가, 남예멘에는 마르크스-레닌주의를 표방하는 사회주의 체제가 자리 잡게 되었습니다.

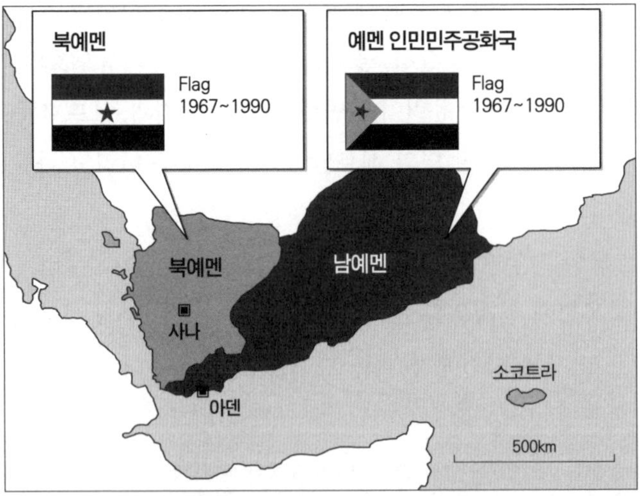

〈그림 10-5〉 분단 시 남북예멘

남북예멘은 서로 정통성을 주장하면서 무력으로 통일을 이루려고 했습니다. 무력충돌이 있을 때마다 아랍권 국가들의 중재하에 정상회담을 갖고 평화협정을 체결했습니다. 이러한 무력충돌-평화협정 체결-통일원칙 합의를 반복하다가 남북예멘은 1989년 정상회담을 갖고 통일헌법안에 합의했으며, 1990년 5월 통일을 이루어냈습니다.

예멘 통일조약의 가장 큰 특징은 남북예멘 간 대등한 권력 배분입니다. 북예멘은 대통령과 국방장관을, 남예멘은 부통령과 총리, 그리고 내무장관 등을 맡는 것이었습니다. 그러나 남북예멘의 지도자들은 기득권 유지에만 관심을 가졌을 뿐, 통일 후를 대비하기 위한 통합정책에는 거의 신경 쓰지 않았습니다. 결과적으로 정부기구가 확대돼 비효율적으로 운영됐으며, 관료나 군인의 명령계통과 책임 소재도 불명확한 문제를 내포하고 있었습니다. 또한 통일 이후 사회통합의 기조로 내세운 이슬람교리에 대해서도 남북예멘 간 갈등이 존재했습니다. 남북예멘은 일부다처제, 여성의 사회활동 문제, 음주 허용 문제 등 다양한 사회적 이슈에 대해서도 계속 대립했습니다.

한편, 통일 예멘의 수도인 사나(Sanaa)에 걸프전 이후 귀환한 해외 근로자들이 늘어나면서 인구가 폭증했고, 이로 인해 사무실 및 주택과 식수 및 전력 등이 부족해지면서 혼란이 커져갔습니다. 더불어 주민 간 불신과 갈등은 반정부 시위, 노동자 파업, 주민 폭동으로도 연결되었습니다. 이러한 상황 속에서 정치인들은 자신들의 세력을 과시하기 위해 사회집단들의 시위를 부추겨 사회혼란을 가중시켰습니다.

남북예멘 간 위기가 확대되자 결국 무력 충돌이 발생했고, 이 충돌이 확대된 내전에서 북예멘이 승리함으로써 예멘은 무력에 의해 재통합되었습니다.

예멘은 일단 합의에 의해 통일을 이루었지만, 결과적으로는 전쟁을 통해 통일을 달성한 사례입니다. 예멘의 통일은 제도적 통일을 이루었더라도 국민적 합의가 부족한 상태에서 이루어진 통일은 사회통합 단계에서 어려움을 낳게 된다는 것을 여지없이 보여주고 있습니다.

4 분단국 통일의 교훈

우리의 통일이 독일, 베트남, 예멘 등과 같은 방식으로 이루어진다는 보장은 없습니다. 이들 국가는 다양한 방식으로 통일을 이루었으며, 그 문제점 또한 다양하게 드러나고 있습니다. 그러나 이들 국가의 통일은 경험적으로 관찰할 수 있는 구체적 사건이라는 점에서 우리에게 많은 시사점을 주고 있습니다.

첫째, 통일은 평화적인 방법으로 이루어야 합니다. 평화적 통일을 이루기 위해서는 우선적으로 안보가 수반돼야 합니다. 독일 통일의 사례에서 서독이 동독과의 교류와 협력을 적극적으로 추진할 수 있었던 것은 북대서양조약기구(NATO) 및 유럽안보협력회의(CSCE)를 통해 안보 불안이 상당부분 해소됐기 때문입니다.

이러한 사례를 볼 때 우리는 안보 역량을 강화하고 한반도에 실질적 평화체제가 수립될 수 있도록 노력해야 합니다. 특히 북한은 6·25전쟁을 일으킨 전력이 있습니다. 또한 북한 주민들이 식량난에 허덕이는 이 순간에도 핵무기를 개발하는 등 우리의 안보를 위협하고 있음을 명심해야 합니다. 베트남은 평화를 보장할 수 있는 제도적 장치가 없는 상태에서 평화협정을 체결했고, 이는 결국 북베트남의 통일전선전술에 의해 사회 혼란과 전쟁으로 귀결되었습니다. 베트남의 사례에서 알 수 있듯이, 전쟁에 의한 무력 통일은 국토를 황폐화하고 막대한 인명과 재산 피해를 가져옵니다. 또한 전쟁으로 인해 주민 간에 적대감과 이질감이 더욱 커지게 됩니다. 더욱이 통일 이후 강압적인 사회통합은 주민들의 자발적 동의를 얻기 힘들다는 문제점을 내포하고 있습니다.

둘째, 통일은 국민적 합의를 바탕으로 투명하게 추진돼야 합니다.

'어떻게든 통일만 되면 된다'는 통일지상주의는 위험한 발상입니다. 예멘의 통일에서 알 수 있듯이, 통일정부 조직을 기계적으로 통합하는 것은 정부 조직이 비대해지고 조직의 통제가 불명확해지는 문제를 가져왔습니다. 소수의 권력층에 의한 '나눠먹기식' 통일은 기득권층의 권력을 지속시키기 위한 방편이었을 뿐, 통일 이후에 발생할 수 있는 사회문제에는 관심을 가지지 못했습니다. 북예멘의 이슬람 율법과 남예멘의 마르크스-레닌주의는 결코 병존하지 못했으며 예멘의 통일은 결국 내전으로 끝나고 말았습니다. 따라서 통일도 중요하지만 통일 후의 사회상에 대한 명확한 합의가 전제되어야 하며, 인류의 보편적 가치로 볼 때 자유민주주의 체제에 대한 신념이 필요합니다.

셋째, 통일을 위해서는 국민들의 올바른 통일의식과 실질적 통일준비가 이루어져야 합니다. 서독이 교육을 통해 통일을 달성할 수 있었듯이 우리도 통일교육을 활성화해나가야 합니다. 독일의 경우 통일 불과 1년 전까지도 예상하지 못했듯이, 남북한 통일의 기회는 예기치 않은 순간에 찾아올 수 있습니다. 남북한 통합과정을 원활히 수행해나가기 위해서는 이에 대한 체계적인 준비로 내적 기반을 확충해야 합니다. 발생이 예상되는 남북 주민 간, 그리고 계층 간 편견과 차별을 극복하기 위한 대비를 갖추어야 합니다. 필요시 막대한 예산이 투입되어야 함을 미리 예견하여 일명 '통일세'가 필요할 수도 있을 것입니다.

넷째, 주변국과의 협력을 강화해나가야 합니다. 통일은 민족 내부의 문제일 뿐 아니라 국제적 이해관계가 걸린 문제입니다. 독일은 통일 독일이 주변 국가들에 안보 위협이 되기보다는 유럽 전체의 평화와 번영을 촉진시킬 것임을 설득하는 데 성공함으로써 통일을 성취할 수 있었습니다. 특히 독일 통일에 적극적이었던 미국과 긴밀히 협조하면서 통일에 미온적이었던 소련, 영국, 프랑스의 양보를 얻어낸 서독 정부의 업적은 '외교적 승리'라고 할 수 있습니다. 우리도 남북한 통일에 우호적인 국제

환경을 조성해나가기 위한 외교적 노력을 강화해나가야 합니다. 미국과는 동맹 관계를 지속 발전시켜나가야 하며 중국, 일본, 러시아 등에는 통일한국이 자국의 안보, 그리고 동북아의 평화와 번영에 긍정적으로 기여할 것이라는 점을 설득해나가야 할 것입니다.

3. 대한민국 정부의 통일에 대한 기본구상과 통일방안

1 통일의 기본구상

우리가 지향하는 통일국가는 민족구성원 모두에게 자유와 행복, 민족의 생존과 번영이 보장되어야 합니다. 이러한 통일국가를 건설하기 위해 우리 정부가 추구하고 있는 통일에 대한 접근방식은 국민적 합의에 기초해 민주적이고 평화적인 방법에 의해 점진적·단계적으로 이루어나가는 것입니다.

통일을 국민적 합의에 기초해 추진해야 하는 이유는 통일과정에서 사회적 혼란, 경제적 비용, 정치적 부담 등의 문제는 폭넓은 국민적 공감대 없이는 해결하기 어렵기 때문입니다. 또한 통일의 목표가 민족구성원 모두의 자유와 인권, 행복이 보장되는 민주국가 건설이므로, 통일에 이르는 과정과 절차도 민주적이어야 합니다. 즉, 통일 시기, 통일 절차, 통일국가의 미래상 등의 문제에 대해 국민 모두의 견해가 민주적으로 수렴되는 절차가 필요합니다. 이러한 민주적 절차에 따라 국민적 합의에 의해 추진되는 통일은 반드시 평화적인 방식으로 이루어져야 한다는 것은 더 말할 나위가 없습니다.

우리는 통일을 염원하지만 정당한 방식과 평화적 절차에 의한 통일을 추구해야 합니다. 이는 분단, 전쟁 등의 고통을 경험하면서 민족 생존을 위한 평화정착 노력이 당연하고 절대적인 과제라고 인식하게 된 데 따른 것입니다. 따라서 남북이 평화정착과 통일을 지향한다면 우선 생산적인 대화와 호혜적인 교류협력을 추진해 상호 신뢰를 구축해야 합니다.

2 대한민국의 통일방안

대한민국은 서로 다른 성격을 지닌 두 체제가 점진적 방법을 통해 상호 신뢰를 조성하는 과도기를 거쳐 기능적으로 통합되면서 궁극적으로 통일에 이르는 접근방법을 채택했습니다. 이러한 우리의 단계적·점진적 통일정책은 1989년에 한민족공동체 통일방안으로 공식화됐으며, 이 통일방안은 1994년에 「민족공동체 통일방안」(한민족공동체 건설을 위한 3단계 통일방안)으로 발전됐습니다. 이후의 정부에서도 이 방안을 계승하고 있습니다.

「민족공동체 통일방안」에서 제시한 민족공동체는 민족구성원 전체의 결합과 공동생활의 방식과 권역을 포괄하는 개념입니다. 민족공동체가 지향하는 통합의 개념은 남북이 같은 민족으로서 공동체 의식을 기반으로 해 경제, 사회, 문화공동체를 발전시키고 궁극적으로 하나의 정치공동체를 형성해 통일국가를 완성하는 것입니다.

이러한 기조 위에서 통일과정을 '화해협력 단계, 남북연합 단계, 통일국가 완성'의 3단계로 설정하였습니다. 남북은 경제, 사회, 문화 등 각 분야의 교류협력을 통해 상호 적대감과 불신을 해소해나가는 '화해협력 단계'와 평화를 제도화하고 민족공동체를 형성해나가는 과도기적 통일체제인 '남북연합 단계'를 거쳐 하나의 정치공동체로 통합을 실현하는 '통일국가'를 완성하는 것입니다.

우리의 통일방안은 민족사회의 통합이 국가통일의 성취로 이어진다는 '선민족공동체 건설, 후 통일국가 수립'으로 요약되는 통일의 기본구상과 원칙에 기초하고 있습니다. 또한 점진적 접근방법이 보다 합리적이고 효과적이라는 전제하에 평화를 정착시킨 후 통일을 추구한다는 구상을 체계화한 것입니다. 즉 남북이 화해협력을 통해 상호신뢰를 쌓아 민족공동체를 건설해나가면서 이를 바탕으로 정치통합의 기반을 조성해나가는 것입니다.

3 통일의 미래상

통일 한국은 한민족 모두에게 자유, 평등, 민주, 복지, 정의 등 인류의 보편적인 가치를 구현하는 국가체제라야 합니다. 이런 점에서 통일 한국의 미래상은 보편적 가치가 존중되고 풍요로운 삶이 보장되는 자유민주주의와 시장경제 체제를 근간으로 삼는 민족공동체를 건설하는 것입니다.

우리 사회는 세계화의 대세 속에서 점차 다문화 사회로 변화되고 있어 통일 한국에 형성할 민족공동체는 혈연적 의미의 폐쇄적 민족 개념을 넘어 열린 민족의 개념을 수용해야 합니다. 이런 점에서 우리가 지향하는 통일 한국의 민족공동체는 혈연에 기초한 폐쇄적 민족주의가 아니라 다른 민족과 그들의 문화도 이해하고 존중하는 개방적 자세를 지닌 열린 민족주의에 바탕을 두고 있는 것입니다.[2]

이상의 가치와 이념에 따라 각 분야에서 구현해나갈 통일 한국의 구체적인 모습은 다음과 같습니다.

첫째, 통일 한국의 정치체제는 국민의 선거에 의해 선출되는 의회와 복수정당제를 갖춘 대의제 민주주의가 될 것입니다. 통일 직후 남북한 주민들 사이에는 정치적 이념의 차이, 경제력의 격차, 사회·문화적 가치 및 관습의 차이 등 다양한 차이가 존재할 것입니다. 통일국가에는 이러한 격차로 인한 갈등 해소, 남북 주민의 자발적 참여의식 제고, 국민의

---

2 북한이 자주 선전선동하고 있는 '우리민족끼리'라는 구호의 의미는 열린 민족이 아니라 김일성 민족을 뜻한다. 북한이 사용하는 민족의 의미와 노리는 의도와 함정을 북한 관점에서 해석해야 한다〔김기호, "우리민족끼리의 함정", 조선일보(2013. 3. 2)〕.

다양한 이익 반영, 정치세력 간의 이견과 갈등을 해결할 수 있는 제도적 장치가 마련되어야 합니다.

둘째, 통일 한국의 경제체제는 자유시장 경제체제가 되어야 할 것입니다. 사유재산제도와 자유로운 경제활동이 보장된 시장경제 체제는 1980년대 말 동유럽 사회주의 국가들의 몰락과 체제 전환에서도 알 수 있듯이 국가를 부강하게 하고 국민을 잘살게 하는 제도임이 입증되었습니다. 통일 한국은 시장경제를 바탕으로 자유경제, 개방경제를 지향하며, 이를 통해 번영과 복지의 실현을 통해 국민 모두가 풍요로운 삶을 영위하는 국가여야 합니다.

셋째, 통일 한국의 사회체제는 정치, 경제 체제와 같이 민주적이고 개방적이며 인간중심적인 체제를 지향해야 할 것입니다. 인간중심적인 사회체제란 인간 존엄성을 최고의 중심 가치로 삼아 모든 제도와 정책을 인간 존중의 가치를 실현하는 데 중점을 두는 체제입니다. 통일 한국 사회는 민주적이고 개방적이며 자유, 인권, 평등, 복지라는 보편적 가치를 지향하는 사회여야 합니다.

넷째, 통일 한국의 문화는 인간의 가치를 존중하는 문화, 즉 인본주의로서 민족의 전통문화에 뿌리를 두는 것이어야 합니다. 통일 한국은 전통문화 속에서 민족의 동질성을 추구하면서 민족문화를 발전시켜나가야 합니다. 또한 통일 한국의 문화는 개방적이고 진취적이어야 합니다.

다섯째, 대외적으로 통일 한국은 평화 지향적이며 비핵평화 국가여야 한다. 북한의 비핵화 및 한반도 평화 정착을 통해 동북아 평화공동체 건설에 기여하며 세계 국가로 나아가기 위한 국가역량을 강화해야 합니다. 또한 한반도에 항구적인 평화를 가져오기 위해서는 주변 강대국과의 관계 속에서 이해의 균형점과 조화를 모색해야 합니다. 강화된 국가역량을 바탕으로 평화 생산자의 역할과 책임을 다할 때 통일 한국은 국제 평화와 인권 등의 보편적 가치 수호에 기여하는 국가가 될 것입니다.

4. 북한의 통일방안

북한에게 있어 통일은 외세에 의해 갈라진 국토와 민족을 하나로 합치는 것으로서 전국적 범위에서 민족의 자주권 확립을 주장하고 있으나, 실질적으로는 사회주의, 공산주의 혁명과 건설을 완수한다는 데 있습니다. 북한은 남북분단의 원인이자 통일의 장애인 미국에 대한 반미자주화 투쟁을 내세우며 한반도 적화통일 달성을 목표로 삼고 있습니다. 이를 목표로 한 북한의 통일 및 대남전략은 지속되고 있으나 북한의 통일방안도 시대적 환경에 따라 변화해왔습니다.

❶ 북한의 대남전략

북한의 대남전략은 한반도에서 남한과의 체제경쟁에서 승리하여 공산화된 통일국가를 형성하려는 목표를 가지고 있습니다. 북한은 '하나의 조선'이라는 통일관에 기초해 '해방과 혁명'의 논리로만 접근해왔습니다. 이 논리에 따르면 북한은 '조선혁명'을 위한 혁명기지이고, 남한은 미 제국주의자들의 강점하에 있는 미(未)해방지구로서 혁명투쟁의 현장으로 인식하고 있습니다. 따라서 북한에 있어서 조국통일은 남조선 혁명을 전제로 하는 통일이며, 조선민주주의인민공화국 깃발 아래에 통일하자는 의미입니다.

북한은 대내외 정세변화에 따라 '민주기지론'에서 '민족공조론'에 이르기까지 조금씩 그 형태를 달리해왔습니다. 그동안 북한이 구사해온 대남전략은 다음과 같이 정리할 수 있습니다.

민주기지론

남조선 혁명을 위한 북한의 대남전략은 광복 직후인 1945년에 '민주기지론'이란 형태로 처음 제시됐습니다. 이것은 미군의 남한 점령으로 전국적 범위에서 혁명을 추진할 수 없는 상황에서 북한 지역의 혁명역량을 먼저 강화하고, 그 역량을 바탕으로 전 한반도의 공산혁명을 완수한다는 전략입니다.

민족해방 인민민주주의혁명 전략

1970년에 초기 '민주기지론'에서 한 단계 발전된 '민족해방 인민민주주의혁명' 전략을 채택했습니다. 이는 "남조선 혁명은 남한의 혁명세력이 주체가 되어 수행해야 한다"는 것으로, 우선 남한에서 민족해방 인민민주주의혁명을 수행한 이후 사회주의 혁명을 진행시킨다는 '단계적 혁명'입니다.[3]

또한 북한은 1964년 남조선 혁명을 완성하는 실전 요소로서 이른바 '3대 혁명역량 강화'를 내세웠습니다. '3대 혁명역량 강화' 노선은 대내적으로는 민주혁명기지 노선에 기초해 남조선 혁명을 수행하기 위한 혁명기지로서의 북한의 능력과 역할을 제고시킨다는 것입니다. 대남 차원에서는 우리 사회 내부의 모순을 최대한 부각시키고 지하당 조직 건설, 다양한 형태의 통일전선 형성 등으로 사회혼란을 야기시켜 인민혁명이 일어날 수 있도록 유도한다는 것입니다. 대외적으로는 국제혁명 차원에서 한반도 공산화 통일을 용이하도록 여건을 조성하기 위한 외교적 노력을 병행하는 것이었습니다.

민족공조론

북한은 2001년 1월 신년사에서 "외세와의 공조를 배격하고 민족 공

---

3 북한이 민족해방인민민주주의 혁명전략을 주장하게 된 것은 6·25전쟁 이후 분단이 장기화됨으로써 남과 북에 서로 상반된 정치·사회 체제가 고착화되어 무력 적화통일이 점점 어려워질 것이라는 인식에서 비롯됐다. 북한이 남한 혁명의 성격을 민족해방 인민민주주의혁명으로 규정하고 혁명의 주인을 남한 인민 자신이라고 선동하는 것은 이러한 인식의 구체적 표현이다.

조로 통일문제를 우리 민족 자체의 힘에 의해 해결해나가자"고 제의하면서 사용하기 시작했습니다. 2002년 10월 제2차 북핵 위기가 대두되면서부터 북한은 "민족공조로 조·미 불가침조약 체결을 위한 운동과 투쟁을 벌이는 것은 핵전쟁 위험을 막고 민족자주통일을 가져올 수 있습니다"라고 주장했습니다. 이와 같이 북한이 '민족공조'를 내세우고 있는 것은 우리 사회 내 남남갈등을 조장하고 동시에 우리 측의 대북지원이 민족의 상부상조 전통에 의한 것이라는 대주민 선전논리로 활용하기 위한 목적으로 평가됩니다.

이러한 북한의 대남전략은 우리 사회의 반미 자주화와 친북 연공화를 통해 한반도 적화통일을 이루어낸다는 궁극적 목표는 기본적으로 변함이 없음을 말해줍니다.

2 북한의 통일방안

북한의 통일방안 변천과정을 정리해보면 초기 통일방안은 '하나의 조선' 논리에 입각한 '민주기지론'에 의한 무력 적화통일이었습니다. 그것을 대남 위장평화 공세 속에서 실행에 옮긴 것이 바로 6·25 남침이었습니다.

민주기지론은 1960년 4·19혁명 이후에 '남조선혁명론'으로 발전됐고, 이때 북한은 과도적 조치로서 1960년 8월 14일 '남북연방제'를 처음으로 제기했습니다. 1970년대 이래 대남 적화통일의 기본전략은 남조선혁명 전략과 조국통일 전략으로 구성되며, 북한은 그러한 전략 기조하에 남북대화와 대남공작 또는 평화공세와 대남공작 강화를 병진·배합하는 전술을 추구했습니다. 그리고 이러한 전략에 기초해 '남조선혁명론'과 '연방제 통일방안'은 1973년의 '고려연방제'를 거쳐 1980년 '고려민주연방공화국 창립방안'으로 구체화되었습니다.

1980년대 말 이래로는 체제방어 논리에 입각한 당국 간 대화와 통일전선 구축을 통해 위기 극복과 함께 적화통일 전략을 지속적으로 추구하면서 1991년 '1민족, 1국가, 2제도, 2정부에 기초한 연방제'로 전환되었습니다.

1980년대: 고려민주연방공화국 창립방안

북한의 1980년 10월 10일 노동당 제6차 대회에서 김일성은 '고려민주연방공화국 창립방안(고려민주연방제)'을 제시했습니다. 그 방법을 자주식 평화통일을 위한 선결조건, 연방제의 구성, 10대 시정방침으로 설명했습니다.

발표 내용 중 특이한 것은 자주적 평화통일을 위한 선결조건으로 남한의 반공법과 국가보안법을 폐지할 것과 폭압 통치기구의 제거, 그리고 정당·사회단체들의 합법화와 개별 인사들의 자유로운 정치활동 보장 등을 제시하고 있다는 점입니다. 또한 정전협정을 평화협정으로 바꾸기 위한 미국과의 협상, 주한미군의 철수, 한국 내정에 대한 미국의 불간섭 등이 제시되어 있습니다. 그리고 연방제는 ① 남과 북이 사상과 제도를 인정하는 기초 위에서 연방공화국을 창립, ② 남과 북이 연방 최고민족연방회의 구성할 것을 제시하고 있습니다.

이러한 김일성의 제안은 우리가 전혀 납득할 수 없는 내용으로 구성되어 있습니다. 구체적으로 비판해보면 첫째, 이른바 자주적 평화통일을 위해 내세운 선결조건은 '남조선혁명론' 발상에 기초하고 있다는 점입니다. 둘째, 남북이 각각 존재하는 사상과 제도를 그대로 인정하고 용납하는 기초 위에서 연방제를 하자고 했으나 두 제도에 의한 연방제는 현실적으로 불가능하다는 점입니다. 셋째, 국호·국가형태·대외정책의 노선 등을 일방적으로 결정하고 있다는 점입니다. 넷째, 통일 이전에 남북 간에 실시해야 할 사항들을 연방제가 실현됐을 때의 시정방침으로 제시함으로써 남북 간의 교류와 협력을 기피하고 있다는 점입니다. 다섯째, 연방헌법 등 연방의 형성에 따르는 구체적 절차에 대한 설명이 없는 허울 좋은 제안이라는 점입니다.

1990년대: 1민족, 1국가, 2제도, 2정부에 기초한 연방제

1980년대 후반 소련의 해체와 동유럽 사회주의권의 붕괴로 외교적 고립과 경제난에 처하자 북한은 체제 유지에 불안을 느끼고 남북 공존을 모색했습니다. 북한은 1991년 신년사를 통해 '1민족, 1국가, 2제도, 2정부에 기초한 고려민주연방공화국'을 제시했습니다.

북한은 잠정적으로는 지역 자치정부에 더 많은 권한을 부여하되 점차적으로 중앙정부의 기능을 높여나가는 방향으로 제안했습니다. 즉 연방제 통일안을 점차적으로 완성하자고 했습니다. 북한이 이처럼 지역 자치정부가 외교권, 군사권, 내치권을 갖는 '지역 자치정부 권한강화론'을 들고 나온 것은 사실상 동독이 서독에 흡수된 통일에 충격을 받았기 때문인 것으로 보입니다.

2000년대: 낮은 단계의 연방제 및 '조국통일 3대 헌장'

북한은 2000년 6·15 남북 공동선언에서 '낮은 단계의 연방제'를 제시했습니다. 이는 "1민족, 1국가, 2제도, 2정부의 원칙에 기초하되 남북의 현 정부가 정치, 군사, 외교권을 비롯한 현재의 기능과 권한을 그대로 보유한 채 그 위에 민족통일기구를 구성하는 것"[4]이라고 북한이 밝혔습니다.

북한은 2002년 5월 30일 노동신문 논평을 통해 '6·15 공동선언'이 연방제 방식의 통일을 지향하는 것으로서 낮은 단계의 연방제는 "북과 남이 통일방안에 대해 완전히 합의했다는 의미가 아니라 서로의 통일방안의 공통점을 인식한 데 기초해 그것을 살려 통일을 지향해나가기로 했

---

4 2000년 10월 6일 '고려민주연방공화국 창립방안 제시 20돌 기념 평양시 보고대회' 시 안경호 조국평화통일위원회 국장이 '낮은 단계의 연방제'의 정확한 의미를 처음으로 밝혔다.

다는 의미"라고 규정했습니다.

김정은 집권 이후에도 북한의 대남전략과 통일전선 전략의 기조는 지속적으로 유지되고 있습니다. 김정은은 2016년 신년사에 이어 7차 당 대회에서 김일성과 김정일의 통일 전략을 이어받아 통일 문제를 '자주, 평화, 민족대단결'의 '조국통일 3대 원칙'과 '고려민주연방공화국 창립방안'(연방제), '전민족대단결 10대 강령' 등 '조국통일 3대 헌장'을 기준으로 풀어가야 한다고 주장했습니다.

북한 통일방안의 평가

이상에서 살펴본 바와 같이 북한의 통일전략은 '선 남조선 혁명 후 공산화 통일' 노선으로 체계화되어 전개해온 것을 볼 때 사회주의 체제에 의한 조국통일이라는 북한의 전략이 쉽게 변화되기는 어려울 것으로 판단됩니다. 김일성 사후 발표된 김정일의 통일 관련 논문 및 서한을 살펴보면, 북한은 대남전략 차원에서 남한의 통일역량 강화를 저해하는 한편 남한 정부를 배제하려는 기존의 통일전선전술을 지속적으로 추진해온 것으로 확인됩니다.[5]

또한 2002년 10월 제2차 북한 핵문제 대두와 함께 소위 '민족공조'를 본격적으로 제기한 북한은 2003년 신년공동사설에서 한반도 정세를 '조선 민족 대 미국의 대결'로 규정함으로써 핵 문제와 관련한 미국의 대북 압박정책에 맞서 남북이 공동 대처해야 한다고 주장했습니다. 이러한 민족공조론은 우리 내부에 반미 분위기를 조성하고 내부분열을 조장해 남남갈등을 유발시키며, 다른 한편으로는 남한으로부터 지원을 확보하

5 김정일은 1997년 6월 19일 논문 "혁명과 건설에서 주체성과 민족성을 고수할 데 대하여"와 1997년 8월 4일 논문 "위대한 수령 김일성 동지의 조국통일 유훈을 철저히 관찰하자", 그리고 1998년 4월 18일 서한 "온 민족이 대단결해 조국의 자주적 평화통일을 이룩하자"를 통해 자신의 통일노선과 대남정책을 발표했다.

려는 의도도 내포하고 있는 것으로 보입니다.

북한의 통일방안은 기본적으로 적화통일 전략을 실현하기 위한 전술적 방안에 불과하며 다음과 같은 문제점이 있습니다.

첫째, 연방제의 선결조건을 요구함으로써 상대방의 실체에 대해 부정하고 있습니다. 사실상 남조선 혁명을 의미하는 남한 내 인민민주주의 정권 수립과 함께 국가보안법 철폐, 주한미군 철수 등을 연방제의 선결조건으로 요구하는 것은 상대방의 실체를 부정하는 것으로서, 양측의 현실을 인정한다는 남북기본합의서의 기본 취지에도 맞지 않습니다.

둘째, 선결조건과 연방 구성원칙 사이에 논리적 일관성이 결여되어 있다는 것입니다. 선결조건에서는 상대방의 이념과 체제를 부정하면서도 연방제의 구성원칙에서는 남북의 사상·제도의 차이를 상호 인정하는 기초 위에서 하나의 연방국가를 형성하자고 주장하는 모순을 드러내고 있습니다. 또한, "사상과 제도의 차이를 상호 인정한다"는 연방제의 구성원칙도 우리 측의 자유민주주의 체제를 인정하는 것이 아니라 연방제의 선결조건으로 남쪽이 인민민주주의화 되어야 한다는 것에 유의할 필요가 있습니다.

셋째, 연방정부와 지역정부 간의 관계 설정이나 연방정부의 구성방법 등에서 비현실성을 드러내고 있습니다. 원래 연방제란 자치권을 가진 복수의 지방정부들이 연방헌법을 통해 주권을 독점하는 중앙연방정부를 구성하는 통합 형태를 의미하나, 북한의 연방제는 중앙정부와 이념과 체제가 다른 남과 북의 지역정부로 구성돼 있습니다.

역사상 이념과 체제가 다르면서 연방의 방식으로 통일을 이룩한 사례가 없습니다. 연방정부의 구성과 관련해 이질적인 이념과 체제의 대표로 연방정부를 구성할 경우 상호 간의 대립이나 입장 차이로 전반적인 의사결정에 실패할 수밖에 없는 한계를 지니고 있습니다.

여기서 우리가 주목해야 할 것은 북한이 1991년에 내세운 '1민족,

1국가, 2제도, 2정부에 기초한 고려민주연방공화국'와 2000년에 제시한 '낮은 단계의 연방제'는 대내외적 상황에 따른 전술적 변화에 불과한 것으로, 결국 연방 창설을 예정하고 있다는 점에서 1980년의 '고려민주연방공화국 창립방안'의 연속선상에 있다는 사실입니다.

이와 같이 북한의 통일방안은 북한 체제의 규범적 당위성에만 기초한 것으로서 비현실적일 뿐만 아니라 남북 공통의 가치나 행동양식에 기반을 둔 합리적 통일방안이라고 보기 어렵습니다.

5. 남북한 통일방안 변천과 비교

상기 내용들을 종합하여 남북 간 역대 정부의 통일방안의 변천과 통일방안을 비교하면 〈표 10-1〉로 정리할 수 있습니다.

〈표 10-1〉 역대 남북한 통일방안 변천

<table>
<tr><th>구분</th><th colspan="2">남한</th><th colspan="2">북한</th></tr>
<tr><td>1948~
1960년</td><td>제1공화국
(이승만 정부)</td><td>유엔 감시하 남북한 자유
총선거에 의한 통일론</td><td rowspan="6">김일성
정권</td><td>민주기지론(민족해방론)
에 의한 무력적화통일론</td></tr>
<tr><td rowspan="2">1960년대</td><td>제2공화국
(장면 정부)</td><td>남북자유총선거론
(유엔 감시하)</td><td rowspan="2">남북연방제(1960)</td></tr>
<tr><td>제3공화국
(박정희 정부)</td><td>선 건설 후 통일론(1966)</td></tr>
<tr><td>1970년대</td><td>제4공화국
(박정희 정부)</td><td>평화통일 외교정책 선언
(1973. 6. 23.)
선 평화 후 통일론(1974)</td><td>고려연방제(1973)
조국통일 5대 강령</td></tr>
<tr><td>1980년대</td><td>제5공화국
(전두환 정부)</td><td>민족화합민주통일방안
(1982)</td><td>고려민주연방공화국
창립방안(1980)
(고려민주연방제 통일방안)</td></tr>
<tr><td>1990년대</td><td>제6공화국
(노태우 정부)</td><td>한민족공동체 통일방안
(1989)</td><td>1민족, 1국가, 2제도, 2정
부에 기초한 연방제(1991)</td></tr>
</table>

구분	남한		북한	
2000년대	김영삼 정부	민족공동체 통일방안 (1민족, 1국가, 1체제, 1정부)(1994~)	김정일 정권	낮은 단계의 연방제(2000) 조국통일 3대 헌장
	김대중 정부			
	노무현 정부			
2010년대	이명박 정부		김정은 정권	조국통일 3대 원칙, 고려민주연방공화국 창립방안, 전민족대단결 10대 강령
	박근혜 정부			

이상의 논의를 통해 볼 때, 남북 양측의 통일방안은 〈표 10-2〉와 같이 기본적으로 통일의 기본철학, 통일의 원칙, 전제조건 존재 여부, 통일 과정, 통일 실현 절차, 통일국가의 형태와 기구, 미래상 등에서 다른 점이 있습니다.

〈표 10-2〉 남북한 통일방안 비교

구분	민족공동체 통일방안	고려연방제 통일방안
통일철학	자유민주주의	주체사상
통일원칙	자주, 평화, 민주	자주, 평화, 민족대단결 (남조선 혁명, 연공합작, 통일 후 교류 협력)
통일주체	민족 구성원 모두	프롤레타리아 계급
전제조건	-	국가보안법 폐지, 공산주의 활동 합법화, 주한미군 철수
통일과정	화해 · 협력 → 남북연합 → 통일국가 완성(3단계) ※ 민족사회 건설 우선(민족 통일, 국가 통일)	연방국가의 점차적 완성 (제도 통일은 후대에) ※ 국가체제 존립 우선 (국가 통일 → 민족 통일)
과도통일 체제	남북연합 - 정상회담에서 “남북연합헌장” 채택, 남북연합기구 구성 · 운영 ※ 남북 합의로 통일헌법 초안 → 국민투표로 확정	-

구분	민족공동체 통일방안	고려연방제 통일방안
통일국가 실현절차	통일헌법에 의한 민주적 남북한 총선거	연석회의 방식에 의한 정치협상
통일국가의 형태	1민족, 1국가, 1체제, 1정부의 통일국가	1민족, 1국가, 2제도, 2정부의 연방국가
통일국가의 기구	통일정부, 통일국회(양원제)	최고민족연방회의, 연방상설위원회
통일국가의 미래상	자유 · 복지 · 인간 존엄성이 보장되는 선진민주국가	-

6. 통일에 대한 의견

통일에 대한 대학생들의 의견을 들어봤습니다. 통일 관련 설문결과를 보여준 이후 학생 입장에서 작성할 것을 요구했고, 이 중 4명의 작성 내용을 소개하겠습니다.

학생 1

부작위에 의한 비용이란 내가 행동하지 않음으로써 드는 비용이다. 반대로 작위에 의한 비용이란 내가 어떤 행동을 함으로써 드는 비용이다. 인간은 보통 작위에 의한 비용엔 민감한 반면 부작위에 의한 비용엔 둔감하다. 가령 주식에서 지속적으로 가격이 하락하는 종목을 보유하고 있을 때 당장 힘들더라도 추가적인 손해를 막기 위해 매도를 하는 대신 당장의 힘듦을 피하기 위해(혹은 가격이 오를 것이라는 기대 때문에) 추가적인 손해를 보면서도 굳이 매도를 하지 않는 것이 단적인 예시다. 아마 통일 비용에 대한 우리의 인식도 '작위에 의한 비용'에 대한 두려움에서 기인된 것이 아닌가 생각해본다.

우리는 통일비용뿐만 아니라 통일을 하지 않음으로써 지속적으로 지출하는 비용인 분단비용도 고려해야 한다. 분단비용은 유형비용과 무형비용으로 나눌 수 있는데 유형비용에는 추가적인 군사비와 추가적인 외교비 등이 포함된다. 무형비용에는 북한 주민들의 삶의 질 문제, 이산가족 문제 등이 포함된다.

한국과 북한은 분단되어 있다는 이유로 추가적으로 지출하고 있는 비용이 매우 크다. 이는 명확히 부작위에 의한 비용이다. 이에 대해서 우리는 굉장히 둔감하고 오히려 지출되는 것조차 인지하지 못할 때가 많다. 하지만 통일함으로써 지출하는 비용인 통일비용에는 굉장히 민감하게 반응하고 거부감을 보인다. 이는 작위에 의한 비용이기 때문에 그럴 것이다.

한국은 북한과 비교하기 힘들 정도로 경제적으로 앞서나가기 때문에 아마 통일이 된다면 그 과정에 있어서 상당 부분 부담할 것이다. 그렇기 때문에 한국에 살고 있는 우리는 당연히 통일비용에 대해 민감할 수밖에 없고, 그것에 대한 거부감도 어찌 보면 당연한 것이다. 하지만 심리적 측면과는 별개로 정말 통일이 우리에게 가져다주는 경제적 효과는 꽤 클 것이다. 특히 명시적으로 드러나지 않는 무형비용을 더 이상 지출하지 않는 것은 인류애적으로도 거대한 진전일 것이다.

학생 2

통일에 대한 의견을 물어본다면 나는 항상 찬성 입장이다. 나는 통일을 크게 경제적 관점과 정치 체제의 관점으로 보고자 한다.

설문 조사 결과를 통해서는 다수가 통일에 찬성의 의견을 가지고 있었지만 적지 않은 사람들이 통일을 반대하는 것을 알 수 있다. 통일이 필요하다고 응답한 사람들이 통일을 찬성하는 가장 큰 이유는 통일이 이루어짐으로써 경제적 부흥의 계기가 될 것이라는 의견이 가장 많았다.

하지만 아이러니하게도 통일을 반대하는 사람들이 통일을 원하지 않는 이유 또한 경제적인 측면에서 부담이 클 것 같기 때문이라는 의견이다. 실제로 설문 조사는 사람들은 통일을 찬성하는 비율은 높지만, 개인의 통일비용 부담에는 소극적인 태도를 지니고 있다는 것을 보여준다. 통일을 반대하는 사람들은 경제적인 측면에서의 부담 때문에 통일은 반대하지만, 통일을 찬성하는 사람들 또한 통일에 대한 경제적인 부담을 회피하는 모습은 모순적이라고 느껴진다. 하지만 나는 통일 시점에서 바라본 남북한의 경제력 비교표를 보고 나서는 사람들에게 이런 모순적인 의견이 나왔는지 이해할 수 있었다. 동서독과 비교한 남북한의 경제력은 상상 이상으로 높은 차이를 보여주었다. 남한과 북한은 땅의 면적과 인구수에서는 차이가 크진 않지만 1인당 GDP와 GDP 총액 같은 경제적인 측면에서 높은 수준 차이가 나타난다. 특히 무역 규모에서는 100배가 넘는 차이가 나타난다. 이렇게 남한과 북한의 큰 경제력 차이는 지금도 치열하게 살아가고 있는 남한 사람들에게 부담으로 느껴지는 것은 당연한 일이라고 생각한다.

정치 체제의 관점에서 본 통일의 문제점은 바로 남한과 북한의 심각한 체제 대립이다. 현재 남한은 자유 민주주의 체제가, 북한은 공산주의 체제가 유지되고 있는 상태이다. 이러한 남한과 북한의 정치 체제 대립은 존재만으로도 남북한 갈등의 주요 원인이다. 사람들이 원하는 통일의 형태에 대한 설문 조사 결과 다수가 자유 민주주의 통일을 선택하였다. 하지만 그렇게 되기 위해서는 남한의 많은 노력이 필요할 것이다. 자유 민주주의 통일 다음으로 많은 사람이 선택된 것이 1국2체제 형태이다. 만약 통일을 한다고 해도 남북한 각자의 체제를 유지한다는 1국2체제를 좋다고 생각할 수 있다. 하지만 설문 조사를 통해 알아본 남한에서 김정은 국무 위원장의 호감도는 좋지 않다. 그런 상황에서 1국2체제를 수립한다면 갈등의 원인이 될 수도 있다. 초반에는 좋을지 몰라도 언젠가는 다시 분란이 발생할 수 있다는 불안감을 가지고 지내야 할지도 모른다는 생각이 든다.

물론 통일을 한다면 북한의 값싼 노동력과 지하자원의 사용을 통한 경제 발전, 언제 전쟁이 일어날지 모른다는 불안감에서 해방되며 북한의 군사력을 합치면 국력이 신장될 수 있다는 이점이 있다. 그렇기에 나는 지금도 통일에 대해 찬성한다. 하지만 그럴수록 더욱 통일의 문제점이 해결되어야 한다고 생각한다. 남한과 북한이 각자의 이익을 더 위하는 것이 아닌 한반도 전체의 미래를 위한 타협을 통해 언젠가는 이루어질 통일이 하루빨리 다가왔으면 하는게 통일에 대한 나의 생각이다.

학생 3

설문조사를 분석해 본 결과, 약 70-80%의 사람들이 통일에 대해 긍정적인 의견을 보였다. 통일을 원하는 이유로는 “경제 발전”과 “전쟁 공포로부터의 해방”이 가장 높은 비중을 차지했다. 이렇게 통일에 대해 긍정적인 반응을 보인 사람 중 대부분은 통일 비용(통일세) 부담에 대해서는 소극적인 반응을 보였다. 또한, 자유민주주의 통일을 원하는 사람이 절반 이상이었으며, 상호 자유 왕래 허용에도 절반 이상의 사람들이 매우 긍정적인 반응을 보였다. 물론, 자유 왕래를 찬성하는 데에는 다양한 이유가 있었는데, 조사 결과를 통해 백두산 관광, 평양 관광, 역사 문화 탐방, 금강산 관광과 같은 관광·탐방이 절반이 훌쩍 넘는 비중을 차지했고, 북한에 가고 싶지 않다는 비율도 상당히 높다는 것을 알 수 있었다.

이 외에도 많은 사람이 북한과의 통일에 대해 긍정적인 답을 많이 했는데, 기업경영에 있어서 통일은 초기에는 다소 충돌이 있을 수 있겠지만, 이후 장기적으로 보았을 땐 긍정적인 영향력을 줄 것이며, 경영에 있어 새로운 성장 계기가 될 것이라고 응답했다. 많은 사람이 바라는 통일이 되기까지는 많은 시간과 비용이 들 것으로 보인다. 전문가들의 의견, 그리고 현실적인 남·북한의 여러 경제적 지표를 통해 경제력을 비교해 본 결과 무역 규모만 봐도 남한이 112배 더 우세하며, 수입·수출은 그 이상으로 큰 규모를 자랑한다. 즉, 남·북한의 통일비용의 대부분은 경제적 수준이 높은 남한이 부담하게 될지도 모른다는 뜻으로도 해석할 수 있다. 북한 주민들은 약 95%가 통일이 필요하며, 통일이 본인에게 매우 이득이 될 것이라고 응답했다. 또한, 이들은 경제적 발전을 위해 통일이 필요하고, 통일 이후에는 남·북한 체제를 절충하거나, 남한 자본주의 체제로 단일화하는 방법을 원한다고 설문했다.

이렇듯, 남·북한 주민들은 절반 이상이 통일을 희망하고 있으며, '남북 정상회담 개최'를 시작으로 통일을 위해 한 걸음씩 앞서 나가야 한다고 주장한다. 물론, 통일이 하루아침에 일어날 수 있는 쉬운 문제는 아니다. 앞서 말했듯 두 나라의 경제 성장의 차이가 상당하기에 당장 통일에 필요한 비용의 문제부터, 양측의 빈부 격차나 생활 수준도 상당할 것입니다. 또한 언어나 생활 방식도 너무나도 다르기 때문에 사회·경제적으로 통일은 이루어지기 어렵다고 본다.

하지만, 남·북이 통일될 경우, 주민들은 통일에 대한 두려움을 덜어낼 수 있고, 이산가족들은 오랜 시간 동안 떨어져 지냈던 가족들과 재회할 수 있게 된다. 만약 통일이라는 꿈이 이루어지게 된다면, 통일에 대한 비용은 남한이 부담하고, 이 금액들은 나중에 관광객들을 통해 메꾸는 것도 좋은 방안이 될 것이라고 생각한다. 왜냐하면, 통일이 되면 북한의 백두산, 금강산, 평양 등의 관광지와, 남한의 서울, 부산, 제주도 등의 관광지에 많은 사람이 몰릴 것이며, 통일을 통해 러시아, 그리고 유럽까지 이어지는 유라시아 철도가 개통된다면 관광산업을 통한 수입이 이루 말할 수 없을 정도로 커질 것이기 때문이다. 그렇기에 관광 수익을 통일 비용으로 충당하고, 북한에 기업을 설립하는 등 경제적 발전을 위해 쓴다면 북한과 남한의 빈부격차도 줄어들 것이라고 생각한다.

문화 차이 역시 사람들의 인식만 변화한다면, 충분히 변화할 수 있는 문제라고 생각한다. 타인과 다름을 이해하고, 더불어 나아가고자 하는 마음을 가진다면, 남한 주민들과 북한 주민들도 하나가 되어 서로 협력하며 살아갈 수 있을 것이라고 생각한다. 물론, 통일이 이루어지기까지 많은 의견 충돌과 대립이 있겠지만, 남한과 북한 사이에서 타협점을 찾으며 하나하나 협상해 간다면, 시간이 조금 걸리더라도 언젠간 반드시 이루어질 수 있다고 생각한다.

남북통일에는 많은 제약과 한계가 있고, 많은 시간이 소요된다. 아마 지금까지 오랜 시간 동안 분단국가로 남아있는 가장 큰 이유라는 생각이 드는데, 양측이 서로 합의하고, 이해하며 타협점을 찾아가다 보면 오랜 시간이 걸리더라도, 언젠간 반드시 통일은 이루어질것이라고 생각한다. 비용적 문제도 미래의 발전된 남북의 모습을 예상하며 전략적으로 투자하고, 서로 충돌될 문제들을 차곡차곡 해결해가다 보면 사회적·경제적·문화적으로 더욱 발전된 모습을 띠게 될 것이라고 생각한다. 먼 훗날, 더욱 발전될 남북의 모습을 상상하면, 벌써 웃음이 나온다. 많은 사람의 노력을 통해 많은 제약을 딛고, 남북의 통일이 꼭 이루어지길 바란다.

학생 4

최근 통일의 당위성에 관한 질문이 제기되는데, 이는 통일에 대한 젊은 세대들의 회피 의식이 팽배하다는 문제의식이 깔려 있다고 생각한다.

통일에 찬성하는 근거로는 첫째, 남북한의 긴장완화다. 통일이 되면 한반도에서의 전쟁 가능성을 근원적으로 해결할 수 있어 분단비용을 대폭 줄일 수 있다. 둘째, 규모의 경제이론에 의한 시너지 효과가 극대화된다. 통일 후 남북인구가 합쳐지면, 규모의 경제이론상 내수시장만으로도 이윤이 창출된다. 통일이 되면, 낙후된 북한의 인프라를 정비해야 하므로 이는 경제의 선순환 구조를 만들 수 있다. 셋째, 대륙을 잇는 물류통로가 확보된다. 통일이 되면, 한반도를 유라시아 대륙과 태평양을 연결하는 교통과 물류의 핵심으로써, 세계 경제의 중심으로 성장할 수 있다. 넷째, 북한 지하자원의 활용에 의한 경제활성화 효과가 엄청나다. 북한의 광물자원과 남한의 인구가 합쳐진다면, 기업내 일자리가 늘어나 경제가 살아난다. 다섯째, 국가신용등급 상승으로 당당한 통일국가로서 역할을 할 수 있다. 남북이 대치되어 있는 현실로 인해 발생하는 '코리아디스카운트'라는 부정적 요소가 제거되어 국가 신용등급이 올라간다. 여섯째, 분단의 아픔을 간직한 이산가족의 만남을 위해서도 필요하다.

위의 근거를 토대로 남북통일 찬성을 주장하는 바이지만, 통일을 논의하기에 앞서 해결해야 할 일들이 많다고 생각하는데, 그 중 하나가 북한 핵무기 문제를 해결하는 것이다. 또 하나는 현재 남북한은 휴전상태이기 때문에 전쟁을 끝내고, 즉 종전을 먼저 한 후, 통일에 대해 논의해야 한다고 생각한다.

통일은 반드시 필요하지만, 당장 통일을 서두르기보다 남북의 화해와 협력이 먼저다라고 생각하는 바다. 또한 통일의 형태나 체제는 우리나라에 흡수통일하는 방식보다는 점진적 합의에 의한 통일이 가장 이상적이라고 생각한다. 그 이유는 경제적 격차가 심한 상태에서 갑작스런 흡수통일로 인해, 20년간 독일 통일비용이 약 3000조 원이 든 사례를 들 수 있다. 독일보다도 경제적 격차가 더욱 심한 한반도는 통일비용이 훨씬 더 많이 들 것으로 예상되기 때문이다. 또한 우리나라의 자본주의 체제로 단일화시키는 것이 중요하다고 생각한다. 그 이유는 북한의 사회주의 체제와 남한의 자본주의 체제를 함께 기반으로 두다보면, 아무래도 이념적인 대립과 갈등은 불가피하므로 정치적 혼란을 일으킬 것이다. 이는 통일 전보다 더욱 위험한 국가가 될 수 있기 때문이다.

참고문헌

단행본

경남대학교 북한대학원, 『북한연구방법론』, 파주: 한울아카데미, 2008.

경수로사업지원기획단, 『경수로사업지원 백서』, 서울: 다해미디어, 2007.

국방부, 『2020 국방백서』, 국방부, 2020.

______, 『2022 국방백서』, 국방부, 2022.

김광섭, 『북한 50년 바로알기 1945-1995』, 미래문화사, 2018.

김기호, 『현대 북한 이해』(최신개정증보판 4판), 탑북스, 2021.

김계동, 『북한의 외교정책』, 서울: 백산서당, 2002.

김계동 외, 『북한체제와 정책』, 서울: 명인문화사, 2009.

김성보, 『남북한 경제구조의 기원과 전개』, 역사비평사, 2011.

______, 『북한의 역사 1: 건국과 인민민주주의의 경험 1945-1960』, 역사비평사, 2022.

김응수, 『21세기 북한의 이해』, 성남: 북코리아, 2011.

김인수 외, 『북한 바로알기』, 서울: 양서각, 2018.

김창희, 『김일성 김정일 김정은: 백두혈통과 정치리더십』, 전주: 전북대출판문화원, 2021.

뤼디거 프랑크, 안인희 옮김, 『북한, 전체주의 국가의 내부관점』, 서울: 한겨레출판, 2020.

마키노 요시히로, 『김정은과 김여정』, 글통, 2022.

박균열 외, 『북한의 정치와 사회』, 진주: 경상대학교 출판부, 2018.

박순성·홍민, 『북한의 일상생활세계: 외침과 속삭임』, 서울: 한울아카데미, 2010.

박승준, 『김일성, 1925~1945 중국과 소련에서 무엇을 했나: 이정식, 서대숙, 周保中 기록과 김일성회고록 비교』, 서울: 유나미디어, 2020.

박창희, 『현대 중국전략의 기원』, 서울: 플래닛미디어, 2011.

박한식, 『북한의 실상과 전망』, 서울: 동화연구소, 1991.

북한연구학회, 『분단 반세기 북한 연구사』, 서울: 도서출판 한울, 1999.

북한연구학회 강성윤 외, 『반세기 북한연구사』, 분당: 한울 아카데미, 2012.

빅터 차, 김용순 옮김, 『불가사의한 국가: 북한의 과거와 미래』, 아산정책연구원, 2016.

서대숙, 『북한의 지도자 김일성』, 서울: 청계연구소, 1989.

______, 『현대 북한의 지도자 김일성 김정일』, 을유문화사, 2000.

서동만, 『북조선사회주의 체제성립사, 1945~1961』, 선인, 2005.

서보혁, 『북한 정체성의 두 얼굴』, 서울: 책세상, 2003.

서재진, 『주체사상의 형성과 변화에 대한 새로운 분석』, 통일연구원, 2001.

신석호 외, 『북한학의 새로운 시각: 열 가지 질문과 대답』, 파주: 역사인, 2018.

심지연, 『남북한 통일방안의 전개와 수렴』, 서울: 돌베개, 2001.

안희창, 『북한의 통치체제: 지배구조와 사회통제』, 명인문화사, 2016.

오일환, 『현대북한체제론』, 서울: 을유문화사, 2000.

와다 하루키, 이종석 옮김, 『김일성과 만주항일전쟁』, 서울: 창작과 비평, 1992.

______, 서동만·남기정 옮김, 『북조선 유격대국가에서 정규군국가로』, 서울: 돌베개, 2005.

______, 남기정 옮김, 『와다 하루끼의 북한 현대사』, 서울: 창작과 비평, 2021.

유지호, 『예멘의 남북통일』, 서울: 서문당, 1997.

육군사관학교, 『북한학: 정치·군사·통일의 역동성』, 서울: 황금알, 2006.

윤영관, 『북한의 오늘』, 늘픔플러스, 2014.

이경식, 『북한의 생각, 북한의 생활, 북한의 사람들』, 한국학술정보, 2022.

이계희·신진, 『북한체계론』, 대전: 충남대학교출판부, 1988.

이근욱, 『냉전』, 서강대학교출판부, 2012.

이기식, 『독일통일 15년의 작은 백서』, 서울: 고려대학교출판부, 2008.

이사야 벌린, 안규남 옮김, 『칼 마르크스, 그의 시대와 생애』, 서울: 미다스북스, 2012.

이상우, 『북한정치: 신정체제의 진화와 작동원리』, 서울: 나남, 2008.

이신재, 『한 권으로 읽는 북한사』, 서울: 도서출판 오름, 2016.

이용준, 『북핵 30년의 허상과 진실: 한반도 핵게임의 종말』, 한울아카데미, 2018.

이우영, 『전환기의 북한사회 통제체제』, 서울: 통일연구원, 1999.

이종석, 『조선로동당 연구』, 서울: 역사비평사, 1995.

______, 『새로 쓴 현대북한의 이해』, 서울: 역사비평사, 2005.

이화여대 북한연구회 김엘렌 외, 『김정은 체제: 변한 것과 변하지 않는 것』, 한울아카데미, 2018.

임을출, 『김정은 시대의 북한경제, 사금융과 돈주』, 서울: 한울아카데미, 2012.

임현진·정영철, 『21세기 통일한국을 위한 모색: 분단과 통일의 변증법』, 서울: 서울대학교출판부, 2005.

장달중 외, 『현대북한학 강의』, 서울: 사회평론, 2013.

장준익, 『북한인민군대사』, 서울: 서문당, 1991.

정동준 외, 『북한주민 통일인식 2018』(서울대 통일평화연구언 통일학 연구 43), 서울: 다해미디어, 2018.

정병준 외, 『한국현대사 1: 해방과 분단, 그리고 전쟁』, 서울: 푸른역사, 2020.

정성장, 『현대 북한의 정치·역사·이념·권력체제』, 한울, 2011.

조지프 나이, 양준희 옮김, 『국제분쟁의 이해: 이론과 역사』, 한울아카데미, 2007.

체제통합연구회 김계동 외, 『북한의 체제와 정책: 김정은시대의 변화와 지속』, 서울: 명인문화사, 2014.

통계청, 『2012 북한의 주요 통계 지표』, 2012.

______, 『통계로 보는 북한: 2019 북한의 주요 통계지표』, 2019. 12.

통일부, 『통일백서 2020』, 서울: 통일부, 2022.

통일부 통일교육원, 『2020년 북한 이해』, 서울: 통일부, 2020.

______, 『2021년 북한 이해』, 서울: 통일부, 2021.

______, 『2022년 북한 이해』, 서울: 통일부, 2022.

표도르 쩨르치즈스키(이휘성), 『김일성 이전의 북한: 1945년 8월 9일 소련군 참전부터 10월 14일 평양연설까지』, 파주: 한울엠프러스, 2018.

한국근현대사학회 장석홍 외, 『새롭게 쓴 한국독립운동사 강의』, 서울: 한울, 2020.

허문영, 『북한의 통일정책』, 서울프레스, 1995.

황장엽, 『황장엽 회고록; 나는 역사의 진리를 보았다』, 서울: 한울, 1999.

후지모토 겐지, 한유희 옮김, 『왜 김정은인가?』, 맥스미디어, 2010.

홍민, 『북한의 핵·미사일 관련 주요 활동 분석』, 통일연구원, 2017.

홍석률 외, 『한국현대사 2: 경제성장과 민주주의, 그리고 통일의 과제』, 푸른역사, 2021.

McCormack, Gavan, "Kim Country: Hard Times in North Korea," *New Left Review*, No. 198 (March-April), 1993.

Scalapino, Robert A. and Lee, Chong-Sik, *Communism in Korea*, Berkeley and Los Angels: University of California Press, 1972.

Schurmann, Franz, *Ideology and Organization in Communist China*, 2nd ed, Berkeley and Los Angeles: University of California Press, 1968.

Suh, Dae-Sook, *Kim Il Sung: The North Korean Leader*, New York: Columbia University Press, 1988.

학위 논문

강신창, "북한 공산주의의 당·군 관계 연구", 건국대 박사학위논문, 1987.

김근식, "북한 발전 전략의 형성과 변화에 관한 연구: 1960년대와 1990년대를 중심으로", 서울대 박사학위논문, 1999.

안병도, "한반도 분단화 과정에 관한 연구", 연세대 박사학위논문, 1989.

이정수, "북한정치체제에 관한 연구: 전체주의적 성격을 중심으로", 서울대 박사학위논문, 1991.

이정철, "사회주의 북한의 경제학과 정치체제", 서울대 정치학과 박사학위논문, 1992.

이창현, "북한의 토지개혁이 국가형성에 미친 영향에 관한 연구", 경희대 박사학위논문, 1995.

정현수, "북한 사회주의 정치체제의 변화에 관한 연구: 이데올로기와의 관계를 중심으로", 경희대 박사학위논문, 1992.

홍종혁, "한국분단의 역사적 고찰: 분단의 생성 및 변형을 중심으로", 동국대 박사학위논문, 1973.

학술논문

강동완·박정란, "북한주민의 통일의식 조사 연구", 『통일정책연구』 23권 2호, 2014.

고유환, "북한 사회주의체제의 구조적 위기와 김정일정권의 진로", 『한국정치학회보』

30집 2호, 1996.

김갑식, "1990년대 북한 당·국가체제의 변용에 관한 연구", 『평화논총』 5권 1호, 2001.

김근식, "김정일시대 북한의 당정군 관계 변화: 수령제 변화의 함의를 중심으로", 『한국정치학회보』 6집 2호, 2002.

______, "북한의 이데올로기 '김일성-김정일주의'와 김정은", 체제통합연구회, 『북한의 체제와 정책』, 2014.

김동엽, "경제·핵무력 병진 노선과 북한의 군사분야 변화", 『현대북한연구』 18권 2호, 2015.

김성보, "남북한 경제구조의 기원과 전개 북한 농업 체제의 형성을 중심으로", 『역사비평사』, 2000.

김영주, "북한 언론매체, 어떻게 이해할 것인가", 『북한연구방법론』, 2008.

김용욱, "예맨과 독일의 통일사례 비교와 시사점", 『한국정치외교사논총』 28집 1호, 2005.

김용현, "선군정치와 김정일 국방위원장 체제의 정치변화", 『현대북한연구』 8권 3호, 2005.

김창희, "북한의 통치이념 '김일성-김정일주의' 분석", 『한국정치연구』 제22집 3호, 2013.

김태현, "북한의 공세적 군사전략: 지속과 변화", 『국방정책연구』 33권 1호, 2017.

박형중, "북한정치 연구의 쟁점과 과제", 현대 북한연구와 남북관계 북한연구학회, 『2004 추계학술회의 자료집』, 2004. 9. 17.

서주석, "북한의 군사제도와 정책", 체제통합연구회 엮음, 『북한체제의 이해』, 서울: 명인문화사, 2009.

유광진, "북한의 개방정책결정에 있어서 당·정·군의 역할", 『국방학술논총』 8집, 1993.

이석기, "김정은시대 북한 경제개혁 연구: 우리의 경제관리방법을 중심으로", 『KDI 북한경제리뷰』, 2019년 3월호.

이종석, "김일성의 반종파투쟁과 북한권력구조의 형성", 『역사비평』 통권 8호, 1999.

이용희, "북한의 경제특구정책과 실패요인: 중국의 경제특구정책과의 비교분석", 『동북아경제연구』 25권 3호, 2013.

이현주, "북한집단주의 정치사회화의 심리적 요인에 관한 연구", 『북한연구학회보』 8권 2호,

장달중, "김정일 체제와 주체비전 이데올로기, 당, 그리고 군중을 중심으로", 『아세아연구』, 1999.

정성장, “김정일시대 북한의 선군정치와 당군관계”, 『국가전략』 7권 3호, 2001.

______, “김정일의 선군정치 논리와 정책적 함의” 『현대북한연구』 4집 2호, 2001.

정영태, “북한 강성대국론의 군사적 의미: 김정일의 군사정책을 중심으로”, 『통일연구논총』 7권 2호, 1998.

______, “김정은 세습 후계체제의 특성과 대내외 정책 전망”, 『전략연구』 52호, 2011.

최수영, “7.1 경제관리개선조치 이후 북한경제 변화전망”, 『KDI 북한경제리뷰』, 2010.

최완규, “북한 연구방법론”, 『북한연구』 1990년 봄, 1990.

최진욱, “북한 선군정치의 정치적 함의”, 『현대북한연구』 4권 2호, 2001.

북한 원서

교육도서출판사, 『사회주의 도덕』(초급중학교 2), 평양: 평양고등교육도서인쇄공장, 2014.

______, 『국어문학』(고급중학교 1), 평양: 평양고등교육도서인쇄공장, 2014.

김일성, “조국통일위업을 실현하기 위하여 혁명력량을 백방으로 강화하자”, 『김일성저작선집 4』, 평양: 조선로동당출판사, 1968.

______, “우리 혁명에서의 주체에 대하여”, 『김일성저작선집 6』, 평양: 조선로동당출판사, 1970.

______, “우리 당의 주체사상과 공화국 정부의 대내외 정책의 몇가지에 대하여”, 『김일성저작선집 6』, 평양: 조선로동당출판사, 1974.

______, “혁명적 문학예술을 창작할 데 대하여”, 평양: 조선로동당출판사, 1978.

______, “조선 인민의 민족적 명절 8.15 해방 15돐 경축대회에서 한 보고”, 『김일성저작집 14』, 평양: 조선로동당출판사, 1981.

______, “주체사상에 대하여”, 『김일성저작선집 27』, 평양: 조선로동당출판사, 1984.

______, “조국통일 3대원칙에 대하여”, 『김일성저작선집 27』, 평양: 조선로동당출판사, 1984.

______, “주체사상에 대하여”, 『김일성저작집 27』, 평양: 조선로동당출판사, 1984.

______, “사회주의의 완전한 승리를 위하여”, 조선민주주의인민공화국 최고인민회의 제8기 제1차 회의에서 한 시정연설, 1986. 12. 30), 평양: 조선로동당출판사, 1986.

______, “애굽신문《알마싸》 책임주필이 제기한 질문에 대한 대답”, 평양: 조선로동당출판사, 1986.

______, “위대한 김일성주석께서 경애하는 김정일장군님의 위대성에 대하여 하신 교

시”, 평양: 평양출판사, 2002.

______, “사회주의 경제건설에서 새로운 혁명적전환을 일으킬데 대하여”(경제부문 책임일군협의회에서 한 결론, 1994. 7. 6.), 평양: 조선로동당출판사, 2016.

______, “사회주의 교육에 관한 테제”(조선로동당 중앙위원회 제5기 제14차전원회의에서 발표, 1977. 9. 5), 평양: 조선로동당출판사, 2019.

김정일, “온 사회를 김일성주의화하기 위한 당사업과 당면한 몇가지 과업에 대하여”, 『주체 혁명위업의 완성을 위하여 3』, 평양: 조선로동당출판사, 1987.

______, “주체사상에 대하여”, 『주체혁명위업의 완성을 위하여 4』, 평양: 조선로동당출판사, 1987.

______, “조선로동당은 위대한 수령 김일성동지의 당이다”, 평양: 조선로동당출판사, 1995.

______, “주체의 혁명관을 튼튼히 세울데 대하여”, 『김정일선집 9』, 평양: 조선로동당출판사, 1997.

______, “사회주의의 사상적기초에 관한 몇가지 문제에 대하여”(조선로동당 중앙위원회 책임일군들 앞에서 한 연설, 1990. 5. 30), 평양: 조선로동당출판사, 1998.

김정은, “선군의 기치를 더 높이 추켜들고 최후승리를 향해 힘차게 싸워나가자”, 평양: 조선중앙통신, 2012. 4. 15.

______, “위대한 김정일동지를 우리 당의 영원한 총비서로 높이 높히고 주체력명위업을 빛나게 완성해나가자”, 평양: 조선로동당출판사, 2012. 7. 26.

김창원 · 손영규, 『주체사상의 지도적 원칙』, 평양: 사회과학출판사, 1984.

김창하, 『불멸의 주체사상』, 평양: 사회과학출판사, 1985.

조선로동당중앙위원회 당력사연구소, 『조선로동당력사』, 평양: 조선로동당출판사, 2006.

조선중앙통신사, 『조선중앙년감』, 평양: 조선중앙통신사, 2017.

통일혁명당중앙위원회 선전부, 『김일성주의 원리』, 평양: 통일혁명당중앙위원회 선전부, 1984.

로동신문, “(사설)김정일 애국주의 교양을 강화하자”, 2012. 5. 21.

______, “사회와 인간을 좀먹는 위험한 독소”, 2012. 10. 8.

찾아보기

ㄱ

갑산파 44
강반석 54
강반석유자녀대학 282
강석주 256
개성공업지구 186
개혁 · 개방정책 16, 309
건국준비위원회(건준) 35, 37, 39
건설 60, 78, 296
검열위원회 101
검찰동일체 117
경수로 252, 254, 256, 261
경제군사 병진정책 187
경제 및 국방 병진정책 150
경제발전 5개년 계획 183
경제성장률 178, 179
경제특구 186
계급투쟁 60, 63, 64, 69, 129, 130
계획경제체제 66, 159, 161, 166, 169, 170, 174
고난의 행군 115, 130, 138, 140, 158, 162, 166, 170, 176, 178, 179, 182, 196
고농축우라늄(HEU) 245, 255, 256, 257, 263
고대 노예경제 63
고려공산당 30
고려민주연방공화국 창립방안(고려민주연방제) 324, 325, 327, 329
고려연방제 324
고이즈미 총리 207
고폭약 실험장 228
공기부양정 146
공동안보 192
공산주의 15, 24, 38, 52, 63
공산주의 이론 62, 64
공산주의형 인간 292
공산화 60, 70, 195
공화국 대원수 141
교도대 144, 148

교조주의자 71, 74
구성주의자 192
9 · 11 테러 224, 256
9 · 19 공동성명 210, 260
9 · 19 합의 261, 262, 263
국가계획위원회 161, 168
국가보위성 111
국가사멸론 64
국가안보 190, 191
국가적 외교 198
국가주석 198
국가 핵무력 153
국내파 32, 44, 52, 71
국무위원장 112, 198
국무위원회 90, 95, 96, 97, 98, 110, 111, 112, 129, 136
국방과학연구소(ADD) 150
국방위원장 111, 115
국방위원회 95, 96, 122
국제원자력기구(IAEA) 201, 227, 234, 236, 237, 239, 247, 248, 249, 250, 255, 256, 261, 262, 264
군무생활 10대 준수사항 140
군사경제 병진노선 151, 166, 168
군산(軍産)복합형 산업구조 166
군중예술론 297
금강산 특구 186
긍정 감화 교육 291
김구 28, 48
김두봉 44, 46, 47
김영삼 251
김영주 53
김일성 17, 22, 40, 41, 42, 43, 44, 46, 47, 48, 49, 50, 51, 52, 53, 54, 55, 56, 57, 71, 72, 73, 77, 82, 84, 91, 112, 129, 132, 232, 250, 251, 253, 290
김일성-김정일주의 100, 115, 296
김일성 독재체제 70
김일성 민족 57, 123
김일성 우상화 22, 77, 86, 297
김일성 유일체제 86
김일성 조선 123
김일성종합대학 274, 278, 279, 281
김일성주의 74, 78, 79, 82, 92, 94, 122, 273
김일성 헌법 114, 122
김일성 혁명사상 70
김정숙시 17
김정은 84, 90, 91, 95, 98, 104, 105, 111, 119, 121, 123, 125, 126, 135, 207
김정일 23, 54, 78, 79, 81, 82, 84, 91, 95, 105, 121, 129, 206
김정일애국주의 296
김책 45, 48
김책시 17
김형직 54
김형직시 17
꽃 파는 처녀 298, 301

ㄴ

나선 · 선봉지구 186
남베트남민족해방전선(NLF) 312
남부군 41
남북 고위급 회담 235, 237, 239, 248
남북기본합의서 235, 236, 238, 239, 248, 328
남북 비핵화 공동선언 236, 238
남북 정상회담 251, 253, 267
남아프리카 방식 258
남조선로동당 40, 47, 53
남조선신민당 47
남조선혁명론 324, 325
낮은 단계의 연방제 326, 329
내각 108, 110, 114, 115, 116
내재적 접근법 19, 20
내핍 경제체제 170
냉전체제 224, 309
노농적위대 144, 148, 149
노동미사일 153, 243

ㄷ

다자간 안보 192
단계적 접근 268
단기 속전속결 전략 142
당-국가체제 91, 120
당대표자회의 103, 122
당대회 101, 103
당 외교 198, 199
당의 군대 97, 108, 109, 130, 134
당중앙 122
당중앙군사위원회 101, 106, 108, 130, 135, 136
당중앙위원회 101, 103, 197, 198
대구경방사포 154
대규모 장사정 포병 143
대량살상무기(WMD) 143, 154, 223
대륙간탄도미사일(ICBM) 152, 203, 209, 243, 244, 246, 266
대외문화연락위원회 200
독립채산제 176
독재정권 50, 61
독재체제 61, 67, 70, 75, 78, 81, 82, 100, 123
돈주 175
동북항일연군 56
동북항일연군 1로군 6사장 55

ㄹ

러시아 혁명 27
레닌 26, 27, 30, 34, 61, 64, 65, 66, 93
로마넨코 47
리비아 방식 258, 259

ㅁ

마르크스 61, 62, 63, 64, 65
마르크스-레닌 130
마르크스-레닌주의 24, 61, 67, 68, 69, 70, 72, 73, 78, 82, 113, 317

마르크스-엥겔스 25, 26
마르크스주의 61
마오쩌둥 129
만경대혁명학원 281, 282
메구미 사건 208
모기장식 개방 185
모란봉악단 299
목적주의 문예관 296
무상교육 274, 277
무상분배 43
무정 44, 46, 52, 71
물량물동적 계획경제체제 158, 161, 170
미북 정상회담 203, 267
미소 공동위원회 48, 50
민간외교 200
민족공동체 17, 304, 307, 320
민족공동체 통일방안 319
민족공조 324, 327
민족공조론 322
민족 동질성 15, 306
민족해방 인민민주주의혁명 323
민족해방전쟁론 131
민족허무주의자 74
민주기지론 322, 324
민주기지 전략 41, 42
민주주의 중앙집권제 92, 93, 99

ㅂ

바이든 193
박정애 44
박정희 대통령 195
박창옥 44, 54, 71
박창희 52
박헌영 29, 31, 32, 34, 37, 38, 40, 46, 53
반당종파주의자 44, 52, 71, 74
발걸음 122
방학세 44
배합전 142
백두혈통 57
베를린 장벽 310
베트남 전쟁 150
베트콩(V.C.) 312
벼랑끝 전술 203, 249, 259
변증법 63
보위사령부 136
보천보 전투 55, 56, 57
보트피플(Boat People) 313
볼셰비키 16, 26, 34, 66
볼셰비키 혁명 25, 27, 64, 65
봉오동전투 30
부르주아 63, 64, 65, 129, 130
북미 정상회담 268
북방외교 197
북방정책 235
북소 원자력협력협정 152
북 · 일 수교 207
북조선 5도 행정위원회 43

북조선공산당 39, 40
북조선로동당 40, 46, 47
북조선분국 42
북조선인민위원회 42, 48, 50
북조선임시인민위원회 42, 47, 48, 69, 278
북한식 사회주의 273
북한인권결의안 212
붉은청년근위대 144, 148, 293
비동맹외교 76, 77, 195, 196, 213
BDA 259, 262
비전통적 안보 193
비폭력운동 24
비핵화선언 236
빨치산 23, 41, 49
빨치산 유격대 54
빨치산파 31, 44, 46, 51, 52, 53, 54, 68, 71, 72

ㅅ

4대 군사노선 106, 130, 131, 132, 148, 150, 151, 167
사대주의자 71, 74
4월 테제 26, 34
4자회담 202
사회과학 접근법 19
사회정치적 생명체론 82, 85, 120
사회주의 16, 18, 66, 91
사회주의 기업책임관리제 176, 177, 186
사회주의 대가정 84
사회주의 문명강국 298
사회주의적 계획경제체제 306
사회주의적 소유제도 159, 160, 162
사회주의적 인간형 313
사회주의 체제 16, 20
사회주의 헌법 113
사회주의혁명 이론 81
산업시설 국유화 43, 48, 66
3대 경제건설 노선 164, 167
3대 세습 22, 42, 91, 99, 115, 119, 121, 123, 206, 290
3대 혁명역량 194, 323
3불원(三不願) 정책 205
3비(三非) 정책 205
3 · 1운동 24, 31
3축 체계 265
상해 임시정부 27, 28, 29, 34
상해파 고려공산당 29, 30, 32
생산물 경제체제 170
서북5도 당책임자 및 열성자대회 46
서울계 31, 32
서울 불바다 250
서해 북방한계선 145
선군경제 170, 171
선군사상 115, 129
선군정치 129, 245
선전선동부 102
선제기습 공격 전략 142
소련 26, 32

소련군 환영 민중대회 57
소련식 경제모델 165
소련식 공산주의 66
소련식 공산체제 67
소련파 44, 46, 51, 52, 53, 71, 72
소비에트 26, 43
소조활동 284, 293
속도전 296
수령 83, 84, 126
수령결정론 86
수령론 92, 165
수령의 군대 130, 134
수령 중심의 당-국가체제 83, 91, 109, 120, 121
수령체계 22
수소탄 152, 227, 228, 231
수정주의자 71, 74
스커드 미사일 153, 242
스탈린 49, 50, 51, 66, 67
스탈린 격하운동 76
스탈린식 마르크스-레닌주의 61, 64
스탈린식 전체주의 68, 91
스탈린주의 94
시베리아횡단철도(TSR) 210
10월 혁명 65
시장경제 16, 163, 304, 306
시진핑 206, 207
신동방정책 310
신사상연구회 31
신자유주의 192
10 · 3 합의 260, 262, 263
CVID(Complete Verifiable Irreversible Dismantlement) 258, 261

ㅇ

아리랑 299, 300
악의 축 202, 256
안재홍 37
안전조치협정 234, 236, 252
안중근 30
알렉산드라 김 29
어버이 수령 123
SLBM 146, 204, 244, 266
NPT 체계 222, 232
엥겔스 63, 64, 67
여운형 29, 35, 37, 38, 39
연방제 통일방안 324
연안파 31, 40, 43, 46, 49, 52, 53, 71, 72
연평도 포격도발 17, 204
연해주 28, 30
영원한 국가 주석 112, 114
영원한 국방위원장 115
오기섭 44, 46
5도 행정국 47
와다 하루키(和田 春樹) 22
외재적 접근법 19, 20
우라늄탄 221, 230, 231
우리 국가 제일주의 298

우리민족끼리 320
우리식 경제관리 방법 176, 186
우리식 사회주의 85, 296
우리식의 주체교육 280
우상화 87
우크라이나 방식 258
원시공동체 62
원자력발전소 233
원자탄 227
유격대 22
유물론적 사상체계 63
유엔 한국위원회 50
유일사상 10대 원칙 85
유훈통치 122, 123
육문중학교 54
6 · 15 공동선언 326
6 · 25전쟁 15, 31, 40, 42, 52, 70, 71, 129, 131, 132, 143, 166, 195, 204, 316
6자회담 202, 204, 213, 246, 257, 258, 259, 262, 263, 264
이데올로기 60, 61, 91, 92
이동휘 28, 29
이르쿠츠크 고려공산당 29, 30, 32
2+4회담 311
이승만 48
2월 혁명 25
이율곡 15
2 · 13 합의 260, 261, 263
2 · 29 합의 202
이황 15
인간개조 이론 81
인권 문제 87
인민공화국 38
인민군 109, 129
인민군 복무조례 138
인민무력성 97, 137
인민보위성 111
인민위원회 37, 38, 42, 43, 47, 48, 110
인민의 군 130
인민재판소 118
인민적 외교 198, 199
인민전쟁론 131
인민학교 276
인민회의 42, 110
일괄타결 268
일당독재 43
1민족, 1국가, 2제도, 2정부에 기초한 고려민주연방공화국 326, 328
1차 위기 255
임시정부 28
임시 핵 사찰 237, 238
잉여생산물 62, 63

ㅈ

자력갱생 · 간고분투 23
자력갱생 발전노선 183
자력갱생 정책 166
자립적 민족경제건설 노선 165, 168
자본론 62

자본주의 65
자본주의사회 63
자유민주주의 18, 24, 304, 306
자유시 참변 30, 32
자주 194, 213
자주 독자노선 195
자주외교 196
잠수함발사 탄도미사일 153
장거리 미사일 151, 185, 202, 208, 213, 265
장거리 방사포 144
장마당 159, 182
장성택 119, 124
재판기관 117, 118
적백내전 66
전국의 요새화 133
전국인민대표자 대회 37
전군의 간부화 133
전군의 현대화 133
전략적 인내 264, 265
전민족대단결 10대 강령 327
전술핵무기 227, 229, 231
전 인민의 무장화 132, 134, 148
전체주의 94
전통적 안보 191
전후방 동시공격 142
정무국 101
정전체제 201
정찰총국 154
정치국 101
정치사상 교육 285, 290
제1중학교 280, 281
제1차 북핵 위기 238, 247
제2경제위원회 168
제2차 위기 245
제3차 위기 246
제88특별독립저격여단 45, 56
제네바 합의 201, 202, 245, 247, 251, 253, 254, 255, 256
제네바 협상 204, 233
조국광복회 55, 56
조국통일 3대 원칙 327
조국통일 3대 헌장 327
조르킨 소장 56, 57
조만식 42, 43, 49
조봉암 31
조선공산당 32, 33, 35, 37, 38, 39, 40, 47
조선공산당 북조선분국 40, 43, 46
조선공산당 재건준비위원회 34
조선공산청년회 54
조선공작단장 57
조선로동당 40, 45, 47, 94, 95, 97, 98, 99, 107, 109, 135, 199
조선민주주의인민공화국 16, 49, 109, 112, 322
조선신민당 46
조선아시아태평양위원회 200
조선의용군 44

조선인민공화국(인공) 34, 37, 38, 39, 40, 42, 97
조선인민군 51
조선인민당 47
조선총독부 35
조직지도부 102
족집게 타격(Pin-Point 타격) 256, 266
종자론 297
주체 73, 74, 75, 78, 87
주체농법 181
주체 문예이론 297
주체문학 298
주체사상 22, 60, 61, 70, 71, 74, 75, 77, 78, 80, 81, 82, 84, 86, 87, 113, 165, 273, 276
주체의 사회역사 원리 81
주체의 지도적 원칙 81
주체의 철학적 원리 81
주체의 혁명관 82, 120
중공업 우선 발전노선 72, 164, 167
중소분쟁 76
중앙집중적 계획경제 163, 174
지도자론 86
지배계급 62, 65, 69
지배인 책임경영제 176
지역 안보 192
직계파 54
직업혁명가 65
집단농장 66, 170
집단지도체제 102
징병제 138

ㅊ

천안함 폭침 17
청산리전투 30
초대형 방사포 145
총독부 34
총비서 123
총정치국 97, 108, 109, 136
총참모부 97, 109, 136
총화 284
최고사령관 122, 135
최고사령부 97, 108, 112
최고의 압박과 개입 203
최고인민회의 48, 96, 97, 98, 110, 112, 114, 115, 122, 198
최고인민회의 외교위원회 198
최고지도자 197
최용건 45, 47
최창익 44, 46, 54, 71
친선 194, 213
7 · 1 경제관리개선조치 171, 172
7 · 4 남북 공동성명 239

ㅋ

카터(James Carter) 250
코로나19 178, 185, 196
코민테른 25, 26, 27, 32, 39
쿠바 위기 76

ㅌ

탄도미사일 153
토지개혁 48, 65
통일교육 317
통일전선부 197, 200
통일전선전술 49, 51, 312, 316
통제경제체제 160
통치권 36
트럼프 193, 203, 246
특별재판소 118
특수교육기관 280
특수작전부대 143, 145

ㅍ

판문점 도끼만행사건 201
8월 종파사건 53, 54, 72, 73
8월 테제 34
평남 인민정치위원회 43
평양외국어학원 280, 281
평화 194, 213
평화체제 18, 261
평화협정 195, 200, 201
포전담당책임제 159, 176
푸가초프호 57
푸에블로호 납치사건 201
푸틴 대통령 210, 211
프롤레타리아 63, 66, 67, 69, 93, 119, 129
플루토늄 237
플루토늄탄 221, 230, 231
피바다 298, 301
피의 일요일 사건 26
피지배계급 62, 65, 69

ㅎ

한국임시위원회 48
한국형 경수로 254
한반도에너지개발기구(KEDO) 233, 254
한반도종단철도(TKR) 210
항일무장투쟁 22
항일유격대 23, 45
핵무력 병진정책 187
핵 및 미사일 발사 18
핵분열 220, 221, 227, 228
핵비확산협정(NPT) 138, 201, 222, 224, 227, 233, 234, 238, 249, 250, 252, 256, 261
핵실험 151, 184, 202, 204, 208, 212, 231, 246, 265
핵우산 222
핵융합탄 228
핵폭탄 230
핵확산방지구상(PSI) 223
행정권 36
허가이 44, 46, 51, 52
혁명 60, 61, 65, 69, 73, 74, 78, 100, 129, 131, 195, 273, 296
혁명사상 123, 273

혁명이론 81
혁명적 낙관주의 273
혁명적 낙관주의적 인간 291
혁명적 수령관 86, 276
혁명전략 70
혁명주의 273
현실주의적 입장 191
현준혁 44, 46, 47, 49
협동농장 173, 176, 181
협력안보 192
호위사령부 136, 149
화요계 31, 32
화폐개혁 174, 187
확증파괴전략 223
황금평 개발 186
황병서 90
후계자론 86
휴전협정 150, 195
흡수통일 308